养殖高手谈经验丛书

养奶牛高手谈经验

肖冠华　肖冠军　编著

YANGNAINIU GAOSHOU TANJINGYAN

化学工业出版社
·北京·

图书在版编目（CIP）数据

养奶牛高手谈经验/肖冠华，肖冠军编著. —北京：化学工业出版社，2015.5
（养殖高手谈经验丛书）
ISBN 978-7-122-23505-3

Ⅰ.①养… Ⅱ.①肖…②肖… Ⅲ.①乳牛-饲养管理 Ⅳ.①S823.9

中国版本图书馆 CIP 数据核字（2015）第 066510 号

责任编辑：邵桂林　　文字编辑：何　芳
责任校对：宋　玮　　装帧设计：孙远博

出版发行：化学工业出版社
（北京市东城区青年湖南街 13 号　邮政编码 100011）
印　　装：北京云浩印刷有限责任公司
850mm×1168mm　1/32　印张 10¾　字数 312 千字
2015 年 7 月北京第 1 版第 1 次印刷

购书咨询：010-64518888（传真：010-64519686）
售后服务：010-64518899
网　　址：http://www.cip.com.cn
凡购买本书，如有缺损质量问题，本社销售中心负责调换。

定　　价：35.00 元

FOREWORD 前言

奶业在国民经济中占有重要地位，而奶牛业是奶业最为重要的组成部分。发展奶牛业对于农业产业结构升级、增加农民收入、平衡居民膳食、提高民族体质和促进社会主义新农村建设等都具有十分重要的战略地位。

近年来，奶业产业的政策不断强化，投入大幅增加，科技水平迅速提升，机制日益完善，现代奶业建设迈出坚实的步伐。十八届三中全会以后，中国新一轮城镇化的大幕已经拉开，伴随着经济增长、收入提高以及城镇化带来的食物消费行为与消费方式的改变，乳制品的刚性需求仍将持续增长。但是，我国奶业在快速发展的同时，也出现了一些新的情况和问题，如牛源短缺、良种覆盖率低、单产水平低、牛场粪污处理简单、养殖方式比较落后、产业化程度低、奶牛饲养成本上升、奶牛饲养效益下降等问题。这些问题已影响到我国奶牛饲养业和乳制品加工业的健康发展。为此，我国政府对奶业扶持政策力度继续加大：一是继续推进标准化规模养殖，中央财政投入资金10亿元用于奶牛养殖场区标准化改扩建和标准化示范场建设；二是继续落实良种补贴政策，中央财政投入2.6亿元用于奶牛良种冻精补贴，荷斯坦牛品种实现全覆盖，良种化水平提高，单产提高；三是继续开展奶牛生产性能测定，中央财政投入2000万元用于奶牛生产性能测定工作；四是继续实施“振兴奶业苜蓿发展行动”，中央财政投入5.25亿元用于推动苜蓿产业发展。

未来我国的奶牛养殖业仍将处于快速增长期，但增长方式将进行调整。整个产业将由爆发式增长转入稳定式增长，由超常规发展转入正常发展，由速度数量型转为质量效益型，由粗放式转为集约型，由政府主导型转为市场驱动型。以推行“畜禽良种化、养殖设施化、生产规范化、防疫制度化、粪污处理无害化”为重点，提高奶牛标准化生产水平。

《全国畜牧业发展第十二个五年规划（2011—2015）》提出的我国畜牧业发展原则中有这样两点：一是要求坚持发展标准化规模养殖。转变养殖观念，调整养殖模式，在因地制宜发展适度规模养殖的基础上，加快改善设施设备保障条件，大幅度提高标准化养殖技术水平，积极推行健康养殖方式，促进畜牧业可持续发展。二是坚持科技兴牧。依靠科技创新和技术进步，突破制约畜牧业发展的技术瓶颈，不断提高良种化水平、饲料资源利用水平、生产管理技术水平和疫病防控水平，加快畜牧业发展方式转变，推动畜牧业又好又快发展。

从我国政府制定的发展规划和目前的奶牛生产现状看，首要的问题是要加强奶牛养殖人员养殖关键技术的培训与指导。因为科学技术是第一生产力，要用科学的养奶牛知识武装广大养奶牛人的头脑，才能提升奶牛养殖的整体水平。

笔者经常深入养殖一线，了解养奶牛人的需求，他们问到的最多问题是怎么做最合理、有没有什么更好的办法、有没有什么绝招、有没有什么窍门、同样的难题养殖搞得好的人是怎么做的等。他们不需要太多的大道理，需要的是怎么做。所以养殖实践经验对他们来说最有用、最实惠。

在新闻报道及我们身边都能看到一些养奶牛的成功人士，他们通常被称为养殖高手和养殖能人，在养奶牛上取得了令人羡慕的成就。

俗话说：成功自有非凡处。这些在养殖业上的成功者，他们在通往成功的道路上并非一帆风顺，其中有成功的喜悦，也有惨痛的教训，尤其是经历过很多的挫折和失败，但是他们在面对失败的时候没有选择退却，而是认真总结经验和教训，最后凭着这些个人总结的宝贵经验走向了成功的彼岸。这些经验对其他的养奶牛人同样有非常好的借鉴和指导作用。

因此，笔者根据多年的奶牛养殖实践，同时吸收和借鉴同行业的成果经验，将这些经过实践检验的、确实可靠、切实可行的好经验、好做法总结出来，编成此书，分享给有志成为养殖高手的读者。

全书包括养殖场规划与建设、品种确定与挑选、饲料与饲喂、饲养与管理、防病与治病、人员管理与物资管理、经营与销售共七章。每章介绍养奶牛生产技术的一个方面，其中每篇文章介绍一个养殖实用知识，全书涵盖养奶牛生产经营的各个环节。每篇经验文章力求做到短小简练、主题鲜明，做到既符合生产实际，又符合养殖科学的要求。这些知识涵盖了奶牛养殖的各个方面，突出实用性和可操作性，使读者一看就懂、一学就会、一用就灵，使他们少走弯路，真正解决饲养管理者生产实践中遇到的各种难题。养殖者如果掌握了这些绝招、妙招，无疑找到了通往养殖成功之门的金钥匙。

在本书编写过程中，参考借鉴了国内外一些奶牛养殖方面的专家和养殖实践者比较实用的观点和做法，在此对他们表示诚挚的感谢！由于编者水平有限，书中很多做法和体会难免有不妥之处，敬请批评指正。

编者

2015 年 2 月

CONTENTS 目录

第一章　奶牛场规划与建设

第二章　品种确定与挑选

第三章　饲料与饲喂

第四章　饲养与管理

第五章 防病与治病

第六章　人员管理与物资管理

第七章 经营与销售

参考文献

第一章　奶牛场规划与建设

经验之一：奶牛场选址应该考虑的问题

奶牛场场址的选择要有周密考虑，要符合防疫规范要求，统筹安排，要有发展的余地和长远的规划，适应于现代化养牛业的需要，因此，必须与当地农牧业发展规划、农田基本建设规划以及今后修建住宅等规划结合起来，节约用地，不占或少占耕地。奶牛场场址的选择要求如下。

1. 地势高燥，地形开阔

奶牛场应建在地势高燥、背风向阳、空气流通、土质坚实、地下水位较低（3 米以下）、具有缓坡的北高南低、适宜坡度为1%～3%、最大不超过25%、总体平坦的地方。地形开阔整齐，理想的为正方形或长方形，避免狭长和多边角。切不可建在低凹处、风口处，奶牛场地势过低，地下水位太高，极易造成排水困难，引起环境潮湿，影响牛的健康，同时蚊蝇也多，易致汛期积水以及冬季防寒困难。而地势过高又容易招致寒风的侵袭，同样有害于牛的健康，且增加交通运输困难。

2. 土质良好

土质以沙壤土最理想，沙土较适宜，黏土最不适。沙壤土土质松软，抗压性和透水性强，吸湿性、导热性小，毛细管作用弱。雨水、尿液不易积聚，雨后没有硬结，有利于牛舍及运动场的清洁与卫生干燥，有利于防止蹄病及其他疾病的发生。

3. 水源充足，水质良好

要有充足的合乎卫生要求的水源，取用方便，保证生产生活及人畜饮水。水质良好，不含毒物，确保人畜安全和健康。通常以井水、泉水为好。在勘察水源时要对水源进行物理、化学及生物学分析，特别要注意水中微量元素成分与含量是否符合要求。

4. 草料资源丰富，运输距离短

奶牛饲养所需的饲料特别是粗饲料的需要量大，不宜远距离运输。奶牛场应距秸秆、青贮和干草饲料资源较近，以保证草料供应，同时可减少运费，降低成本。尽量避开周围同等规模的饲养场，以避免原料竞争。

5. 交通便捷

由于饲料运进，牛奶运出，粪肥的销售，运输量很大，来往频繁，有些运输要求风雨无阻。因此，在满足防疫要求的情况下，奶牛场应兼顾距离饲料生产基地、放牧地、离公路或铁路较近，并符合防疫安全的地方。但又不能太靠近交通要道与工厂、住宅区，以利防疫和环境卫生。

6. 场址符合防疫要求

场址符合兽医卫生和环境卫生的要求，周围无传染源。远离主要交通要道、村镇工厂 1000 米以外，距离一般交通道路 500 米以外。还要避开对奶牛场污染的屠宰、化工和工矿企业 1500 米以外，特别是化工类企业。

7. 电力供应充足

现代化奶牛场都是机械挤奶，同时牛奶冷却、饲料加工、饲喂以及清粪等都需要电。因此，奶牛场要设在供电方便的地方。

8. 有利于防止自然灾害

要综合考虑当地的气象因素，如最高温度、最低温度，湿度、年降雨量、主风向、风力等，以选择有利地势。

经验之二：奶牛舍建设有哪些要求？

建设奶牛舍的目的是为了给牛创造适宜的生活环境，保障牛的健康和生产的正常运行。花较少的资金、饲料、能源和劳力，获得更多的畜产品和较高的经济效益。奶牛舍建筑要根据当地的气温变化和奶牛场生产、用途等因素来确定。建奶牛舍既要经济实用，又要符合兽医卫生要求，做到科学合理。有条件的，可建质量好的、经久耐用的奶牛舍。

1. 为奶牛创造适宜的环境

一个适宜的环境可以充分发挥奶牛的生产潜力，提高饲料利用率。一般来说，家畜的生产力20%取决于品种，40%～50%取决于饲料，20%～30%取决于环境。不适宜的环境温度会使家畜的生产力下降10%～30%。此外，即使喂给全价饲料，如果没有适宜的环境，饲料也不能最大限度地转化为畜产品，从而降低了饲料利用率。由此可见，修建畜舍时，必须符合家畜对各种环境条件的要求，包括温度、湿度、通风、光照、空气中的二氧化碳、氨、硫化氢，为家畜创造适宜的环境。奶牛舍内应干燥，冬暖夏凉，地面应保温、不透水、不打滑、无污水，粪尿易于排出舍外，下水畅通，舍内清洁卫生，空气新鲜。

由于冬春季风向多偏西北，奶牛舍以坐北朝南或朝东南好。奶牛舍要有一定规格、数量的采光、通风窗户，以保证太阳光线充足和空气流通。房顶有一定厚度，隔热、保温性能好。舍内各种设施的安置应科学合理，以利于不同生长发育阶段、不同泌乳繁殖阶段奶牛生长和生产需要。

2. 要符合生产工艺要求

建好的奶牛舍应保证生产的顺利进行和畜牧兽医技术措施的实施，奶牛生产工艺包括牛群的结构和周转方式，运送草料、饲喂、饮水、清粪等，也包括测量、称重、采精输精、防治、生产护理等技术措施。修建奶牛舍必须与本场生产工艺相结合。如奶牛实行分群饲养，按不同的出生月龄、不同的生理阶段、牛奶产量进行分群，将相同类型牛只集中在一起，实现奶牛群体饲养管理，既方便对奶牛饲养管理，又显著地提高了工作效率。奶牛分群饲养确定了奶牛结构的划分，而牛舍建筑面积、数量取决于牛群规模和牛群结构划分的结果。目前清粪方式多种多样，原则是清粪过程不干扰奶牛休息和采食，清粪要及时。粪污的运送首先是不能污染道路和环境，粪污处理当前有减量化处理、资源化处理、生态化处理、无害化处理几种方式；具体可选择生产沼气、堆肥发酵。否则，必将给生产造成不便，运行成本高，甚至使生产无法进行。

3. 严格卫生防疫，防止疫病传播

流行性疫病对奶牛场会形成威胁，造成经济损失。通过修建规范牛舍，为家畜创造适宜环境，将会防止或减少疫病发生。此外，修建畜舍时还应特别注意卫生要求，以利于兽医防疫制度的执行。要根据防疫要求合理进行场地规划和建筑物布局，确定畜舍的朝向和间距，设置消毒设施，合理安置污物处理设施等。

4. 要做到经济合理，技术可行

在满足以上三项要求的前提下，畜舍修建还应尽量降低工程造价和设备投资，以降低生产成本，加快资金周转。因此，畜舍修建要尽量利用自然界的有利条件（如自然通风、自然光照等），尽量就地取材，采用当地建筑施工习惯，适当减少附属用房面积。畜舍设计方案必须是通过施工能够实现的，否则，方案再好而施工技术上不可行，也只能是空想的设计。

5. 采用科学的标准

建好的奶牛舍符合国家颁发的建筑设计法规及定额等、建设单位所在地的地方标准《奶牛场建设技术规范》，符合国家和地方环保执行标准。

经验之三：适度规模效益高

据冯艳秋、陈惠萍、彭华、聂迎利等《2011 年我国奶业主产区奶牛不同养殖模式生产管理状况调查与分析》一文介绍，经过对我国奶业主产区规模养殖场、养殖小区、散户三种养殖模式的生产管理状况进行调研得出：我国奶牛饲养不断向优势产区集中，养殖场和小区的数量有所增加，规模有所扩大，规模化养殖比例逐渐提高，散养户逐渐退出。

散户的逐渐退出，这里边有政策性因素，政府鼓励和支持规模化、集约化养殖。而更多的是自然界物竞天择、适者生存的法则决定的，老百姓最讲究实际，赔钱的买卖谁也不愿意做，政府再卖力吆喝也没用。

适度规模化、标准化奶牛养殖模式应是我国奶业未来的发展方向，适度规模的集约化饲养是现代奶业的标志，也是动物健康、食品安全的保障。适度规模的奶牛养殖既不是十多年前所提倡的“养的越多越好”，也不是现在盛行的“养的越集中越好，规模越大越好”，我国区域广阔，经济发展程度不一，奶牛养殖的规模标准有所差异，可以是几十头、几百头，也可以是上千头、几千头。那么，究竟多大规模是适度规模？

根据实践经验，我们认为应该从以下几个方面确定养殖的合适规模。

1. 合适的规模应该与养殖场地相适应

这里的养殖场地包括圈舍和饲料种植、放牧用地，奶牛养殖业属于土地密集型的产业，需要牧场周边提供足够的土地来生产优质的青、粗饲料原料来满足奶牛日常生产需要，据测算，1 头牛至少需要 1 亩优质牧草种植地和至少需要 2 亩青贮饲料原料地。奶牛养殖与养殖场地关联非常密切。在传统观念里，圈养的奶牛并没有占用太多的土地。然而，奶牛生产过程中需要的精饲料、粗饲料等都在实实在在地消耗土地。所以奶牛养殖对土地的需求不仅仅局限于牛舍和挤奶厅。要想发展奶牛养殖业，或者说想将养殖场扩大并实现盈利，首先要拥有自己的土地。当前，随着城市规模的不断扩大，留给农业的土地越来越少，土地资源变得很稀缺。作为发展基础，牛场拥有自己的土地可以减少成本投入，提高粗饲料品质，这对牛场来说是受益无穷的。拥有土地，意味着你的奶牛有足够优质的饲料、足够的运动场地，这些可潜在地提高奶牛体质，增加收益；可实现粗饲料的自给自足，同时保证了牧草和青贮饲料的品质。还可以采用“牧-草-肥”循环的模式，即将牛场产生的粪便发酵 6 个月后施入田地，在减少肥料投入的同时，合理处理了粪污，保护环境，减少成本，增加收入，构建了经济、生态、社会三大效益的生态奶业。

2. 合适的规模应该与饲料供应相适应

作为饲养成本，我国大多数牧场饲料成本占了60%～70%，养殖小区或者散养户可能会超过70%。只有通过青粗饲料的生产来控制饲料成本，才能使奶牛养殖业稳定发展。

奶牛养殖的粗饲料标准是1年1头牛1吨牧草、5吨青贮，牧草最好自己种植，也可以外购，但青贮必须就地解决，后备母牛的饲料需要量折合成成年母牛头数计算，折合比例为：犊牛（0～6月龄）4头折1头，育成牛（6～18月龄）2头折1头，青年牛（18月龄至初产）1头折1头。按正常的牛群结构，犊牛占9%、育成牛占18%、青年牛占13%、成母牛占60%，可按全群头数的84%折合成母牛头数。

确定规模的时候对饲料种类和来源情况必须充分论证，有多大的饲料供应能力，就确定多大的养殖规模。

3. 合适的规模应该与饲养管理水平相适应

业界公认的是，相同规模和养殖条件的规模奶牛场，谁的饲养管理水平高，谁的效益就好，而饲养管理水平包括奶牛品种选择、饲料营养、疫病防治、环境调控、繁育、挤奶等奶牛养殖的所有方面，而且各个方面承上启下、环环相扣，贯穿奶牛养殖的整个过程。

饲养管理水平体现在设施设备和养殖人员对奶牛养殖技术的掌握运用程度上。俗话说：没有金刚钻别揽瓷器活。目前大部分奶牛场、奶牛小区在生产中多采用舍饲拴系、定时上槽、管道式挤奶的个别饲养法。这种方式不利于许多先进的饲养管理技术的采用，不利于奶牛生产性能的发挥，不利于提高劳动效率和奶牛生产的综合经济效益。而采用群饲法、散放饲养、全混合日粮（TMR）自由采食等新的奶牛饲养工艺、技术与设备。使后备牛有最大的瘤胃发育、最大的生长速度、最大的体高生长，使成母牛有最高的产量、最佳的繁殖率和最大的利润。先进的挤奶设备会根据流量自动提杯，对奶牛乳房炎有很好的预防作用。

因此，要根据饲养管理水平决定养殖规模的大小。饲养管理水平高、设施设备先进科学的养殖规模可以大一些，反之规模不宜过大。

4. 合适的规模应该与牛奶销售相适应

养奶牛的效益主要是通过牛奶销售来实现，牛奶市场是决定奶牛生产规模的最主要因素。城市牛奶需求潜力大，但城郊奶牛发展基础较好；农村市场潜力大，但目前农民消费量尚低。因此，无论在何处建奶牛场，都需要开拓市场。这就要求投资者认真研究牛奶市场的供求关系及发展潜力，且忌盲目跟风、盲目上马，也不应急于求成、一味求大。

5. 合适的规模应该与环境消纳能力相适应

随着养牛业的快速发展，粪便污染已成为一大难题。据有关资料显示，在一些地方，牛粪对环境的污染已超过了工业污染的总量，有的甚至高达 2 倍以上。奶牛养殖业的粪污处理一直是困扰规模化养殖的问题。一头奶牛每天约产 50 千克粪便，1000 头奶牛的规模牛场每天将会产生 500 吨左右的粪便。

要想实现可持续的奶牛养殖业发展则应根据本地区粪肥消纳能力来确定奶牛养殖的规模。粪污处理的方法有很多种，应采用因地制宜的处理办法。如建沼气池，既解决了燃料来源，又使牛粪得到了充分腐熟，沼气的渣、液是非常好的有机肥，能提高瓜果、蔬菜的内在品质，减少投资。用牛粪做原料生产有机肥，成本小，质量比较稳定，市场销售空间很大；用牛粪生产双孢菇，如陕西省宝鸡市利用牛粪生产双孢菇已取得了成功；用牛粪养蚯蚓，蚯蚓粉是饲料的上好添加剂，比鱼粉的蛋白质含量高。现在鱼粉的每吨售价在 20000 元以上，蚯蚓粉如果大规模开发，效益一定十分可观。北京市营养源研究所检验分析表明，用蚯蚓粉制成蛋白酶制剂、微生物制剂和饲料添加剂，是动物的天然保健剂，用它们喂养畜禽，能显著促进动物生长，使动物很少感染疾病。以蚯蚓粪为主要原料生产的各种专用肥，不仅肥效高，而且能抑制作物病虫害的传播，同时还能提高地温、保水保肥。可以结合养殖规模以及产生粪污量，采取一种或几种处理方法，最大限度地保证粪污处理效果，提高资源综合利用水平。

奶牛养殖场要在规划阶段对污染处理就有整体规划，污染处理设施与建厂同步进行，只有把养殖奶牛产生的污染问题先解决好了，奶牛养殖才能顺利进行。

还可以借鉴欧盟标准：每公顷土地的氮排放量（施肥量）不超过170千克。

总之，发展奶牛养殖应根据本地区的劳动力资源、土地资源、加工能力、粪污处理能力确定养殖的适度规模，并根据本地区资源特点发展适合当地资源特点的奶牛养殖盈利模式，并以此为依据才能探索出有地方特色的可持续的奶牛养殖业。

经验之四：奶牛场必须有哪些设备？

牛场设备主要包括拴系、饲喂、饮水、除粪尿及污水处理、饲料加工、青贮、消防、消毒、给排水、挤奶、牛奶贮藏、牛奶输送及加工设备等。

一、拴系设备

拴系设备用来限制奶牛在牛床内的活动范围，使牛的前脚不能踩入饲槽，后脚不能踩入粪沟，牛身不能横躺在牛床上，但也不妨碍奶牛的正常站立、躺卧、饮水和采食饲料。

拴系设备有链式和关节颈架式等类型，常用的是软的横行链式颈架。两根长链（760毫米）穿在牛床两边支柱的铁棍上，能上下自由活动；两根短链（500毫米）组成颈圈，套在牛的颈部。结构简单，但需用较多的手工操作来完成拴系和释放奶牛的工作。

关节颈架拴系设备（图1-1）在欧美使用较多，有拴系或释放一头奶牛的，也有同时拴系或释放一批奶牛的。它由两根管子组成长形

图1-1 关节颈架式

颈架，套在牛的颈部。颈架两端都有球形关节，使奶牛有一定的活动范围。

二、饲喂设备

1. 固定喂饲设备

固定喂饲设备的工作程序是青饲料（从料塔）→输送设备→牛舍或运动场饲料。

优点是饲料通道（牛舍内）小，牛舍建筑费用低，省饲料转运工作量。

2. 输送带式喂饲设备

输送带式喂饲设备的运送饲料装置为输送带，带上撒满饲料，通往饲槽上方，再用一刮板在饲槽上方往复运动将饲料刮入饲槽。

3. 穿梭式喂饲车

穿梭式喂饲车指饲槽上方有一轨道，轨道上有一喂饲车，饲料进入饲料车，通过链板及饲料车的移动将饲料卸入饲槽。

4. 螺旋搅龙式喂饲设备

螺旋搅龙式喂饲设备是给在运动场上的奶牛喂饲的设备。

5. 机动喂饲车

大型乳牛场，青贮量很大，各牛舍（运动场）离饲料库太远，采用固定喂饲设备投资太大，可采用机动喂饲车。将青贮库卸出的饲料用喂饲车运送到各牛舍饲槽中，喂饲方便，设备利用率高。但冬季喂饲车频繁进入牛舍，不利于保暖，要设双排门、双门帘等保暖措施。

6. 挤奶间喂饲设备

根据乳牛实际产奶量的多少供给精料，每产 0.56 千克牛奶引起冲孔圆盘转动，使一束光通过圆盘孔激发充电元件产生一个信号，电机工作一定时间，驱动搅龙卸出一定量的饲料。

三、饮水设备

多采用阀门式自动饮水器，它由饮水杯、阀门、顶杆和压板等组成。奶牛饮水时，触动饮水杯内的压板，推动顶杆将阀门开启，水即通过出水孔流入饮水杯内。饮水完毕牛抬起头后，阀门靠弹力回位，停止流水。

拴养每2头牛合用1个饮水器，散放每6～8头牛合用1个饮水器。图1-2、图1-3、图1-4为几种饮水设备图。

图1-2 饮水碗

图1-3 饮水器

图1-4 饮水槽

四、除粪设备

除粪设备有机械除粪和水冲除粪两种。机械除粪有连杆刮板式、环形刮板式、双翼形推粪板式和运动场上除粪设备等。

连杆刮板式清粪装置用于单列牛床，链条带动带有刮板的连杆，在粪沟内往复运动，刮板单向刮粪，逐渐把粪刮向一端粪坑内。适用于在单列牛舍的粪沟内除粪。

环形刮板式除粪装置用于双列牛床，将两排牛床粪沟连成环形状（类似操场跑道），有环形刮板在沟内做水平环形运动，在牛舍一端环形粪沟下方设一粪池（坑）及倾斜链板升运器，粪入粪池后，再提运到舍外装车，运出舍外。适用于在双列牛舍的粪沟内除粪。

双翼形推粪板式（图1-5）除粪装置用于隔栏散放，电机、减速器、钢丝绳＋翼形推粪板往复运动，把粪刮入粪沟内，往复运动由行程开关控制。翼形刮板（推粪板），有双翼板，两板可绕销轴转动，

图 1-5　机械清粪设备

推粪时呈“V”形，返回时两翼合笼，“V”形板不推粪。适用于宽粪沟的隔栏散养牛舍的除粪作业。

运动场上除粪设备同养猪除粪车（铲车）相似，车前方有一刮粪铲，向一方推成堆状，发酵处理或装车运出场外。

五、饲料收割与加工机械

1. 青饲料联合收获机

青饲料联合收获机按动力来源分为牵引式、悬挂式和自走式三种。牵引式靠地轮或拖拉机动力输出轴驱动；悬挂式一般都由拖拉机动力输出轴驱动；自走式的动力靠发动机提供。按机械构造不同，青饲料收获机可分为滚筒式青饲料收获机、刀盘式青饲料收获机、甩刀式青饲料收获机和风机式青饲料收获机等。

2. 玉米收获机

用来专门用于收获玉米，一次可完成摘穗、剥皮、果穗收集、茎叶切碎、装车进行青贮等项工作。玉米收获机的类型按与拖拉机的挂接方式可分为悬挂式青饲玉米收获机、带有玉米割台的牵引式收获机以及带有玉米割台的自走式收获机。按收割方法又分为对行和不对行，按切割器型式分为复式割刀和立筒式旋转割刀。在选择自走式或牵引式的问题上，首先要根据购买者的使用性质来确定。既要满足青贮玉米和青饲料在最佳收割期时收割，又要考虑充分利用现有的拖拉机动力，更要考虑投资效益和回报率的问题。

3. 青饲料铡草机械

铡草机也称切碎机（图 1-6），主要用于切碎粗饲料，如谷草、

图 1-6 饲草切碎机

稻草、麦秸、玉米秸等。按机型大小可分为小型、中型和大型。小型铡草机适用于广大农户和小规模饲养户，用于铡碎干草、秸秆或青饲料。中型铡草机也可以切碎干秸秆和青饲料，故又称秸秆青贮饲料切碎机。大型铡草机常用于规模较大的饲养场，主要用于切碎青贮原料，故又称青贮饲料切碎机。铡草机是农牧场、农户饲养草食家畜必备的机具。秸秆、青贮料或青饲料的加工利用，切碎是第一道工序，也是提高粗饲料利用率的基本方法。铡草机按切割部分形式可分为滚筒式和圆盘式两种。大中型铡草机为了便于抛送青贮饲料，一般多为圆盘式，而小型铡草机以滚筒式为多。为了便于移动和作业，大中型铡草机常装有行走轮，而小型铡草机多为固定式。

4. 揉搓机

揉搓机（图 1-7）是介于铡切与粉碎两种加工方法之间的一种新方法。各类揉搓机揉搓方式基本相同，基本上是以高速旋转的锤片结合机体内（工作室）表面的齿板形成的表面阻力对秸秆实施捶打，即

图 1-7 揉搓机

所谓揉搓。其结构实质上就是粉碎机结构。经过揉搓后的成品秸秆多呈块状或碎散状，牲畜食用后在胃中堆积，易形成实体。牲畜有挑食现象，秸秆利用率较低。

5. 秸秆揉丝机

秸秆揉丝机和秸秆揉搓机在结构上前者较后者复杂，主要体现在秸秆揉丝机首先要具有使秸秆基本形成丝状的丝化装置，接着再进行揉搓处理，同时以进一步使其细化。

揉搓方式目前有锤片式、磨盘式和栅栏式。其中锤片式及磨盘式出料碎散，但磨盘式揉搓效果好。栅栏式揉搓效果俱佳，既保证了细丝状似草的形体，又保证了柔性。

秸秆揉丝机使物料经加工后，成品秸秆呈细丝条形的草状，符合牲口采食习性，易于消化及吸收营养（胃液可充分渗透到饲料间隙中）、易于打包贮存、氨化处理效果好、秸秆利用率高。适宜加工粗大株型秸秆和牧草。

6. 粉碎机

粉碎机类型有锤片式、爪式和对辊式三种。锤片式粉碎机（图 1-8）是一种利用高速旋转的锤片击碎饲料的机器，生产率高，适应性广，既能粉碎谷物类精饲料，又能粉碎含纤维、水分较多的青草类、秸秆类饲料，粉碎粒度好。爪式粉碎机（图 1-9）是利用固定在转子上的齿爪将饲料击碎，这种粉碎机结构紧凑、体积小、重量轻，适合于粉碎含纤维较少的精饲料。对辊式粉碎机（图 1-10）是由一对回转方向相反、转速不等的带有刀盘的齿辊进行粉碎，主要用

图 1-8 锤片式粉碎机

图 1-9 爪式粉碎机

图 1-10 对辊式粉碎机

于粉碎油料作物的饼粕、豆饼、花生饼等。

7. 小型饲料加工机组

小型饲料加工机组主要由粉碎机、混合机和输送装置等组成。其特点是：①生产工艺流程简单，多采用主料先配合后粉碎再与副料混合的工艺流程；②多数用人工分批称量，只有少数机组采用容积式计量和电子秤重量计量配料，添加剂由人工分批直接加入混合机；③绝大多数机组只能粉碎谷物类原料，只有少数机组可以加工秸秆料和饼类料；④机组占地面积小，对厂房要求不高，设备一般安置在平房建筑物内。

8. 全混合日粮(TMR)搅拌喂料车

全自动全混合日粮（TMR）搅拌喂料车，主要由自动抓取、自动称量、粉碎、搅拌、卸料和输送装置等组成。有多种规格，适用于不同规模的奶牛场、奶牛小区及 TMR 饲料加工厂固定式（图 1-11）与移动式（图 1-12）的选择主要应从牛舍建筑结构、人工成本、耗能成本等考虑。一般尾对尾老式牛舍，过道较窄，搅拌车不能直接进入，最好选择固定式；而一些大型牛场，牛舍结构合理，从自动化发展需求和人员管理的难度考虑，最好选择移动式。中小型牛场固定式与移动式的选择应从运作成本考虑，主要涉及耗油、耗电、人工、管理几个方面，例如：选用 7 立方设备，固定式由 22 千瓦电机提供动力，牵引式需匹配 65 马力拖拉机，同样工作 1 小时，固定式耗电 22 度，牵引式耗油 2.8 升；牵引式可以直接将饲料撒入牛舍，固定式需

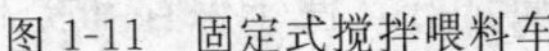

图 1-11　固定式搅拌喂料车

图 1-12　移动式搅拌喂料车

采用一些运输工具；在劳动力上，牵引式较固定式可以节省搬运工人、减少饲喂人员；饲养管理上，牵引式直接将 TMR 撒入食槽供奶牛自由采食，固定式还需将加工好的 TMR 由人工分发给奶牛采食，牵引式可以简化饲养管理。

饲料搅拌喂料车可以自动抓取青贮、草捆和精料啤酒糟等，可以大量减少人工，简化饲料配制及饲喂过程，提高奶牛饲料转化率和产奶性能。

9. 牧草收获机械

牧草收获机械（图 1-13）是用机器将生长的牧草或作为饲草的其他作物切割、收集、制成各种形式的干草的作业过程。机械化收获牧草具有效率高、成本低、能适时收、多收等优点。世界上畜牧业发

图 1-13　牧草收获机械

达国家都非常重视牧草收获技术，主要使用的收获方法是散草收获法和压缩收获法两种。

散草收获法主要机具配置有割草机、搂草机、切割压扁机、集草器、运草车、垛草机等。不同机具系统由不同的单机组成。工艺流程是割草机割草—搂草机搂草—方捆机压方捆（或圆捆机压圆捆）—捡运或装运—贮存。要正确地对各单机进行选型，使各道工序之间的配合和衔接经济合理，保证整个收获工艺经济效果最佳。

压缩收获工艺比散草收获工艺的生产效率高（省略了集草堆垛工序），提高生产率7～8倍，草捆密度高，质量好，便于保存和提高运输效率。各单机技术水平和性能较先进，适合于我国牧区地势较平坦、产草量较高的草场，但一次性投资大，使用技术高，目前只在经济条件较好的牧场及贮草站使用。

六、挤奶与原奶冷却的机械和设备

1. 挤奶机械

(1) 鱼骨式挤奶机　鱼骨式挤奶机（图1-14）采用的是固定式框架采集设备，由机架、真空系统、集乳系统、牛乳输出系统组成。工作原理是利用真空系统在整套设备作业过程中建立起稳定的真空环境，通过脉动器将真空系统提供的稳定真空转换为脉动真空，并传送到奶杯组的脉动室，使乳头杯有规律地吮吸和挤压，达到挤出牛奶的目的，最后通过集乳器将从4个乳头吸出的牛奶汇集起来，由负压驱动收集到计量瓶内，经取样检验合格后，再由管道送往集乳罐，在罐内到达一定高度后，打奶泵自动启动，将奶送往冷藏罐，集乳罐低液

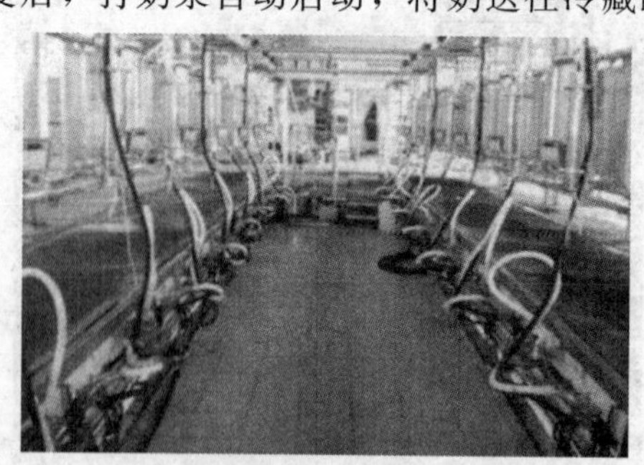

图1-14　鱼骨式挤奶机

位时停止；牛奶在冷藏罐内冷却到4℃并贮存，等待运出，完成整个挤奶过程。一个采集间可容纳一头牛，一套鱼骨式挤奶设备可同时对6～12头奶牛进行挤奶，适用于小型牧场和挤奶站。

牛奶通过密闭管道送入冷藏储奶罐，可杜绝外界环境对鲜奶造成污染，保证牛奶卫生质量；仿生设计符合奶牛泌乳生理条件需求，仿生刺激按摩功能更有利于奶牛的出奶，根据奶流量大小自动调节真空压力和脉动速率，让奶牛在舒适的环境中舒服地排乳，保证奶牛健康。自动脱杯系统节省了人力资源，减少劳动强度，准时脱杯可以保证奶牛乳房的健康。RF射频技术自动辨别奶牛个体、电子自动计量实现了对奶牛产奶能力进行统一数据库管理。电子自动计量与计量瓶配合使用，相互核对，提高计量准确性，同时方便奶牛排乳后及时进行检验，防止个体奶牛所产的奶不合格而影响批次质量。

(2) 并列式挤奶机　并列式挤奶机（图1-15）与鱼骨式挤奶机结构形式基本相同，也是采用固定式框架采集设备，由于设备由若干组框架结构顺序并列连接，可以根据饲养规模无限套接，并列式挤奶机较鱼骨式挤奶机在长度上可缩短40%，节省土地投资，牛与牛间距小和挤后快速疏散，便于挤奶操作和提高工作效率，所以适合于千头以上大规模牛场。

图1-15　并列式挤奶机

(3) 提桶式挤奶机　提桶式挤奶机（图1-16）的挤奶系统包括挤奶机组、脉动器及不锈钢奶桶等。牛奶收集在奶桶内，每次称重记录后，将牛奶倒入奶槽，即时泵至奶缸冷藏，结构简单，易于操作，成本低，不受养牛户的规模和牛只产奶量的限制，奶牛可灵活进入挤

图 1-16 提桶式挤奶机

奶站，挤奶时互不干涉。

提桶式挤奶机适合中小型奶牛场的 40～120 头奶牛挤奶使用，具有称重计量、投资少、收益高、使用维护简单、可对个别奶牛场的病牛单独挤奶等优点，一直以来是集体、个体养殖户的首选设备。

但提桶式奶站还是存在明显的缺点：一是挤到奶桶里的牛奶，在排队磅秤、倒进奶槽的过程中，存在着严重的二次污染环节；二是还不能完全杜绝少数奶农在牛奶中掺假的现象；三是挤奶牛是处于无序状态下进入奶站，现场混乱，劳动效率低下。

（4）转盘式挤奶台 转盘式挤奶台（图 1-17）的挤奶系统适用于挤奶效率较高的挤奶场，同时它能够提供令人满意的工作环境。并列式转盘式挤奶系统可满足高效挤奶的需求。牛群连续自动地进入转盘，彼此之间无干扰。

图 1-17 转盘式挤奶台

挤奶员在转盘外从牛后面挤奶。旋转的平台避免了挤奶员频繁的走动，工作高效舒适。整体方案设计确保从牛舍到挤奶台及整个挤奶过程中，牛群平稳连续地流动，保证了高效的流程，从而使挤奶员有更多的精力关注挤奶过程中的一些重要环节。对于几百头至几千头奶牛的挤奶工作，并列式转盘挤奶台绝对能够以最高的效率完成。并列式转盘挤奶台的特制平台是大型农场主长期投资的选择。宽大的台面具有极高的耐磨性，可抗化学腐蚀，耐乳酸，不怕潮湿，噪声极低，便于清洁。特殊表面使奶牛感到舒适，对牛蹄有保护作用。

(5) 机器人挤奶机　自动化机器人挤奶系统是根据仿生原理研制而成的。机器人挤奶系统包括主控制电脑、挤奶机器人、挤奶设备、进出口控制系统、奶牛个体识别装置等。主控制电脑内含有一个完整的泌乳奶牛群数据库及控制挤奶机器人、挤奶机械设备、奶牛识别装置和进出口控制系统等相应的应用程序，并通过电缆与这些设备相连；挤奶机器人上包括一个摄像头、机械臂、钳手、移动装置以及受主控制电脑控制的附属微电脑；每个挤奶设备单元都由通过管道连接到贮藏罐的四个挤奶杯组成，管道上装有流量计（可以随时记录每头奶牛的产奶量，有的可测定每个乳头的产奶量），另外挤奶设备上还装有一些附属设备，如清洗装置、喂料系统及其他一些引诱奶牛以使其处于稳定、安逸状态的附属装置等；进出口控制系统包括气压/液压控制门以及控制其开闭的相应微电脑；奶牛识别系统有电磁识别装置、摄像头识别装置两类。

与传统机械化挤奶设备相比，机器人挤奶设备几乎不需要工人再对挤奶过程进行过多的干预，只需一些管理、维护人员即可；而且采用自动化机器人挤奶大大减少了人为因素的干扰。机器人挤奶设备的使用和高的挤奶频率对提高奶牛生产性能有积极作用，而且不会影响其繁殖性能，但会使奶中体细胞数显著增加，机器人挤奶与临床乳房炎的关系有待进一步研究，安装机器人挤奶系统的成本较高。

2. 生奶冷却设备

标准化奶牛养殖小区生奶冷却设备用于把刚挤集的牛奶由 36℃左右在 2～3 小时内冷却到 4～5℃，并在此温度下保存到加工或运出，以抑制细菌繁殖，保持牛奶鲜度。有直接冷却式和间接冷却式两类。一般由温度调节仪、制冷压缩机、搅拌机、安全绝热层等组成。贮奶缸是贮存生奶的容器，外形为圆柱体，有立式和卧式之分，缸外包有绝热层，以减少外界热量的传入。有些贮奶缸带有冷却夹套，可使贮存的生奶保持较低的温度。一般贮奶缸配有搅拌器、视孔、人孔、灯孔、牛奶进出口和工作扶梯，有些贮奶缸还配有就地清洗装置。凡与牛奶接触的器壁和附件均采用不锈钢材料制造，也有采用铝材或耐酸搪瓷等材料制造。贮奶缸内外采用不锈钢板，有利于卫生管理，一般有卧式和椭圆形一体及分体式。

浸入式冷却器适用于中、小型奶牛场。直接冷却式冷藏罐和片式冷却器多用于管道式挤奶系统。表面式和套管式冷却器多用于人工挤奶或与提桶式挤奶配套。

3. 牛奶输送设备

牛奶输送设备包括奶泵和输奶管道。奶泵通过输奶管道将牛奶从一个容器送到另一容器。要求在运转时不打碎牛奶中的脂肪颗粒，送奶量的大小可调整。常用的离心泵泵体用铝合金或不锈钢制成，易于拆洗。输奶管通常采用镀锡铜管、不锈钢管或玻璃管，以防管道锈蚀而影响牛奶的质量和卫生。牛奶输送设备适用于大型奶牛场和专用挤奶间作业。

七、牛舍通风及防暑降温的机械和设备

标准化奶牛养殖小区牛舍通风设备有电动风机和电风扇。轴流式风机（图 1-18）是牛舍常见的通风换气设备，这种风机既可排风，又可送风，而且风量大。电风扇也常用于牛舍通风，一般为吊扇。

图 1-18 轴流式风机

喷淋降温系统是目前最实用且有效的降温方法。它是将细水滴喷到牛背上湿润它的皮肤，利用风扇及牛体的热量使水分蒸发以达到降温的目的。这主要是用来降低牛身体的温度，而不是牛舍的温度。当仅仅靠开启风扇不能有效消除奶牛热应激的影响时，可以将机械通风和喷淋结合。喷淋降温系统一般安装在牛舍的采食区、休息区、待挤区以及挤奶厅，它主要包括水路管网、水泵、电磁阀、喷嘴、风扇以及含继电器在内的控制设备。喷水与风扇结合使用，会形成强制气流，提高蒸发散热效率，迅速带走牛体多余的热量。喷淋通风结合降温系统时，通风和喷淋要交替进行。

八、其他设备

其他设备包括奶牛场管理设备（刷拭牛体器具、体重测试器具，另外还需要配备耳标、无血去势器、体尺测量器械等）、防疫诊疗设备、场内外运输设备及公用工程设备等。

1. 牛体刷

全自动牛体刷（图 1-19）包括吊挂固定基础部件、通过固定连接件悬挂在吊挂固定基础部件上的电机和刷体；当奶牛将刷体顶起倾斜时，电机自动起动，带动刷体旋转；当奶牛离开时，电机带动刷体继续旋转一段时间后停止。可实现刷体自动旋转、停止及手动控制。

图 1-19 牛体刷

牛体刷能够使奶牛容易达到自我清洁的目的，减少奶牛身体上的污垢和寄生虫。同时，牛体刷还可以促进奶牛血液循环，保持奶牛皮毛干净，提高采食量。使奶牛的头部、背部和尾部得到舒适的清理，不再到处摩擦搔痒，从而节约费用，预防事故发生。

2. 诊疗设备

兽医室需要配备消毒器械、手术器械、诊断器械、灌药器（图 1-20）和注射器械以及修蹄工具（图 1-21、图 1-22）等。

图 1-20 连续灌药器

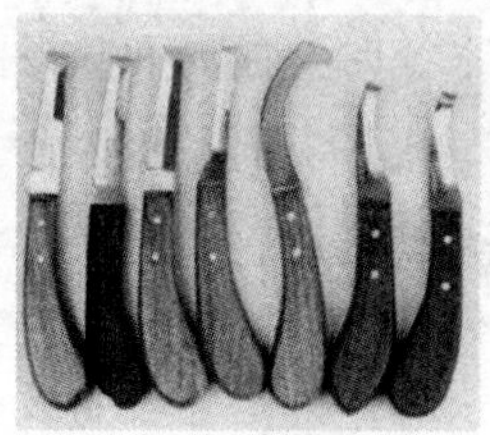

图 1-21 修蹄工具

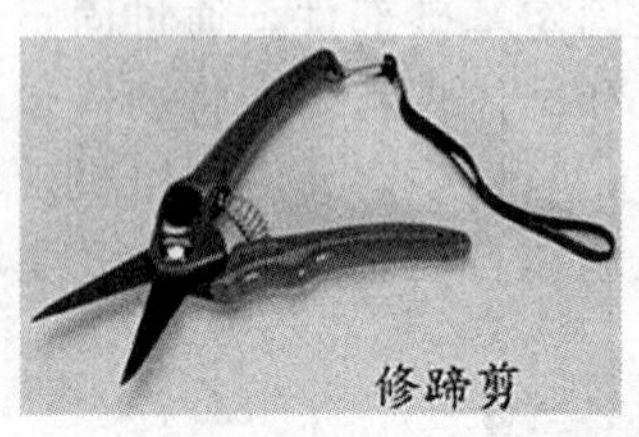

图 1-22 修蹄工具

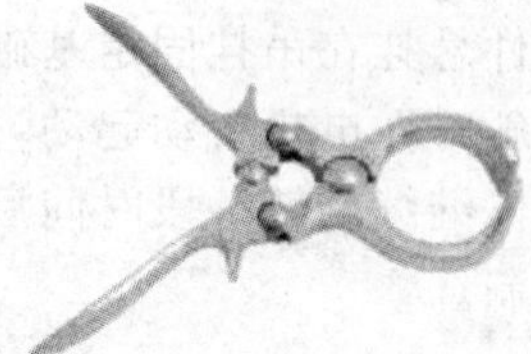

图 1-23 无血去势器

无血去势钳（图 1-23）是一种兽医手术器械，用于雄性家畜的去势（又称阉割）手术。该器械通过隔着家畜的阴囊用力夹断动物精索的方法达到手术目的，不需要在家畜的阴囊上切口，故称“无血去势”。无血去势钳特别适用于公牛、公羊的去势，也可用于公马等家畜的去势。通常在家畜至少 1 个月大之后再进行这种手术。这是一种较为先进的兽医学器械。

弹力去势器（图 1-24）是一种兽医手术器械，用于雄性家畜的去势（又称阉割）手术。该器械通过将弹性极强的塑胶环放置在家畜的阴囊根部，压缩血管、阻碍睾丸血流的方式，来达到睾丸逐渐坏死萎缩的作用，实现手术目的。这种器械无需切开家畜阴囊，不会流血，从而降低了副作用，是一种较为先进的兽医手术器械。弹力去势器系统包括两大部分：弹力去势器本身和与之配套的塑胶环。弹力去势力器本身像是一把钳子，由金属制成，包括把手、杠杆机构和钳口几部分。与传统的外科手术式阉割的方法相比，具有同无血去势钳一样的优点，使用注意事项也同无血去势钳一样。

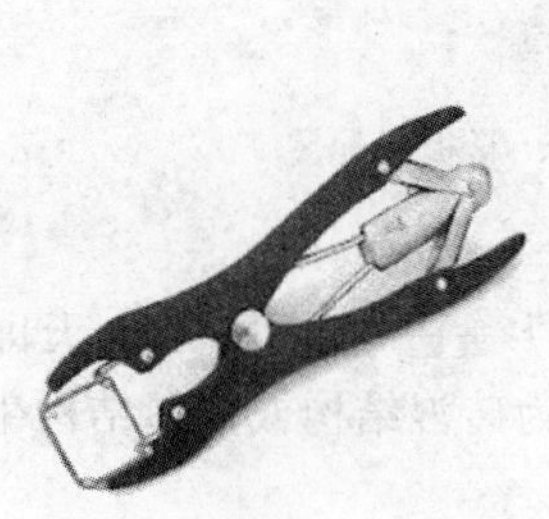

图 1-24　弹力去势器

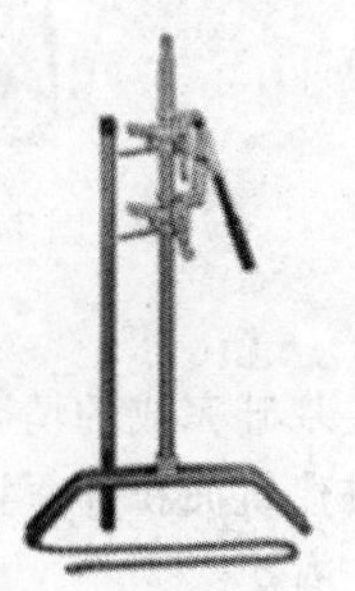

图 1-25　助产器

助产器（图 1-25）是牛场常用的诊疗设备之一，操作杆采用双杆设计，双杆可拼接、拆卸，存放十分方便，特殊的螺纹操作杆在使用中移动精确，而且不会打滑。助产器安装操作简单，使用灵活方便。

经验之五：开放式轻钢结构、彩板装配屋顶式奶牛舍简介

开放式轻钢结构、彩板装配屋顶式奶牛舍（图 1-26）属敞开式奶牛舍。奶牛舍屋架、屋顶及墙体根据力学原理设计，牛舍跨度大，以钢材为原料，屋梁为 U 字形钢、角铁焊接，屋顶为彩钢板、镀锌板或太阳板，隔栏和围栏为钢管。奶牛舍前后两面墙体由活动卷帘代替，夏季可将卷帘拉起，使封闭式奶牛舍变成棚式奶牛舍，自然通风效果好。屋顶部安装可调节风帽。冬季卷帘放下时通风调节帽内蝶形叶片使舍内氨气排出，达到保温、通风换气效果。工厂化预制，现场安装，结构简单。选用防锈材料制作，既轻便又耐用，一般使用寿命在 20 年以上（卷帘除外）。

图 1-26 开放式轻钢结构、彩板装配屋顶式奶牛舍

在基础完成的情况下，一栋标准奶牛舍一般在 15～20 天即可造成。按建筑面积计算，每平方米造价仅为砖混结构或木屋结构牛舍的 80%左右。

此种奶牛舍室内设置与砖混建筑的普通奶牛舍基本相同，其适用性、科学性主要体现在屋架、屋顶和墙体，宽敞通风且便于采用 TMR 等先进的饲喂和管理工艺技术。

通常轻钢结构钟楼式泌乳牛舍跨度 27 米、下檐高 3.1～3.6 米、开间 4～6 米、上檐高 4.5～5.0 米；钟楼顶高 6.5～7.5 米、檐高 5.5～6.0 米。

产房跨度 12 米、檐高 3.1～3.6 米、开间 4 米、顶高 4.0～5.0 米；犊牛舍跨度 10.0～10.5 米、檐高 3.1～3.6 米、开间 4 米、顶高 4.0～4.5 米。

经验之六：塑料暖棚奶牛舍需要注意的问题

塑料暖棚奶牛舍属于半开放奶牛舍的一种，是近年来北方寒冷地区推出的一种较保温的半开放式奶牛舍。就是冬季将半开放式或开放式奶牛舍，用塑料薄膜封闭敞开部分，利用太阳能和牛体散发的热量，使舍温升高，同时塑料薄膜也避免了热量散失。

修筑和使用塑膜暖棚奶牛舍要注意以下几个问题。

① 选择合适的朝向，塑膜暖棚奶牛舍需坐北朝南。

② 选择合适的塑料薄膜，应选择对太阳光透过率高而对地面长波辐射透过率较低的抗老化聚乙烯等大棚膜。

③ 要合理设置通风换气口，棚舍的进气口设在棚舍顶部的背风面，上设防风帽，排气口的面积以 20 厘米×20 厘米为宜，进气口的面积是排气口面积的一半，每隔 3 米设置一个排气口。

④ 搞好保温，塑料棚与墙相接处要用泥封严。备有草帘，夜间盖在塑料上，白天卷起并固定在棚顶部。

⑤ 扣棚与揭棚时间要合适，我国北方宜在 10 月下旬扣棚，翌年 3～4 月份揭棚。要逐渐增大揭棚面积，不可一次性将塑料全部揭掉，以免畜禽感冒。

⑥ 要注意大的风雪天，及时清除棚上积雪，防止风雪把塑料薄膜刮坏或者压垮，导致奶牛没有薄膜的覆盖而被寒冷气温冻伤，造成疾病。

⑦ 保持塑料清洁，经常擦掉水滴和冰霜，以利透光。

⑧ 定时通风换气，每天中午通风换气 1 次，时间为 10～20 分钟。牛群密度大时，每天可通风 2 次。

⑨ 要保护好塑料薄膜，冬季温度低时卷放草帘时注意不要划破塑料布，必须在夏天之前收好，以防晒坏薄膜，还要根据大棚膜的使用寿命定期更换老化的薄膜。

经验之七：奶牛场面积的确定

奶牛生产，牛场管理，职工生活，病牛隔离治疗与粪污处理区及其他附属建筑等需要一定场地、空间。牛场大小可根据每头牛所需面积并结合长远规划计算出来。

场地面积应符合建场要求，一般奶牛场区的占地面积可按每饲养一头成年母牛占地面积 160～180 平方米计算。一个比较理想的存栏 1000～1500 头奶牛场，采用散栏饲养，一般占地面积为 160～180 亩，长/宽＝1.2/1 或方形场地为好（土地利用系数最高）；建筑系数 20%～25%；绿化系数 30%～35%；道路系数 8%～10%；运动场地和其他用地 35%～40%。

 经验之八：要重视奶牛运动场的建设

由于受场地的限制，加之养牛户劳动量大，时间紧，对奶牛的运动多有忽视，形成“禁闭式”养牛模式，它违背了“牛要放”的饲养传统，给奶牛的健康状况、产奶量及使用年限带来不良影响。奶牛在散养自由活动条件下，采食力旺盛，消化能力强，精神状态良好，产奶量提高。而长期拴养，则消化机能下降，血液循环减慢，内分泌系统平衡受到抑制，产奶量降低。长年舍饲的奶牛，冬春大都不发情或少发情，繁殖力明显降低，且利用年限缩短。据调查，经常放牧自由活动条件下，奶牛的发情与受胎都比长期拴养条件下高1倍左右，并且可使奶牛的利用年限延长3～5年。据调查，“开放式”饲养地区的奶牛平均每头每年产奶量为7吨，“禁闭式”饲养地区的奶牛产奶量则为5～6吨。

适当的运动对奶牛的生产好处非常多，舍饲奶牛一般要求每日约有2/3的时间生活在运动场，因此，必须重视奶牛运动场的建设。

成年奶牛的运动场面积应为每头25～30米^2；青年牛的运动场面积应为每头20～25米^2；育成牛的运动场面积应为每头15～20米^2；犊牛的运动场面积应为每头10米^2。

运动场的长度应以与牛舍长度一致对齐为宜，这样整齐美观，充分利用土地。其宽度按照成年乳牛每头15～20米^2，后备牛每头10～15米^2，犊牛每头10米^{2}的运动面积确定。因为奶牛在一天中约一半的时间是卧地休息，其中大部分卧地时间是在运动场。运动场不但是奶牛户外活动和起卧的主要场地，而且也是与奶牛四肢关节和蹄部摩擦机会较多的重要生活环境。所以运动场的地面不能太硬，以沙土地面为宜，运动场上搭设凉棚，凉棚面积按成年乳牛4～5米^2，青年牛、育成牛3～4米^{2}计算。在凉棚下修建奶牛自由卧栏，凉棚宽度大于6米的，可选用对头式奶牛双卧栏形式，可以充分利用凉棚建筑面积，同时可以较好地解决奶牛休息的问题。在运动场边设饮水槽、饲槽。饮水槽长3～4米，上宽70厘米，槽底宽40厘米，槽高60～

70 厘米。每 30 头牛应有一个饮水槽。饲槽长按成年乳牛计每头 0.2～0.3 米，槽宽 0.8～0.9 米，内缘高 0.6 米，外缘高 0.8 米，槽深 0.4～0.5 米。同时，配备矿物质添加剂补饲槽，规格与饲槽相同。运动场周围要用钢管建造围栏，立柱间距 3 米 1 根，立柱高度距地面 1.3～1.4 米，横梁 3～4 根。用围栏将运动场按 50～100 头的奶牛规模分成小的区域。

经验之九：奶牛场都需要哪类牛舍？

一、根据牛舍的建筑形式分类

1. 开放式奶牛舍

开放式奶牛舍（图 1-27、图 1-28）指外围防护结构开放的畜舍。这种畜舍只能克服或缓和某些不良环境因素的影响，如挡风、避雨雪、遮阳等，不能形成稳定的小气候。但其结构简单、施工方便、造价低廉，使用的越来越广泛。

图 1-27　开放式奶牛舍一

图 1-28　开放式奶牛舍二

2. 半开放式奶牛舍

半开放式奶牛舍（图 1-29）单侧或三面有墙，三面有墙的在墙上加装窗户，向阳一面敞开，有顶棚，在敞开一侧设有围栏。夏季开放能良好通风降温，冬季可用卷帘遮拦封闭开敞部分，窗户可保持舍内温度，牛舍形成封闭状态，使舍内小气候得到改善。相对封闭式奶牛舍来讲，半开放式奶牛舍造价低，节省劳动力，较适合华北部分地区，这种牛舍在南方地区也常见。

图 1-29 半开放式奶牛舍

3. 封闭式奶牛舍

封闭式奶牛舍（图 1-30）应用最为广泛，尤其是西北及东北地区。冬天舍内可以保持 10℃以上，夏天借助开窗自然通风和风扇等送风降温。

图 1-30 封闭式奶牛舍

另外，按屋顶结构的不同，奶牛舍可分为钟楼式、半钟楼式、双坡式和单坡式等。按牛舍内奶牛排列方式，可将奶牛舍分为单列式、双列式、三列式和四列式。

二、根据奶牛不同时期需要及用途分类

根据奶牛不同时期需要及用途可分为泌乳牛舍、干乳牛舍、产房、0～3 月龄犊牛舍（犊牛岛）、4～6 月龄犊牛舍、育成牛舍、青年牛舍、隔离牛舍。

通常砖混结构双坡式奶牛舍脊高 4.0～4.5 米，前后檐高 3.0～3.5 米，宽度 10～12 米，长度因地制宜，一般以饲养 100 头左右建

一栋为宜。

1. 成乳牛舍

成乳牛舍是奶牛场建筑中重要的组成部分之一，对环境的要求相对也较高。成乳牛舍在奶牛场中占的比例最大，而且直接关系到奶牛的健康和生产水平。

拴系、散栏成乳牛舍的平面形式可以牛床排列形式来进行分类，基本有以下几种。

（1）单列式　这种牛舍的跨度较小，造价低，通风好，散热快，但散热面积也大，适用于做成敞开式建筑。

（2）双列式　其平面又分为对尾式和对头式。

① 对尾式：优点是挤奶、清粪都可集中在牛舍中间，合用一条通道，占地面积较小，操作比较简单，而且还便于饲养员对奶牛生殖器官疾病发生的观察，对防止牛呼吸道疾病的传染有利。

② 对头式：其优点是便于奶牛出入，饲料运送线路较短，也便于实现饲喂的机械化，同时也易于观察奶牛进食情况。其缺点是奶牛的尾部对墙，其粪便容易污及墙面，给舍内卫生工作带来不便。应做1.5米左右高的水泥墙裙。

（3）多列式　多列式牛舍也有对头式与对尾式之分，适用于大型牛舍。由于建筑跨度较大，墙面面积相应减少，比较经济，该排列形式在寒冷地区有利于保温以及便于集中使用机械设备等。由于这种牛舍跨度较宽，自然通风效果较差。

2. 产牛舍

产牛舍是奶牛产犊的专用牛舍，包括产房和保育间。为了保持全年产奶的均衡，奶牛的产犊应分散在全年进行。产房要保证有成乳牛10%～13%的床位数。产牛舍设计要求较高。奶牛产科疾病较多，而且产期抵抗力差，要求牛舍冬季保温好、夏季通风好，舍内要易于进行清洗和严格消毒。

3. 犊牛舍

犊牛在舍内按月龄分群饲养，一般可采用单栏、犊牛岛、群栏饲养。

（1）单栏　0.5～2月龄可在单栏中饲喂。

（2）犊牛岛　犊牛岛技术即户外犊牛单独围栏饲养技术，适用于0～3个月龄犊牛。犊牛岛（图1-31）由箱式牛舍（犊牛笼）和围栏（犊牛小运动场）组成，围栏正面设有活动的门，门上配有可放饮水桶和料桶的环，两个桶之间相距10～15厘米。犊牛栏前面要有两个开口并保持一定的距离，主要是为了防止犊牛饮水后立即吃料或吃料后立即饮水而造成犊牛料被水浸或饮水被料弄脏。有固定式和可整体自由移动式。

图1-31　犊牛岛

图1-32　犊牛笼

箱式牛舍的规格为长2.2米、宽1.2米、高1.4米，顶部及后部可设可开启的通风孔，以保证通风透气效果。材料为整体铸塑或其他保温材料，清理卫生方便，隔热性能好。

犊牛笼（图1-32）的规格为长1.8～2米、宽1.2米、前檐高1.3～1.5米、后檐高1.1～1.3米，前后檐高度可根据当地气候温度确定，北方以保温为主，檐高可以低一些，南方以遮阴通风为主，檐高可高些。注意前檐不可比后檐过于高，过高会影响遮阴和保温效果。屋面前后檐要延长和探出10厘米，屋面为单坡，南高北低，采用双层屋面板或复合彩钢板，防止晒透导致笼内温度升高。

笼内设有木制踏板，上面铺垫草，供犊牛休息，踏板要高于地面10厘米，踏板选用的木板宽度不超过10厘米，板与板之间要留有1厘米的缝隙，也可选用竹片做板条钉做踏板。

犊牛笼还可以用砖砌，砖砌成本相对较低，长久耐用，但由于传导性强，故夏天热、冬天凉。但犊牛运动场部分不可用砖砌墙体代替钢网，否则会影响通风效果。犊牛笼可以用木制，成本略高于砖砌，有维护费用，木制传导性差，所以隔温效果好。犊牛笼有可移动功能，将其移开可进行彻底消毒和日晒，而且夏天可将其底部垫高，增加通风效果。

运动场长2米、宽1.2米（箱式牛舍或犊牛笼相当），两个运动场之间用钢网焊接隔离，钢网孔应小于2厘米，钢网高度不低于100厘米。

犊牛岛根据犊牛饲养数量设计为数排，每排之间距离2～3米。犊牛岛位置应靠近产牛舍，放置在舍外朝阳、通风效果好、阳光充足、干燥的旷场上。通常应为坐北朝南摆放，北半部放置犊牛笼，南半部为犊牛小运动场（运动场地面部分可砌砖或填充沙土）。整体地势要高于周边，要有配套的排水系统。

①犊牛单栏饲养，犊牛之间相对独立，互不接触，生存活动空间大，便于工人对犊牛和其生活环境的清洁与消毒，避免犊牛间互相吸吮，改善犊牛的生活环境，降低下痢和胃肠炎的发病率，可将犊牛成活率提高到90%以上。该法可以保证牛群快速增长，较适合一年四季最低温度在－15℃以上、降雨相对不很多、饲养规模在2000头以下的牧场。②群栏：2～6月龄犊牛可养于群栏中，舍内和舍外均要有适当的活动场地。

4. 青年牛舍和育成牛舍

这两类牛由于体形尚未完全发育成熟并且在牛床上没有挤奶操作过程，故牛床可小于成乳牛床，通常采用单列或双列对头式饲养。舍内设施除没有挤奶设备以外，其余都与成乳牛舍大致相同。

5. 公牛舍

公牛舍是单独饲养种公牛的专用牛舍，种公牛体格健壮，一般采用单间拴养，对公牛舍的建筑性能要求不高，可采用单列敞开式建筑，地面最好铺木板护蹄，公牛在单独的固定的槽位上喂饲。

6. 病牛舍

病牛舍建筑与乳牛舍相同，是对已经发现有病的奶牛进行观察、诊断、治疗的牛舍，牛舍的出入口处均应设消毒池。

 经验之十：如何确定养殖方法？

奶牛的养殖方法有放牧饲养、拴系饲养、棚式散养和自由散栏等四种，这四种方法还可划分为放牧和舍饲两大类，除放牧饲养以外的后三种均为圈养方式。放牧饲养是传统的奶牛养殖方法，奶牛养殖业发达的国家如荷兰、澳大利亚和新西兰，都是采用奶牛放牧饲养的方法。但实行放牧养殖的前提是要有可供放牧的草场，否则，再多的优点也无法利用。我国牧区奶牛养殖可以采取这种方法，但是也要注意过度放牧和优质牧草少的问题。在农区，由于农区草场面积小，加之近年来各级政府加大了生态建设与禁牧力度，使得可供放牧的草地稀少，只有利用农区农作物秸秆资源比较丰富的优势，采取舍饲的方式。

拴系饲养是散养户常采用的饲养方法，以牛舍为中心，集奶牛饲喂、休息、挤奶于同一牛床上进行。各乳牛舍的管理相互平行，管理承包方式实行大包干，即每人承包15～25头牛，这些奶牛的饲喂、挤奶、清粪全由一人负责。与放牧或半放牧的饲养方式相比较，拴养奶牛具有如下优点：一是节省场地，这是拴养的最大优点，在地价昂贵的经济发达地区，这个优点更为显著；二是节省劳动力，易于管理；三是减少消耗，提高饲料报酬；四是可以减少各种疫病的传入和传出；五是便于粪便的收集利用。但是，拴养也会带来很多问题，比如拴系饲养的奶牛缺乏运动，对疾病的抵抗力较差。如果没有较高的饲养管理条件和疾病防治措施，易导致奶牛的产奶量低，饲养成本高。拴养适合小规模养殖场（户），随着养殖规模的扩大和养殖条件的改善，正逐渐被棚式散养和自由散栏方法取代。

棚式散养相比拴系饲养，奶牛可以在圈定的范围内自由活动，也是一种比较科学的饲养方法，适合冬季温度不太低的地区采用。

自由散栏饲养方式是畜牧业发达国家普遍认可和采用的舍饲奶牛的模式，以牛为中心，将奶牛的饲喂、休息、挤奶分设于不同的专门区域进行。乳牛的管理工序垂直或交叉，管理承包方式实行工种包干，即饲喂人员专门负责奶牛的饲喂、挤奶人员专门负责奶牛的挤奶、清粪人员专门负责奶牛的清粪。这种方式能有效地改善奶牛福利和提高劳动生产效率，能为奶牛提供干净、舒适的生活、生产环境。缺点是饲养管理群体化，难以做到个别照顾。近年来，我国新建的规模化奶牛场多采用这种饲养模式，值得规模化养殖场采用。

投资者可以根据所在地区、气候、饲养规模、资金实力等方面综合考虑采用哪种养殖方法。

与养殖方法相配套的饲养方法也必须一同确定，比如饲喂方式有TMR饲喂方式、人工饲喂和自动饲喂；饮水方式有最简单的人工添加水的水槽饮水和自动饮水槽饮水；清粪方式有机械清粪、水冲清粪和人工清粪等；挤奶方式有人工挤奶、集中机械挤奶和舍内管道挤奶等。

经验之十一：养牛场实用的青贮设施种类及要求

目前，养牛场青贮设施的种类有很多，主要有青贮窖、塔、池、袋、箱、壕及平地青贮。按照建设用材分有土窖、砖砌、钢筋混凝土，也有塑料制品、木制品或钢材制作的青贮设施。但是不管建设成什么类型、用什么材质建设，都要遵循一定的设置原则，以免青贮窖效果差，饲料霉变或被污染，造成禽畜场饲料的浪费和经济损失。选择青贮建筑种类和选用建筑材料主要取决于费用和适应农牧场的需要。

1. 青贮设施建设的原则

(1) 不透空气原则　青贮窖（壕、塔）壁最好是用石灰、水泥等防水材料填充、涂抹，如能在壁裱衬一层塑料薄膜更好。

(2) 不透水原则　青贮设备不要靠近水塘、粪池，以免污染水渗入。地下式或半地下式青贮设备的底面要高出历年最高地下水位以上0.5米，且四周要挖排水沟。

(3) 内壁保持平直原则　内壁要求平滑垂直，墙壁的角要圆滑，以利于青贮料的下沉和压实。

（4）要有一定的深度原则　青贮设备的宽度或直径一般应小于深度，宽深比为1∶(1.5～2）为好，便于青贮料能借助自身的重量压实。

（5）防冻原则　地上式的青贮塔，在寒冷地区要有防冻设施，防止青贮料冻结。

2. 青贮设施

（1）青贮塔　这是一种在地面上修造的圆筒体，一般用砖和混凝土修建而成，长久耐用，青贮效果好，便于机械化装料与卸料，可以充分承受压力并适于填料。青贮塔是永久性的建筑物，其建造必须坚固，虽然最初成本比较昂贵，但持久耐用，青贮损失少。在严酷的天气里饲喂方便，并能充分适应装卸自动化。

青贮塔的高度应不小于其直径的2倍，不大于直径的3.5倍，一般塔高12～14米，直径3.5～6.0米。在塔身一侧每隔2米高开一个0.6米×0.6米的窗口，装时关闭，取空时敞开。

近年来，国外采用气密（限氧）的青贮塔，由镀锌钢板乃至钢筋混凝土构成，内边有玻璃层，防气性能好。提取青贮饲料可以从塔顶或塔底用旋转机械进行。可用于制作低水分青贮、湿玉米青贮或一般青贮。

（2）青贮窖　青贮窖呈圆形或方形，以圆形居多，可用混凝土建成。青贮窖建成地下式，也可建成半地下式。地下式青贮窖适于地下水位较低、土质较好的地区，半地下式青贮窖适于地下水位较高或土质较差的地区。有条件的可建成永久性窖，窖四周用砖石砌成，三合土或水泥抹面，坚固耐用，内壁光滑，不透气，不漏水。圆形窖做成上大下小，便于压紧。长形青贮窖窖底应有一定坡度，以利于取用完的部分雨水流出。青贮窖容积，一般圆形窖直径2米，深3米，直径与窖深之比以1∶(1.5～2.0）为宜。长方形窖的宽深之比为1∶(1.5～2.0)，长度根据家畜头数和饲料多少而定。

青贮窖的主要优点是造价较低，作业也比较方便，既可人工作业，也可以机械化作业。青贮窖可大可小，能适应不同生产规模，比较适合我国农村现有生产水平。青贮窖的缺点是贮存损失较大（尤以土窖为甚)。

(3) 青贮壕　青贮壕是一个长条形的壕沟状建筑，沟的两端呈斜坡，沟底及两侧墙面一般用混凝土砌抹，底部和壁面必须光滑，以防渗漏。青贮壕也可建成地下式或半地下式，也有建于地面的地上青贮壕。青贮壕的优点是造价低，并易于建造。缺点是密封面积大，贮存损失率高，在恶劣的天气取用不方便。但青贮壕有利于大规模机械化作业，通常拖拉机牵引着拖车从壕的一端驶入，边前进、边卸料，从另一端驶出。拖拉机和青贮拖车驶过青贮壕，既卸了料又能压实饲料，这是青贮壕的特点。装填结束后，物料表面用塑料布封顶，再用泥土、草料、沙包等重物压紧，以防空气进入。

国内大多牧场多用青贮壕，而且已从地下发展至地上，这种“壕”是在平地建两垛平等的水泥墙，两墙之间便是青贮壕。这样的青贮壕不但便于机械化作业，而且避免了积水的危险。

(4) 青贮袋　利用塑料袋形成密闭环境，进行饲料青贮。袋贮的优点是方法简单，贮存地点灵活，喂饲方便，袋的大小可根据需要调节。为防穿孔，宜选用较厚结实的塑料袋，可用两层。小型塑料袋青贮装袋依靠人工，压紧也需要人工踩实，效率很低，这种方法适合于农村家庭小规模青贮调制。塑料袋可用土埋住或放在畜舍内，要注意防鼠防冻。

20 世纪 70 年代末，国外兴起了一种大塑料袋青贮法，每袋可贮存数十吨至上百吨青贮饲料。为此，设计制造了专用的大型袋装机，可以高效地进行装料和压实作业，取料也使用机械，劳动强度大为降低。大袋青贮的优点一是节省投资，二是贮存损失小，三是贮存地点灵活。

(5) 草捆青贮　草捆青贮是一种新兴的青贮技术，主要适用于牧草青贮。方法是将牧草收割、萎蔫后，压制成大圆草捆，外表用塑料布严实包裹即可。草捆青贮的优点除了投资省、损失少和贮存地点灵活外，还有利于机械操作。压制草捆可用机械，青贮结束启封后，也可用机械将整个草捆搬入牛群运动场草架上，动物可自由饲用。草捆青贮的原理与一般青贮相同，技术要点也与一般青贮相似。采用草捆青贮法，要注意防止塑料布破损，一旦发现破损，应随时粘补。

（6）青贮堆　选一块干燥平坦的地面，铺上塑料布，然后将青贮料卸在塑料布上垛成堆。青贮堆的四边呈斜坡，以便拖拉机能开上去。青贮堆压实之后，用塑料布盖好，周围用沙土压严。塑料布顶上用旧轮胎或沙袋压严，以防塑料布被风掀开。青贮堆的优点是节省了建窖的投资，贮存地点也十分灵活，缺点是不易压严实。

第二章　品种确定与挑选

经验之一：品种选择适应性是关键

适应性是指生物体与环境表现相适合的现象。适应性是通过长期的自然选择，需要很长时间形成的。虽然生物对环境的适应是多种多样的，但究其根本，都是由遗传物质决定的。而遗传物质具有稳定性，它是不能随着环境条件的变化而迅速改变的。所以一个生物体有它最适合的生长环境的要求，而且这个最佳生长环境要变化最小，在它的承受范围之内，该生物体就能正常生长发育、生存繁衍。否则，如果由于生存的环境变化过大，超出该生物体的承受范围，该生物体就表现出各种的不适应，严重的不适应甚至可以致死。

奶牛的适应性是指奶牛适应饲养地的水土、气候、饲养管理方式、牛舍环境、饲草料等条件。养殖者要对自己所在地区的自然条件、饲草资源、气候以及适合于自己的饲养管理方式和养殖水平等因素有较深入的了解。否则，因为适应性问题都会对牛奶的产量及品质产生影响，甚至造成养殖失败。

我国奶牛主要进口国新西兰和澳大利亚等国家的奶牛是以放养为主，而我国的奶牛养殖根本达不到这样的条件，尤其是中小型奶牛养殖场，饲料搭配也比较单一，若营养跟不上，就会出现“水土不服”，进口奶牛的产奶量很可能达不到国外那么高。

国内奶牛的主要品种中国荷斯坦奶牛也是从国外引进的，也曾通过严格选育，而国内品种的适应性要普遍好于国外引进的奶牛品种。中国荷斯坦奶牛分布在40～－40℃的气温条件下，由于各地的饲料种类、饲养管理和环境条件的差异很大，因此，在各地的表现也各有不同，据初步测定，中国荷斯坦奶牛在高温条件下的适应性能较差。但气温降至0℃以下，产乳量则无明显变化。养殖者要多在改善养殖条件、提高养殖技术上多下工夫，同样能取得不错的收益。

经验之二：养殖比较多的奶牛品种

当前全世界奶牛品种主要有荷斯坦牛、娟珊牛、更赛牛、爱尔夏牛及瑞士褐牛。我国普遍饲养的是中国荷斯坦奶牛和引进的荷斯坦牛，也有少量的娟珊牛、肉乳兼用的西门塔尔牛以及国内的三河牛、中国草原红牛、新疆褐牛等品种，其中以中国荷斯坦奶牛数量最多，占全部饲养奶牛总数的 95%以上。资金实力强的新建大型奶牛养殖场很多是直接从国外引进荷斯坦奶牛、娟珊牛。荷斯坦牛属大体型奶牛，产奶量最高，年产万千克以上的牛群比较多见，我国最高牛群已达 8773.2 千克。美国个体产奶量最高的 1 头母牛里斯达 365 天产奶已达 30833 千克，乳脂率 3.3%。

奶牛要选对品种，只有选对了高产奶牛品种才能创造更大的效益。所以为了获得奶牛高产，对于养殖条件好的现代化牧场，可以引进国外的荷斯坦奶牛、娟珊牛等饲养；在饲养条件较差的地区，可选择中国荷斯坦奶牛或其他品种。

经验之三：养牛场要合理确定牛群结构

调整好奶牛的牛群结构是奶牛场工作的关键问题之一，既涉及牛的引进补充，也涉及原有牛群淘汰更新比例。

奶牛养殖场的奶牛要分批引进，以保证本场合理的年龄结构。引进时，要充分考虑到奶牛的年龄因素，做好引进计划，不能因为一次过多引进某个年龄段的奶牛，导致本场奶牛年龄断层，影响奶牛养殖场的正常生产。通常规模化奶牛养殖场牛群中成乳牛占 60%、青年牛占 13%、育成牛占 13%、犊牛占 14%。

根据研究，乳脂率和乳蛋白率随着奶牛年龄与胎次的增长，略有下降。所以，为使奶牛或奶牛群高产，生产者必须注意年龄与胎次的选择。多数人认为，一个高产牛群，如果平均胎次为 4 胎，其合理胎次结构为：1～3 胎占 49%，4～6 胎占 33%，7 胎以上占 18%。

建立合理牛群结构，突出优良品种，向结构、优质要效益。一般来说，家畜的生产力 30%取决于品种，40%～50%取决于管理，还有 20%～30%取决于环境。奶业市场经过“婴幼儿奶粉事件”，那种见奶牛就买、见母牛就留的奶牛群，整体遗传素质不高，单产水平低，要懂得真正属于优良奶牛品种的不足 1/3，平均每头成年奶牛年产奶量徘徊在 5000 千克停滞不前，这样的产奶水平不足以在当前的市场环境下生存。要提高牛群的生产水平，就要加大奶牛选留、选育，要充分利用优质冻精项目的机遇，根据自己牛群的情况，纠偏补低，为奶牛养殖的高效益打下坚实的基础。奶牛场原有牛群也需要实时更新，以保证奶牛场合理的牛群结构，同时保证奶牛场的正常生产。牛场的牛群更新率一般为 20%～25%，每年除因老弱病残或死亡淘汰一部分（占 10%～15%）外，另外 10%牛只应根据头胎产奶水平高低来决定，但淘汰工作应逐步进行。

经验之四：高产奶牛的选择方法

选择好奶牛是保证奶牛饲养获得高效益的必要保证。选择奶牛要做到以下三方面。

1. 品种选择

不同的奶牛品种及不同个体的奶牛其产奶能力相差较大。目前选择最普遍的品种为荷斯坦奶牛（图 2-1），俗称黑白花奶牛，该奶牛品种在良好的饲养管理条件下，年产奶量可达 5000～7000 千克，高产者可达 10000 千克。除了黑白花奶牛外，还有丹麦红牛、乳肉兼用的西门塔尔牛等，产奶能力也较强，但种群数量较少。

目前，我国饲养的乳牛，大多是使用进口荷斯坦为父本进行级进杂交的改良后代，但也有极少数纯种荷斯坦的后代，如果纯种奶牛或后代不可得时，应尽量选择高代和系谱清楚者。因此，在饲养乳牛时，应首选产奶量比较高的高代黑白花奶牛，日平均产鲜奶量应在

图 2-1 荷斯坦奶牛

20 千克以上。

2. 选择年龄和胎次

如果购买经产母牛，母牛的年龄（或胎次）是影响产奶量的一个重要因素。奶牛年龄不同，产奶量有很大差异。奶牛产奶的黄金年龄是 5～8 岁，一般情况下，第一、二两胎，产奶量低。以后随着胎次的增加，产奶量不断上升，第 4～6 胎，维持在高水平上。以后又逐渐下降。经研究表明，乳脂率和乳蛋白率随着奶牛年龄与胎次的增长，略有下降。所以，为了使奶牛或奶牛群高产，生产者必须注意年龄与胎次的选择。因此，要使奶牛尽快发挥其较高的生产性能，应选择 3～4 岁或产过 1～2 胎的母牛为好。特别注意，已超过生育年龄的育成奶牛，此种牛不能购买。

3. 个体选择

选好奶牛品种后，还要选好奶牛个体。一般主要是从个体系谱和外形上来选择，外形包括乳房、乳头、乳膀、生殖器、体质外貌等要具有该品种的典型特征。

(1) 通过系谱进行挑选 选购奶牛看系谱谱系的内容包括奶牛品种、牛号、出生日期、初生体重、成年体尺和体重、外貌评分、等级和母牛各胎次产奶成绩。系谱中，还应有父母代和祖父母代的体重、外貌评分、等级，母牛的产奶量、乳脂率、等级。另外，牛的疾病和防疫、检疫、繁殖、健康情况也应有详细记载。根据上述资料挑选高产奶牛很重要，不可忽视。如购买奶牛，必须采取防疫措施，避免人畜共患病，特别是结核病和布氏杆菌病等。

通过系谱了解奶牛个体及祖代生产性能的水平。挑选后备牛时，一般要挑选父母生产性能高、体型外貌评分高和繁殖性能好的，同时要注意哪些性能更是你需要的，如是选择产奶量更高的还是产奶量相对较低而乳脂率水平更高的。此外，还要通过线性鉴定记录了解该牛体型外貌有什么缺陷。要看奶牛的父母、奶奶、爷爷以及外祖母的生产性能，生殖器官是否正常，是否是异性双胎母牛，异性双胎母牛没有繁殖能力，千万不能买。对未建立系谱的牛群，则主要可以通过体型外貌进行挑选。

（2）选择具有发达的乳房　发达乳房是最重要的功能性体型特征，乳房基部应前伸后延，附着良好。4 个乳区匀称，后乳区高而宽。乳头垂直呈柱形，间距较宽而匀称。用手触摸乳房弹性良好无异常。挤奶前乳井明显，乳房膨大，挤奶后乳房变小，乳房后部出现明显皱褶。乳静脉应粗而弯曲多，乳膀毛稀少，皮肤弹性好，这是高产奶牛的基本特征。有条件的，还应考察其母亲的产乳情况和父亲的品质。

（3）选择典型的体质外貌　优秀奶牛的体质应属于细致紧凑型，要求结构匀称、棱角突出，体格健壮、毛色光泽，皮薄且富有弹性，骨骼细且结实，体躯长、宽、深适度，背腰平直，臀部长平宽，胸部发育良好，腹大而不下垂，身躯从上面、侧面、反面三个位置观察呈“倒三角形”，黑白花片明显，以三节花和马鞍花为最好。四肢结实、端正，要仔细观察牛的步态和蹄形，蹄形异常的牛常有肢蹄病。对于圈舍饲养的奶牛，肢蹄病很易发生，会直接影响奶牛的产奶性能和高产期。

具体来说选购奶牛可概括为：牛尾要细，没有脖袋，要有头峰，脖要细，头要小。从后看牛垂直一条线，后腿高，前腿矮，乳腺要丰满，必须有奶井，四块结构没有发达的肌肉，脂肪少，毛色要鲜明，黑白花片明显，皮肤松弛，肋骨间缝隙要宽阔，以能塞进两个手指为好。

（4）根据毛色进行挑选　黑白花牛的毛色有如下特征：黑白相间，花色分明，额部多有白斑（额头白星），腹低部、四肢膝关节以下及尾端呈白色。角体蜡色，角尖黑色。

凡出现下列情况的牛不能购买：①全黑；②全白；③尾帚黑色；④腹部全黑；⑤一只或几只腿环绕黑色达到蹄部者；⑥一只至几只腿从蹄部至膝部全黑者；⑦灰色，往往是黑白花牛与黄牛（或其他品种牛）杂交的一代、二代牛，不是纯种黑白花牛。

经验之五：后备母牛的确定方法

后备母牛是指犊牛初生后准备留作种用的母牛。因此，后备牛的挑选首先要从犊牛开始。大型牧场要建立核心群，后备母牛要从本场的核心群中选留优良的后代作为后备母牛。

所谓犊牛，一般是指从初生到6月龄期间的小牛。选择犊牛时，首先应考察该牛的系谱，即查其父母、祖父母及外祖父母的生产性能和表现情况。其次，要考察其本身的外形与结构特点，要求犊牛符合本品种牛的基本特征，结构良好，四肢端正，行动灵活。乳用母犊还要求无副乳头，乳头较长，呈扁圆形，无皱纹。再次，要观察其本身的生长发育状况。犊牛的初生重是出生前（胎儿期）发育的重要指标，初生重过小，说明胎儿期发育不良，对后天的生长和生产往往会造成很大影响。正常胎儿的初生重一般占成年母牛体重的5%～7%。最后要看出生后的生长发育情况，主要以体尺、体重为依据。主要指标包括初生重、6月龄、12月龄、第一次配种（15月龄左右）及头胎牛的体尺、体重。体尺指标主要有体高、体斜长和胸围等。

从初生到断奶这段时间称为哺乳期，奶牛哺乳期一般为3～4个月。哺乳期犊牛日增重和断奶重的大小是衡量后备牛生长发育状况的又一重要指标。奶牛日增重要求不宜过高，一般0.5～0.7千克属正常。

选留乳用母牛时，除考察其系谱、体型外貌和生长发育表现外，还要比较生产性能以及对某些主要疾病的抵抗力等。奶牛的生产性能主要包括产奶量、奶的质量、泌乳均衡性和前乳房指数。

产奶量是指一个泌乳期（305天）内所产鲜奶总量，产奶量越高，牛越好；牛奶质量主要指鲜牛奶中所含乳脂肪、乳蛋白、乳糖和非脂固形物的百分比，一般含以上成分越高，牛奶质量越好；泌乳均衡性是指一个泌乳期内产奶量的稳定情况，泌乳均衡的牛质量好（高产奶牛产奶后最初 3 个月的泌乳量占总产奶量的 35%左右，第 4～6 泌乳月占 32.5%左右，第 7～10 泌乳月占 32.5%左右）；前乳房指数是指前乳房产奶量占整个乳房总奶量的百分比，指数越小，牛质量越好。

经验之六：引种时应注意哪些问题？

1. 要从正规的奶牛场引种

大型牧场（奶牛场）的引种可以考虑进口美国、加拿大、澳大利亚、新西兰奶牛，国内引种可选择中国荷斯坦奶牛。目前，我国真正有资格出售奶牛的单位不外乎大中专院校、国家（或省、市级）研究院（所）或奶牛育种中心（站），也可以到大型规范化奶牛场购买。因为这些地方有规范的繁育体系，母牛质量好，腹内胎儿质量也很可靠，而散户饲养的奶牛胎儿质量往往没有保证，如果要从其他地方引种，千万要核实情况后再购买。个体奶牛饲养户引种也必须选择一产产奶量已经达到 5～6 吨以上的奶牛，或其母亲一产产奶量已经达到或超过这一指标的青年奶牛或犊牛。

2. 引进地区考察

主要是考察拟引进地区的气候特点、饲草料情况、饲养管理水平和疫病流行及发生状况。疫病是主要的考察内容，主要了解当地主要疫病发生、流行情况，尤其是奶牛结核病和布氏杆菌病这两种严重危害人类健康的人畜共患病，目前我国对奶牛结核病、布氏杆菌病采取严格的淘汰制度，每年两次进行监测，对监测阳性的牛予以无害化处理。因此，这样的牛绝对不能引进。

还要注意考察奶牛的适应性，一是自然条件适应性，要到自然条件相近的地方引进奶牛；二是饲养条件的适应性，饲养管理条件要与原场的相近，尤其是主要草料的品种和质量要有保证，否则引进后奶牛不适应新主人、新场地、新饲料、新的饲喂方法饲养等，不仅不能获得高产，性能还会逐渐退化。

3. 要查看奶牛的有关资料

引种时要看奶牛系谱、免疫档案，并检测当天的泌乳量。根据系谱挑选高产奶牛很重要。能检测到当天的产奶量是最直接的验证方法，建议有验证条件的必须验证。

4. 要重质量，轻价格

如果有两头牛，甲牛年产奶 3000 千克，价格 4000 元，乙牛年产奶 5000 千克，价格 6000 元，养哪头牛更合算呢？当然是乙牛。因为，按目前牛奶市场价格 2.00～2.40 元/千克计算，乙牛每年多创的利润远不止 2000 元，更何况奶牛利用年限有 8～10 年之久。再有，高产牛的后代往往比低产牛的后代优秀。

5. 引种方式

奶牛引种方式有引进奶牛公牛和奶牛母牛两种，通常奶牛养殖场只引进奶牛母牛，公牛一般由省级奶牛良种站培育，采用冷冻精液的方式供应给需要配种的养殖场。

养殖场引进奶牛除了以活奶牛为主外，也可以引进牛的冷冻精液或胚胎，或采用胚胎移植、动物克隆等新技术“借腹怀胎、产金牛犊”，以最大限度地发挥良种奶牛的遗传潜力，快速繁育良种奶牛。

6. 聘请专业人员把关

选购奶牛具有一定的技术性，最好聘请专业技术人员把关，谨防上当受骗，造成不必要的损失。尤其是在不熟悉的地方买牛，更需要格外注意。

选购小母牛时，除了观察体况外貌，还要仔细查看小牛的乳腺、乳头、生殖器等。选购怀胎奶牛，要准确检查是否怀胎，询问产奶量，以免买入空怀牛。还有，雌、雄同胎的公、母犊牛，其中母犊有85％～95％是不能生育的，称为“异性双胎不育母牛”。这种母牛阴蒂过度发育，具有雄性阴茎的特征，而且缺少组成生殖器官的某些部分或发育不全。

现在骗子的手段多，花样翻新，一些奶牛贩子常将劣质奶牛进行“整容、化妆”后出售，以达到非法赢利的目的。以前常用的是磨牙改牛龄，一般将老牛处理牙齿后冒充“年轻”牛，大都以 6 个牙以上出售，牛的奶牙小而白，齿间缝隙较大，永久性牙较宽大，排列紧凑。有一对永久性齿时牛年龄为2.5岁，有两对永久性齿时牛年龄3.5岁，有三对永久性齿时牛年龄4.5岁，牛5岁以后奶牙全部换成永久齿。另外，年轻的奶牛被毛光滑，眼有神，行动灵活，尾梢拧在一起，角有鳞片。经锯磨而成的“奶牙”呈黄褐色，且与其他牙齿的间距不匀，磨了第四对牙的牙根厚黄，拔了第四对的牙根中间凸起且坚实。还有给牛焗油染色，有的牛贩子为了提高牛的价值，巧妙地为牛焗油，以改变其本来的品种面貌和年龄，经焗油的奶牛一般焗油部位以头部居多，其中以白色头、黄白花头为主。对花片极好的牛要仔细辨别以防买到经过焗油的牛。经焗油的牛一般眼睫毛、眼睑皮肤往往是原色，毛根呈原色，细闻有辣椒味。

如今出现注水冒充孕牛的。有的牛贩子为了暴利，用软管等工具往子宫内注水、放气球以无胎充有胎；有的往乳房、乳腺内注水，以改变乳房、乳腺容量及外观。子宫注水、放气球的牛一般只能冒充3～4个月的胎龄。这样的牛在直肠检查时子宫弹性较大，子宫张力增加，波动感减少。注水后的乳房、乳腺往往坚实而无原来的柔软性和弹性，指压成坑，恢复较慢，与怀孕月份不相符。

选购奶牛时还应注意：奶牛一般耐寒怕热，最好从比当地气温高的地区购牛，如果从北方寒冷的地区购牛，最好在秋冬季购买；如果需长距离运输怀孕奶牛，最好购5～6月龄的，过大容易流产，且在对环境不适应时产犊，达不到预期的产奶量；运输车辆应垫细沙、细灰等沥水性较好的垫料，上下坡要慢，汽车加、减速度要稳，以防奶牛滑倒。

经验之七：引进奶牛要做好准备工作

（1）隔离舍的准备　按照饲养奶牛数量、规模和长远发展要求，搞好牛舍等基础设施建设。用于新购进奶牛隔离饲养的隔离牛舍要认真打扫卫生，并用0.1％84消毒液、0.1％过氧乙酸、1％～2％福尔马林等消毒液喷雾消毒。

（2）奶牛进场后饲料的准备　根据购进奶牛的数量，准备充足的饲草饲料。需要大量的饲草料储备，充分利用现有秸秆粗饲料资源，通过物理、化学处理法，用氨化或碱化技术，提高粗蛋白含量和适口性。调整种植结构，扩大优质粗饲料种植面积，解决优质粗饲料短缺问题。利用现有的土地资源，适当种植优质青绿饲料，利用青贮技术或加工调制技术制作成青贮料或青干草。

（3）掌握技术　养好奶牛要有可靠的技术依托。奶牛不同生长发育阶段的饲养标准和管理方法不同，加上其繁殖配种和防疫有特殊的技术操作要求，因此，只有在自己掌握了过硬的饲养技术，同时又能得到专家指导的条件下才可考虑饲养。如果这些条件都不是很成熟，就绝对或暂时不要养奶牛。

（4）把好检疫关　查验引进奶牛在当地的免疫档案、耳标、免疫证明等，经疫情调查当地属非疫区，且奶牛个体健康、免疫档案、耳标、免疫证齐全的奶牛方可引进。查验三证（检疫证明、消毒证明、非疫区证明）和免疫耳标。

（5）严格健康检查　请有丰富经验的兽医或聘请专业人士做健康检查。一些人以次牛充当好牛，以病牛充当健康牛，高价出售，加之养殖户对奶牛知识了解不够，给部分养殖户造成了很大的经济损失。因此，一定要认真观察牛的体形外貌，逐头仔细检查奶牛的健康状况，特别注意奶牛的乳房炎。乳房炎是一种奶牛较为常见的疾病，严重影响奶牛的产奶量及奶的品质和饮用安全。临床型乳房炎，一般肉眼可见乳房乳汁稀薄、呈泄状、灰白色，乳房肿胀、发红、质硬，产奶量下降。隐性乳房炎，肉眼观乳房乳汁无异常，但乳汁在生化上及细菌学上已发生较大的变化。故此，在购买奶牛时，在条件允许的情况下，应到有关部门对乳汁进行检测，以确定其是否患有隐性乳房炎。有明显乳房炎症状的和患有隐性乳房炎的不要购买。

（6）对牛的年龄和经产牛的胎次进行鉴别　奶牛年龄在没有资料的情况下，可通过牙齿的出生、更换、磨损程度推断。奶牛繁殖胎次可根据牛角基部的角轮来判断。青年母牛角基部较平滑，当奶牛怀孕后，由于胎儿的生长发育，需要消耗母体大量营养物质，特别是怀孕后期，胎儿生长快，需要的养分更多，造成母体短期内营养缺乏，是牛角营养不足，留下 1 圈凹陷，形成角轮。一般在基部出现 1 圈角轮时已怀第二胎，出现 2 圈角轮时已怀第三胎，以此类推，从奶牛的牛角基部可鉴别出奶牛的胎次。

(7) 运输种牛车辆准备　运输种牛的车辆一定要安全舒适，不可太拥挤。一般选用汽车运输较好，只需装、卸各一次即可到达目的地奶牛场，省时省力，奶牛损失概率小。汽车运输可由两名司机日夜兼程，途中方便寻找供水点保证奶牛饮水，也方便随时停车处理紧急事宜。夏天炎热，可早晚行程、中午休息，避免奶牛热应激反应。寒冷季节，应选择在阳光充足的白天运输，火车运输的要尽量避免多次装、卸才能到达目的地。另外火车运输途中遇有紧急情况不宜停车及时处理。

选择合适的车型，应使用双排座的高护栏敞篷车，车护栏高度应不低于 1.8 米，切忌使用低护栏车。车身长度以 12 米为宜，运输未成年牛（300 千克左右）时夏季每车装 18～21 头为宜。车厢顶部用松木棒或钢管捆扎，可放途中饲喂的干草捆和饮水器具。

车上有防滑措施，牛在车厢里会有许多排泄物，使车厢地板很滑，为了减少因地面不平而打滑，可在车厢底放置熏蒸消毒过的干草或草垫，厚度在 20～30 厘米并铺垫均匀。

经验之八：后备母牛初配不宜过早

因为母犊牛性成熟早于体成熟，当其开始发情排卵时，身体还处在生长发育中。母牛配种过早将影响到本身的健康和生长发育，所生犊牛体质弱、出生体重小、不易饲养，母牛产后产奶受影响，因此，正确掌握公牛、母牛的初配年龄，对改善牛群质量、充分发挥其生产性能和提高繁殖率有重要意义。

犊母牛出生后各个器官生长速度基本一致，但到 6 月龄前后生殖器官生长速度加快，逐渐进入性成熟期。这时，母犊卵巢内的卵子可以成熟，可以分泌性激素，有了性欲和发情表现，可以排卵，进入初情期。乳牛一般在 6～12 月龄就出现发情，这时的母牛能够交配、受精，且可以完成妊娠和胚胎发育过程。

但是，初情期母牛只是性器官开始成熟，还需要经历脑下垂体、卵巢、子宫等的继续发育才能达到完全成熟，这时母牛整个体躯的发育也随之成熟。初配年龄一般奶牛为16～20月龄，体重达成年母牛的70%～80%，即体重达到375千克以上，也可确保初产体重550千克的要求。

经验之九：识别奶牛年龄的技巧

奶牛的年龄与生产性能有一定的关系，奶牛一般在3～8岁时为产奶量最高的时期，以后随年龄的增长而降低。鉴定奶牛的年龄有外貌鉴定、角轮鉴定和牙齿鉴定三种。根据外貌鉴定年龄，只能辨别奶牛的老幼，无法知道其岁数；角轮鉴定年龄，所得结果误差较大；牙齿鉴定较为可靠。

奶牛牙齿的生长有一定的规律性。在奶牛5岁前可用牙齿脱换的对数加1来计算，即换1对牙是2岁，换2对牙是3岁，换3对牙是4岁等。5岁以后，主要看齿面磨损情况和牛齿的结构。开始磨损时先把齿边磨平，然后看齿面的变化，最初呈方形或横卵形；以后随磨损程度而加深。如钳齿在6岁时呈方形；7岁时呈三角形；8岁时呈四边形；10岁时呈圆形，12岁后圆形变小；13岁时呈纵卵形。其他门齿变化规律与钳齿一样。随着年龄的增长，全部门齿开始缩短。

根据奶牛的牙齿鉴定其年龄比较可靠，但仍是估计的结果。由于牙齿的脱换、生长和磨损变化受许多因素的影响，故有时鉴定的结果与实际年龄有出入。如早熟品种和放牧饲养的奶牛，其正常变化约比上述年龄早半年；少数奶牛牙齿不坚硬或为畸形牙齿，则难以准确鉴定其年龄。此外，饲草的质量也影响鉴定结果；常年舍饲的奶牛，牙齿磨损慢；终年放牧的牛，饲草质量差，牙齿磨损快。

经验之十：要掌握母犊牛生长发育标准

养殖人员要掌握牛的生长发育标准，以便于及时查找饲养管理方面的不足。母犊牛生长发育标准是国家动物营养委员会或全国奶牛协会在标准化饲养实验的基础上测得的犊牛各月龄生长发育标准。现将中国黑白花奶牛协会制定的“黑白花母犊牛生长发育标准”抄录如下。

初生，体重 41～43 千克，体高 71～73 厘米，胸围 76～78 厘米。

1 月龄，体重 50～53 千克，体高 75～77 厘米，胸围 82～85 厘米。

2 月龄，体重 69～72 千克，体高 78～81 厘米，胸围 90～93 厘米。

3 月龄，体重 89～93 千克，体高 82～86 厘米，胸围 100～102 厘米。

4 月龄，体重 114～120 千克，体高 88～91 厘米，胸围 103～108 厘米。

5 月龄，体重 132～136 千克，体高 93～96 厘米，胸围 110～116 厘米。

6 月龄，体重 159～164 千克，体高 98～101 厘米，胸围 118～123 厘米。

第三章 饲料与饲喂

经验之一：奶牛的采食特点

奶牛采食速度快，咀嚼不充分，经过一段时间后重新咀嚼即反刍。所以，准备饲料时，应避免带入铁丝等异物，否则会导致网胃炎或心包炎。饲喂块根、块茎类饲料以切碎为好，避免发生食道梗阻现象。不应饲喂整粒谷物，因为大部分沉入胃底转入第三、第四胃而不能被重新咀嚼而造成过料现象。

就采食饲料种类而言，奶牛最喜欢吃青绿饲料、精料和多汁饲料，其次是优质青干草，再次是低水分青贮，最不爱吃未加工处理的秸秆类粗饲料。就形态而言，奶牛爱吃1立方厘米左右的颗粒料，不爱吃粉状料。枯草期以秸秆为主喂牛时，应该把秸秆铡得短一些并拌入精料中饲喂，或把切碎的秸秆制成颗粒，以增大采食量。添加饲草时做到少喂、勤添，不然粘上鼻镜分泌液则牛不爱吃。下槽后清扫饲槽，将剩草晾干后再饲喂。

奶牛采食的时间随饲草质量、长短、气候变化而变化。在自由采食的情况下，全天采食时间为6～8小时。舍饲与放牧的日程应根据具体情况安排。

奶牛的采食量与其体重密切相关，相对采食量随体重而减少，例如，犊牛2月龄时干物质日采食量为其体重的3.2％～3.4％。6月龄时为体重的3.0％。又如育肥周岁牛体重250千克时，干物质采食量为其体重的2.8％，到500千克时，则为2.3％，膘情好的牛相对采食量低于膘情差的牛。

牛对切短的干草比长干草采食量大，对草粉采食量最少，但把草粉制成颗粒饲料后，采食量可以增加50％。日粮中营养不全面时，牛的采食量减少，若在日粮中逐渐增加精料，牛的采食量会随之增大，但精料量占日粮30%以上时，对干物质的采食量不再增加，若精料量占日粮70%以上时，则采食量随之下降。日粮中脂肪含量超过6%时，瘤胃对粗纤维的消化率下降，超过12%时，食欲受到抑制，采食量减少。环境安静、群饲、自由采食及适当延长采食时间等，均可增加牛的采食量，饲草饲料的pH值过低时（如青贮水分过大）会降低牛的采食量。同时与采食时间随温度变化一样，采食量亦随温度而变化。环境温度从10℃逐渐降低时，可使牛对干物质的采食量增加5%～10%；当环境温度超过27℃时，牛的食欲下降，对干物质的采食量随之减少。

经验之二：牛消化饲料特点的利用

1. 牛消化饲料的过程

奶牛的消化器官由口腔、食道、胃、小肠、大肠、肛门和一些消化腺组成。牛是反刍动物，胃由瘤胃、网胃、瓣胃和皱胃四部分组成，其中前三个胃无消化液，只有皱胃具有与单胃动物相似的功能。瘤胃容积最大，大约占胃总容量的80%。瘤胃中含有大量的微生物，能利用饲料中粗纤维和非蛋白质含氮物质。在瘤胃微生物的作用下，奶牛日粮中70%～80%的可消化营养物都可在瘤胃中消化。

奶牛上颚无门齿，靠舌卷唇助、切齿断草的方法采食牧草。牛食量大，采食速度快，采食时不经仔细咀嚼便囫囵吞下，牛每日采食时间为8～10小时。牛吃饱休息时，瘤胃内的食团重新返回口腔，经精细咀嚼，再吞入胃内，这一过程叫“反刍”。牛反刍一般从食后30分钟到1小时开始，每次持续时间约40分钟，一昼夜反刍8～14次。

牛采食后，食物首先进入瘤胃和网胃，在微生物的作用下进行发酵。当日粮以粗饲料为主时，瘤胃内的pH值处于中性状态，对粗纤维的消化率最高。如日粮以精饲料为主时，瘤胃内的pH值下降，处于酸性环境，微生物的活动受到抑制，消化率降低。日粮中粗纤维过多也会影响对饲料的消化。如果粗饲料粉碎过细，饲料通过瘤胃的速度变快，也会降低消化率。牛瘤胃和网胃内的微生物数量多，种类也多，由于采食饲料的种类不同，微生物的数量和种类也会随之改变。

当饲料急剧变更时，微生物不能立即随着变化而变化时，饲料就会在瘤胃内异常发酵，从而影响对饲料的消化吸收和发生产奶量明显降低的情况。因此，调整奶牛日粮时应逐渐进行，切勿急剧改变。

2. 根据牛消化饲料的特点在饲喂时的注意事项

① 喂牛的饲料要相对稳定，不要随便经常变换饲料，需要变换饲料时要有个过渡期（15 天），以便使微生物适应这一变化。

② 喂牛的精料最多不要超过全部饲料（按干物质计算）的 70%，否则瘤胃过酸，会影响牛消化利用饲料。

③ 给牛饲喂原来没喂过的饲料时，要由少到多，逐渐让牛适应，不可一开始就大量饲喂，并且其最大用量不能超过一定限度。青贮不超过 25 千克/天，甜菜丝和酒糟不超 5 千克/天。

④ 春季开始放牧时，要逐渐增加放牧时间，不可一开始就全天放牧，要有 15 天气适应期。否则不仅奶牛跑青，消耗过多体力，而且还会因突然采食大量青草引起瘤胃微生物不适应，导致各种消化疾病。春季奶牛消化系统疾病多，主要原因是放牧过急。

⑤ 用水泡料时水量不可过大，否则会使唾液的分泌量便少，使胃内酸度升高，影响消化。

⑥ 牛采食后会将食入的饲料返回口腔再咀嚼，这个过程叫反刍，老百姓称之为“倒嚼”。因此奶牛采食后，要让其有充分的时间进行反刍。

⑦ 喂牛的饲料要营养全面，不能过于单一，以减少代谢性疾病的发生。

经验之三：犊牛饲料的特点

小牛出生后至 6 个月断奶为犊牛培育期。犊牛的饲养按其生理特点分初生期和哺乳期两个阶段，初生期为犊牛生后 1～5 天，这一时期主要喂养初乳，因为初乳比常乳的干物质多，营养丰富，特别是蛋白质比正常奶高 4 倍，白蛋白及球蛋白高 10 倍，所以犊牛出生 2 小时内必须吃上初乳，而且愈早愈好。

犊牛出生后的前 3 个月，虽然全靠母乳满足生长发育的营养需要，但由于母乳中缺乏铁质和维生素 D，所含能量也仅能满足犊牛需要量的 70%。

为此，哺乳期除喂常乳外，要进行补饲，特别是植物性饲料的补给可促进胃肠和消化腺发育，尤其是对瘤胃的发育。补饲的营养水平高，犊牛的生长发育快；反之营养水平低，发育延缓。大量补饲高营养饲料，虽增长快，但不利于瘤胃发育，同时培育成本也高。应在 1 月龄左右就训练采食固体饲料，开始用青绿多汁饲料和混合精料调拌后饲喂，以后逐渐增加青干料的用量，以促进瘤胃的发育和消化机能的完善，为其在哺乳后期能够较多地采食粗饲料打好基础。实施早期断奶的犊牛，应在 10 日龄后开始训练采食混合精料，从每头每天 10～20 克逐渐增加用量；到 3 周龄之后加喂青绿、多汁饲料和青干草，使其 1 月龄时可采食犊牛料 0.5 千克。2 月龄以后喂青贮料，当犊牛每天可采食 1 千克混合精料时即可断奶。

犊牛 3 月龄之后，随着母乳的不断减少而对饲料干物质的采食量逐渐增加。但由于犊牛的瘤胃体积小、消化饲料的能力差，配制混合精料时应选择品质优良、易消化的精饲料，如玉米、大麦、麦麸、大豆饼（粕）等。青、粗饲料要选用柔嫩的青草、青干草，任犊牛自由采食。饲喂多汁饲料和青贮饲料时，应由少到多逐渐增加饲喂量。当青饲料不足时，应添加预混料或维生素制剂，尤其是维生素 A、维生素 D、维生素 E 制剂，以保证营养的全面性。

经验之四：母牛不同饲养阶段的饲料组成

母牛不同生长阶段所需营养物质不同，饲料组成也就不同，但总的原则是满足机体营养需要，既不能过多也不能过少。过多机体吸收不了，造成浪费和经济损失；过少达不到机体需求，影响生长发育。现将不同阶段的饲料组成简单叙述如下。

1. 犊牛的饲料组成

犊牛是指出生后到断乳的小牛，犊牛的月龄主要取决于哺乳时间的长短，哺乳期一般为3～6个月，犊牛生后最初几天，由于各种组织器官尚未发育完全，对外界不良环境抵抗力低，适应力较弱，消化道黏膜容易被细菌穿过，皮肤保护能力差，神经系统反应不足。犊牛的饲养按其生理特点分初生期和哺乳期两个阶段，初生期为犊牛生后1～5天，这一时期主要喂养初乳。

哺乳期除喂常乳外，开始进行补饲，特别是植物性饲料的补给可促进胃肠和消化腺发育，尤其是促进瘤胃的发育。补饲的营养水平高，犊牛的生长发育快；反之营养水平低，发育延缓。大量补饲高营养饲料，虽增长快，但不利于瘤胃发育，同时培育成本也高。补饲前10天喂优质干草，让其自由采食，从20天后开始补喂多汁饲料，2月龄以后喂青贮料，同时为预防下痢补饲抗生素。

犊牛混合精料的参考配方如下：玉米35%，豆饼35%，麦麸27%，骨粉1%，食盐1%，添加剂1%。

2. 育成牛的饲料组成

犊牛6月龄断奶后就进入育成期。刚断奶的牛由于消化机能比较差，要求粗饲料的质量要好。育成牛是小牛生长快的时期，要保证日增重0.4千克以上，否则会使预留的繁殖用小母牛初次发情期和适宜配种年龄推迟。

育成牛日粮以青粗饲料为主，可不搭配或少搭配混合精料；在枯草季节应补喂优质青干草、青贮料，并适当搭配混合精料。育成牛矿物质非常重要。钙、磷的含量和比例必须搭配合理，同时也要注意适当加微量元素。育成牛舍饲的基础饲料是干草、青草、秸秆等青贮饲料，饲喂量为体重的1.2%～2.5%，视其质量和大小而定，以优质干草为最好，在此时期，以适量的青贮之类的多汁饲料替换干草是完全可以的。替换比例应视青贮料的水分含量而定。水分在80%以上的青贮料替换干草的比例为4.5∶1，水分在70%替换比例可以为3∶1，在早期过多使用青贮饲料，则牛胃容量不足，有可能影响生长，特别是低质青贮料更不宜多喂。

12月龄以后，育成牛的消化器官发育已接近成熟，同时母牛又无妊娠或产乳的负担，因此，此时期如能吃到足够的优质粗料就基本上可满足营养需要，如果粗饲料质量差时要适当补喂少量精料，以满足营养需要。一般根据青贮料质量补1～3千克精料。

育成牛参考饲料配方如下：玉米62%，糠麸15%，饼粕20%，骨粉2%，食盐1%，另外每千克混合精料添加维生素A 3000国际单位。

3. 空怀母牛的饲料组成

空怀母牛饲养的主要目的是保持牛有中上等膘情，提高受胎率。繁殖母牛在配种前过瘦或过肥常常影响繁殖性能。如果精料过多而又运动不足，会造成母牛过肥，不发情。但在营养缺乏、母牛瘦弱的情况下，也会造成母牛不发情。因此在舍饲条件下饲喂低质粗饲料，在冬春枯草季节应进行补饲。对瘦弱母牛配种前1～2个月要加强营养，增加补饲精料以提高受胎率。

参考配方如下：玉米65%，麦麸15%，糠麸18%，食盐1%，添加剂1%。

4. 哺乳期母牛的饲料组成

哺乳期母牛的主要任务是多产奶，满足犊牛生长发育所需的营养需要，哺乳母牛根据泌乳规律可以分为泌乳初期、泌乳盛期、泌乳中期和泌乳末期4个阶段。

（1）泌乳初期　通常指母牛产犊后10～15天的阶段。此期母牛身体处于恢复状态阶段，产后要及时补充水分，促进代谢物排出。产后2～3天喂给易消化的优质干草，适当补饲以麦麸、玉米为主的混合精料，控制喂催乳效果好的青饲料、蛋白质饲料等。产犊3～4天后可喂多汁料和精饲料，精料喂量每天不超过0.5～1千克，增加量不宜过多，对于体质较弱的母牛在产后3天喂给优质干草。如果体质健康，产犊后第1天就可喂给少量多汁料，6～7天精料喂量可恢复正常水平。

（2）泌乳盛期　是指母牛产奶量最多的阶段，大致在产犊后16天～3个月。这个时期母牛食欲逐步恢复正常并达到最大采食量，对日粮营养浓度要求高，适口性要好，应限制能量浓度低的粗饲料，增加精料的喂量，精粗比例在50%：50%，如果日粮能量浓度较低，则可添加植物性脂肪，并适当延长采食时间。

（3）泌乳中期　是指母牛产后4个月至乳前2个月的时期。此期母牛泌乳盛期已过，泌乳量每月下降5%～7%。这一阶段母牛食欲旺盛，采食量达到高峰，为此，这一阶段应根据奶牛的产奶量、体重每周或隔周调整精料喂量，适当减少精料的用量，增加粗料的用量，使奶牛从正常饲料中摄取足够的营养满足自身需要，将精粗比例控制在40%∶60%左右。

（4）泌乳末期　是母牛干乳前1个月的时期。此期奶牛大多数已受孕，由于受胎盘激素和黄体激素的作用，产奶量开始大幅度下降。这个时期应按体重和泌乳量隔周调整精料喂量一次。日粮尽量以粗饲料为主，精、粗饲料比为30∶70。日粮干物质占体重的3%～3.2%。为使产奶量下降慢一点，体膘恢复上去，饲料的用量应跟着产奶走，即营养水平始终要超过需要量，做好干乳前准备。在干奶前半个月进行隐性乳房炎检测及治疗，同时做好与保胎有关的工作。

母牛哺乳期粗料的参考配方为：玉米面50%，麦麸12%，豆饼类30%，酵母饲料5%，磷酸钙0.4%，食盐0.9%，微量元素和维生素0.1%。

5. 妊娠母牛的饲料组成

母牛妊娠后，不仅本身生长发育需要营养，而且还要满足胎儿生长发育的营养需要和为产后泌乳进行营养蓄积。母牛怀孕前几个月，由于胎儿生长发育较慢，其营养需求较少，可以和空怀母牛一样，以粗饲料为主，适当搭配少量精料。如果有足够的青草供应，可不喂精料。母牛妊娠中后期应加强营养，尤其是妊娠的最后2～3个月，应按照饲养标准配合日粮，以青饲料为主，适当搭配精料，重点满足蛋白质、矿物质和维生素的营养需要，蛋白质以豆饼质量最好，棉籽饼、菜籽饼含有毒成分，不宜喂妊娠母牛；矿物质要满足钙、磷的需要；维生素不足可使母牛发生流产、早产、弱产，犊牛生后易发病，再配少量的玉米、小麦麸等谷物饲料便可，同时应注意防止妊娠母牛过肥，尤其是青年头胎母牛，以免发生难产。

经验之五：养奶牛秸秆饲料不可少

秸秆是农业生产中最丰富的资源，秸秆是最主要最廉价的饲料来源之一，占养牛饲料总量的比重最大。奶牛是反刍家畜，为保持瘤胃健康和正常的乳脂率，奶牛日粮中必须有一定数量的粗饲料。这主要是因为粗饲料可以刺激反刍和唾液分泌，有效保证瘤胃正常环境；可以刺激瘤胃收缩和消化物流出瘤胃，以促进瘤胃微生物的有效生长；可以避免因饲喂高比例精饲料引起的奶脂下降。秸秆饲料是奶牛日粮的主体，精料只作高生产性能时的补充，科学合理地选用粗饲料可提高奶牛的养殖效益。

但是常用的麦秸、稻草、玉米秸等农作物秸秆粗饲料，含纤维多，不好消化，营养低。用来直接喂牛，只能维持牛自身的营养需要，不能增重，不能产奶和使役，需要经过加工以后饲喂。最简单的加工方法是可把多种粗饲料铡短或粉碎，有利于牛咀嚼，可减少牛咀嚼时的能量消耗；可增加稻草与消化酶的接触，提高消化率；使稻草易与谷物精饲料混合；增加胃肠蠕动。但是要想使秸秆饲料的利用率更高，要采取微贮、氨化、黄贮或青贮等方法，这些方法加工的秸秆可以改变秸秆中的木质素和纤维素结构而易被酶分解，提高了秸秆饲料的利用和其营养价值。如秸秆粗饲料用氢氧化钠浸泡处理后消化率可由40%提高到70%；用4%氢氧化钠处理秸秆，采食量提高48%，干物质消化率提高16个百分点。氨化处理的秸秆可提高5%～6%的粗蛋白质，提高采食量和有机物消化率10%～15%。经堆垛尿素处理后的秸秆，通过瘤胃内微生物利用，能提高体蛋白的合成，可用尿素代替日粮中30%的饲料蛋白质。

秸秆饲料的调制方法如下。

1. 铡短或粉碎

可把多种粗饲料铡短或粉碎。铡短的长度不能过短，俗话说“寸草切三刀，无料也上膘”。将秸秆铡成3～5厘米的长段，粉碎的长度以6～10毫米为宜。因为粉得过细，呈面粉状，容易在瘤胃内沉积。不但影响倒嚼和饲料的消化，还容易引起牛瘤胃积食等病。可以将多种秸秆饲料混合饲喂。

粉碎也有技巧，不能全粉碎后再混合。方法是先粉碎一捆麦秸，后粉碎一捆稻草，再粉碎玉米秸，即会自然混合成五花草，是一种边粉边混的方法，以使营养相互补充。因为没有一种饲料能把牛所需要的营养全都包含进去，因此喂牛的精粗配合饲料最少应在6种以上。粗饲料经过粉碎既减少饲草浪费，又提高饲料利用率。

2. 秸秆的微贮

秸秆的微贮技术是对不适宜青贮的麦秸、稻草以及半黄玉米秸和高粱秸等，铡成5～8厘米长的段，按照发酵剂要求的使用配比进行勾兑、添加和搅拌，还可以加入麸皮或米糠来提高秸秆质量，然后装窖。微贮饲料含水掌握在70%，充分压实，覆膜、覆土封窖。必须保证在密封厌氧的状态下。窖贮30天可随取随喂。

微贮秸秆成本低、效益高、无毒、安全，长期饲喂奶牛可提高采食量49%。

3. 氨化秸秆饲料

氨化秸秆饲料是用液氨或尿素喷洒秸秆以提高秸秆饲用价值的方法，将干麦秸、玉米秸铡3～5厘米，最好用石磙压扁，有利于提高氨化质量，每100千克秸秆加尿素4千克、水40千克溶解，喷洒拌匀入窖，保持密闭不透气，以4～6月份、8～10月份制作较好，当白昼温度15～20℃时可氨化15～25天，5～10℃时30天，以气味、颜色判断氨化时间和质量，呈深黄色煳香味为宜，开窖放氨3～5天即可饲喂，氨化后干物质消化率提高100%～200%，粗蛋白由氨化前4%～5%提高至8%～10%，采食量提高30%～40%，营养价值与中等品质干草相当，饲喂氨化秸秆后育肥奶牛增重快。

4. 青贮饲料

用新鲜的青刈饲草、乳熟期玉米秸、全株果穗玉米秸，铡碎成2厘米，青贮料水分保持在60%～67%的秸秆，装入青贮窖，在厌氧状态下，经过乳酸菌发酵，制成一种营养丰富的多汁饲料，为了提高青贮料的营养价值，加入添加剂，每1000千克青贮干物质加4.5千克尿素、0.8千克硫酸钙，粗蛋白由青贮前的8.3%提高到12.3%；适口性好；开窖后青贮不会坏。

制作青贮时，装窖要迅速，在2天内装满并高出窖边缘30厘米封口，装窖料要均匀压实，密封要好，封口与微贮相同。青贮料在奶牛饲养中应用效果好、效益高，得到了广泛的应用。

加工粉碎或处理后的秸秆饲料可单独饲喂，也可与精饲料混合后一起饲喂。单独饲喂秸秆饲料的，一般应在喂精料前饲喂，趁饿饲喂好，即先粗后精的喂法，符合畜禽“先吃坏，还能再吃好”和“先吃好，不肯再吃坏”的习性。将精、粗料一起混合喂，效果更好，一可避免牛挑食和浪费饲料，二可增加适口性，不剩料，吃得干净，以免冷天冻结、热天酸败。把草料混合喂，牛不能挑食，牛吃得多，可有效提高牛的采食量。

经验之六：配制饲料的基本原则

奶牛饲料成本占鲜奶生产成本的60％以上，因此，日（饲）粮配合的合理与否，不仅关系到奶牛健康和生产性能的发挥、饲料资源的利用，而且直接影响养奶牛的经济效益。

1. 满足营养需要

日粮配合必须以奶牛饲养标准为基础，处于不同生理阶段和不同生产性能的奶牛对营养物质的需要也不同，所配制的日粮既要满足奶牛的各种营养需要，又要注意各营养物质之间的合理比例。饲养标准是对奶牛实行科学饲养的基本依据，因此，日粮必须参照我国的奶牛饲养标准或美国NRC标准进行配制。但在生产实践中，奶牛所处环境千变万化，多种多样的因素并非饲养标准所能完全考虑到，因此在使用饲养标准时，不能将其中数据视为一成不变的固定值，应针对各具体条件（如环境温度、饲养方式、饲料品质、加工条件等）加以调整，并在饲养实践中进行验证。

2. 营养平衡

配合奶牛日粮时，除应注意保持能量与蛋白质以及矿物质和维生素等营养平衡外，还应注意非结构性碳水化合物与中性膳食纤维的平衡，以保证瘤胃的正常生理功能和代谢。

3. 多样化

在满足营养需要的前提下，配合日粮所使用的饲料种类应尽可能多样化，以提高营养的互补性和适口性，降低单一饲料中可能存在的有害物质的影响，提高饲料的利用率。饲草一定要有两种或两种以上，精料种类 3～5 种以上，使营养成分全面，且改善日粮的适口性和保持奶牛旺盛的食欲。

4. 优化饲料组合

在配合日粮时，应尽可能选用具有正组合效应的饲料搭配，减少或避免负组合效应，以提高饲料的可利用性。在满足营养需要的前提下尽量提高粗饲料在日粮中的比例。一般情况下日粮的精粗比不能低于 60∶40，日粮的粗纤维含量不低于 18%。奶牛常用饲料在精料中的最大用量一般为：米糠、麸皮 25%，谷实类 75%，饼、粕类 35%，甜菜渣 25%，尿素 1.5%～2%。

5. 体积适当

日粮的体积要符合奶牛消化道的容量。体积过大，奶牛因不能按定量食尽全部日粮而影响营养的摄入；体积过小，奶牛虽按定量食尽全部日粮，但因不能饱腹而经常处于不安状态，从而影响生长发育和生产性能的发挥。正常情况下，泌乳牛每头日对干物质摄取量平均为其体重的 3.0%～3.5%，干奶牛为 2%。

6. 适口性

饲料的适口性直接影响采食量。日粮所选用的原料要有较好的适口性，奶牛爱吃，采食量大，才能多产奶。通常影响混合饲料适口性的因素有：味道（例如甜味、某些芳香物质、谷氨酸钠等可提高饲料的适口性）、粒度（过细不好）、矿物质或粗纤维的多少。应选择适口性好、无异味的饲料。若采用营养价值虽高但适口性却差的饲料须限制其用量，如菜粕（饼）、棉粕（饼）、芝麻饼、葵花粕（饼）等，特别是为幼龄动物和妊娠动物设计饲料配方时更应注意。对味差的饲料也可采用适当搭配适口性好的饲料或加入调味剂以提高其适口性，促使动物增加采食量。饲料搭配必须有利于适口性的改善和消化率的提高，如酸性饲料（青贮、糟渣等）与碱性饲料（碱化或氨化秸秆等）搭配。

7. 对产品无不良影响

有些饲料对牛奶的味道、品质有不良影响，如葱、蒜类等应禁止配合到日粮中去。

8. 经济性

原料的选择必须考虑经济原则，即尽量因地制宜和因时制宜地选用原料，充分利用当地饲料资源。并注意同样的饲料原料比价值，同样的价格条件比原料的质量，以便最大限度地控制饲用原料的成本，提高经济效益。

9. 要保证安全

配合饲料所用的原料及添加剂必须安全、卫生，其品质等级要符合国家标准，绝对不能应用发霉变质饲料，也不能使用含有大量有毒有害物质的饲料，对于那些对牛有一定不良影响的饲料应限制用量。饲料原料具有该品种应有的色、嗅、味和形态特征，无发霉、变质、结块及异嗅、异味。有毒有害物质及微生物允许量应符合 GB 13078 的规定。不应在奶牛饲料中使用动物源性饲料和各种抗生素滤渣。棉籽饼、菜籽饼必须经过脱毒处理后才可以饲喂，且要限制饲喂量；保证饲料中无铁钉、铁丝等金属杂物，作物秸秆上的地膜要摘除干净，秸秆下部粗硬的部分和根须要尽量切掉不用；阴雨天气尽量将粗料切细。

10. 日粮成分应保持相对稳定

饲料的组成应相对稳定。如果必须改变饲料种类时，应逐步更换。突然改变日粮构成会导致奶牛的消化系统疾病，影响瘤胃发酵，降低饲料消化率，引起消化不良或下痢等疾病，甚至影响奶牛的生产性能。

经验之七：配制配合饲料时应注意的事项

① 饲料配合不能仅根据饲养标准将饲料简单地按算术方式凑合，而应该是最基本的营养物质的组合，并要考虑这些饲料的生物学价值与其饲养特性。当饲料的营养物质组成接近于动物体组织或产品的组成时，其营养价值也就越高。在配合饲料时要考虑各种饲料的合理搭配，使其在营养上发挥生物学的互补作用。从本地实际出发，尽可能

选用适口性好的饲料，并要考虑饲料的调养性，即饲料在奶牛的消化道内易于拌合、推进和消化，并使粪便畅通等特性。另外，配合饲料的容积要适当，利于奶牛采食和消化。

② 饲料的含水量：同一种饲料，由于含水量不同，其营养价值相差很多。因此，在配制日粮时要特别注意各种饲料含水量的变化。

③ 选择原料时一定要严把质量关，尽量选用新鲜、无毒、无霉变、无怪味、适口性好、含水量适宜、效价高、价格低的饲料，严防饲料原料掺杂使假、以劣充优；原料要贮藏在通风、干燥的地方，时间也不能过长，防止霉变。

④ 按配方配制饲料时，各种原料要称量准确，搅拌均匀，应采取逐级混合搅拌的办法。先加入复合微量元素添加剂，维生素次之，氯化胆碱应现拌现喂，各种微量成分要进行预扩散，即先少量拌匀，再扩散到全部饲料中去。

⑤ 要注意各种饲料之间的相互关系。饲料之间除在营养上的互补作用外，还有相互制约的作用。在奶牛日粮中必须高度重视精粗比例，在适当搭配精料的同时还应供给较大量的青粗料才能满足其消化机能的需要。

⑥ 饲料配合时还应考虑室温、室内相对湿度、光照、通风、室内有害气体及饲料本身所遭受到的环境影响和有害因素的污染。这些均会直接影响饲料的质量与奶牛对饲料的采食量，从而影响饲料的利用效率。在环境因素中特别要考虑的是温度，因为高温影响奶牛的采食量，故高温时应提高饲料营养物质浓度及适口性和调养性。

经验之八：稻草喂牛需加工

我国稻草资源丰富。长期以来，稻草一直是养牛的主要粗饲料。但是，在使用稻草饲喂时很多养牛场（户）不经过加工而直接饲喂，这种做法不科学。因为稻草粗糙、适口性差，不利于牛采食，也不利于牛的消化和吸收。如果进行适当处理，可把稻草变成适口性好、营养丰富、有利于消化吸收的优良饲料。所以，要对稻草进行加工处理后喂牛。稻草加工的方法主要有以下几种。

（1）切碎 切碎是最简单也是最容易的一种加工方法。俗话说“寸草切三刀，无料也上膘”。将稻草铡成3～5厘米的长段，有利于牛咀嚼，可减少牛咀嚼时的能量消耗；可增加稻草与消化酶的接触，提高消化率；使稻草易与谷物精饲料混合；增加胃肠蠕动。

（2）氨化处理 将切短的稻草放入干燥的缸内压实，每80千克稻草浇25%的氨水12千克或6.5千克的尿素水溶液，填满后封严缸口。5～7天后打开，通风，待氨味消失后即可用于喂牛。稻草经氨化处理后，粗纤维消化率可提高6%～8%，蛋白质消化率提高11%～12%，有机物消化率提高5%～8%，弥补了稻草饲料的蛋白质缺乏，营养价值接近青干草水平。

（3）碱化处理 每80千克切短的稻草用生石灰或熟石灰3千克、食盐1～1.5千克加水200～500千克搅拌均匀，浸泡2～3小时后，捞出放在地面压实，2～3小时后即可用于喂牛。

（4）加酶发酵 在铡短的稻草中加纤维素酶制剂发酵，可使蛋白质提高17.6%，粗脂肪提高62.8%，稻草质地变得柔软。稻草经过这样处理加工后，牛采食量提高，能减少胃肠病的发生，同时又能促进增膘复壮。

（5）氢氧化钠与石灰联合处理 铡短的稻草用喷雾器喷洒1.6%的氢氧化钠和1.5%～2%的石灰混合液，然后压实。再依次铺稻草，并喷洒混合液。堆放1周后喂牛，粗纤维消化率可提高30%。

（6）碱酸联合处理 将铡短的稻草放入木桶或水泥池内，加1.5%～2%的氢氧化钠溶液浸透后取出，放入窖内压实，过12～24小时后取出，仍放入木桶或水泥池内，用3%的盐酸浸透，随后将溶液排出，即可喂牛。经过这样的处理加工，稻草消化率可提高20%～30%，利用率可提高60%以上。

稻草喂牛还需要注意以下问题。

① 在加工使用前，要对稻草进行挑选，要挑选优质、洁净的稻草，不要使用被水或农药污染过的稻草喂牛，更不要用霉烂变质的稻草喂牛。水稻收获应选择晴天收割，脱去谷粒后，平铺在干爽的稻田中晾晒，尽量摊薄些，每日翻动2～3次，在2～3天内晒干、捆起。贮藏在干燥地方，防止潮湿、雨淋，保持新鲜青绿色彩。若暴晒时间过长，由于阳光破坏和雨露的浸润与流失，品质老化，其营养物质消

耗和损失，若遇雨天，常引起发霉，而丧失饲喂价值。

② 不能长期单纯喂稻草，必须要与玉米、麦麸、米糠、块根茎类饲料（尤以含胡萝卜素较多的甘薯为优）、豆饼、青贮料、青绿饲料等配合饲喂。

③ 牛吃稻草后容易口渴，所以要定时给牛饮水。

经验之九：霉变牧草对奶牛的危害不可忽视

高温高湿时，牧草在采收或贮存过程中管理不当极易造成霉变，尤其是在夏秋季堆垛时遭遇连阴雨天气，草垛的中心和底部常生长大量真菌，发生霉变的牧草营养成分被破坏，产生不良气味，酸度上升，霉菌产生毒素，发热、结块、发黑，使牧草逐步甚至完全丧失饲用价值。牛采食这部分草料，采食量会下降，进而出现前胃弛缓、反刍减少等消化功能紊乱和流涎等一些中毒症状；产奶量急剧下降，甚至影响到奶产品，乳蛋白、乳脂、乳糖都达不到要求；由于长期饲喂的奶牛营养不良，势必会影响到发情，孕牛甚至出现流产等中毒症状。引起牛中毒的真菌主要是镰刀菌毒素。镰刀菌可以寄生在稻草、麦秸、甘薯藤、花生秧和多种牧草上。因此，在生产中必须采取综合预防措施，才能有效控制牧草霉变，防止其对牛的危害。

从收获到保存关键是做好防霉工作，牧草在加工贮藏过程中应注意以下几个问题。

① 牧草在刈割、晾晒、打捆期间要注意天气变化。选择在晴天进行，打捆前一定要晾干，使水分含量控制在15%以下为宜，以控制白霉、黄曲霉的生长繁殖。

② 收藏地点应选择在地势较高、平坦、干燥、排水良好的地方。如果露天存放，应用塑料布或雨布遮盖，以防雨淋或吸潮；如果是仓贮，要留出通风道，贮藏过程中要经常检查，如发现牧草受潮要及时处理。

③ 有草场的饲养场，人工种植牧草最好采取现割现喂的方式。这样既使蛋白不降低、适口性强，又解决了霉变的问题。由于牧草生长期相对集中，也可采用青贮或半干青贮方式贮存，以最大限度保持

牧草的营养价值和适口性。

④ 由于霉变牧草的异味很难去除，损失的营养物质无法逆转，故一旦发生霉变，要把严重霉变部分剔除干净，以免引起中毒。如果是轻微霉变，可用1%氢氧化钠浸泡过夜，用清水清洗干净后再饲喂，以减少不必要的经济损失。

经验之十：奶牛预混料使用技术

在实际生产中，添加剂种类很多，用量极小，如果直接向配合饲料中添加，很难混匀。因此在向配合饲料添加之前先将添加剂和合适的载体或稀释剂通过一定的加工工艺混合均匀，以增大体积，提高在配合饲料中的添加量，使微量的添加剂能够在配合饲料中均匀分布。这种由一种或多种添加剂与载体和（或）稀释剂均匀混合后的混合物叫添加剂预混料，简称预混料。

奶牛的预混料包括单一预混料（如微量元素或维生素添加剂）和复合预混料（包括维生素、微量元素、小苏打等添加剂）。它是一种不完全饲料，不能单独直接喂奶牛，预混料在奶牛精料中的用量一般为1%～5%，养殖户购买时应了解预混料所含成分，按配方需要购买。为了方便使用，可购买复合预混料。但由于复合预混料中的微量元素对维生素有破坏作用，因此购买时应选购在有效期内的产品，并且出厂时间越短越好。使用时应根据产品标志，按说明使用。由于预混料占的比例较小，因此和精料混合时，应采取逐级稀释再混匀的办法。

经验之十一：奶牛浓缩饲料使用技术

奶牛的浓缩饲料是指蛋白质饲料、矿物质饲料（钙、磷和食盐）和添加剂预混料按一定比例配制而成的均匀混合物。浓缩饲料不能直接饲喂奶牛，使用前要按标定含量配一定比例的能量饲料（主要是玉米、麸皮），成为精料混合料，才能饲喂。

目前，市场上奶牛浓缩料品种很多，由于浓缩料在精料中的使用比例以及饲喂不同阶段的奶牛需要不同，因此浓缩料的营养成分也有很大差异，养殖户可以根据自己的能量饲料（玉米、麸皮）和奶牛的生理阶段购买使用。

经验之十二：奶牛精料补充料使用技术

奶牛精料补充料又称精料混合料，是为补充奶牛青、粗饲料的营养不足而配制的饲料。由于奶牛的瘤胃生理特点，精料混合料使用时，应另喂粗饲料和多汁饲料。

奶牛精料补充料使用时，养殖户应首先根据自己粗饲料情况和奶牛的不同生理时期购买不同的精料补充料。如干奶期奶牛不能用产奶期的饲料，犊牛期不能用育成期的饲料；如果粗饲料品种差，应购买粗蛋白及能量高、质量好的饲料。

经验之十三：犊牛早期断奶好

传统的犊牛哺乳时间一般为 6 个月，喂奶量 800 千克以上。随着科学研究的进展，人们发现缩短哺乳期不仅不会对母犊产生不利影响，反而可以节约乳品，降低犊牛培育成本，增加犊牛的后期增重，促进成年牛的提早发情，改善母牛繁殖率和健康状况。当前，犊牛的哺乳期已经大大缩短，喂乳量不断下降。现在普遍采用的是母犊 60 日龄断奶，饲养技术先进的奶牛场已采用 30～45 日龄断奶。

早期断奶日龄具体是 60 日龄或者是 45 日龄，要根据饲养者的技术水平、犊牛的体况和补饲饲料的质量及其进食量确定。不宜机械性照搬照抄。

在目前饲养管理水平下，大多数奶牛场采用喂乳量 250～300 千克、60 日龄断奶比较合适。对少数饲养管理水平高、饲料条件好的现代化牧场，可采用 30～45 日龄断奶、喂乳量在 200 千克以内。

在断奶前2～3周给犊牛试喂开食料。可补饲优质干草和精饲料，使犊牛尽快适应吃料。断奶后继续喂给犊牛蛋白质、能量、维生素和微量元素含量平衡且适口性好的日粮。犊牛断奶后1～2周内会出现日增重降低，表现出消瘦、被毛凌乱、没有光泽等断奶应激症状，此时不必担心，随着犊牛适应全植物饲料后，饲料采食量增加，很快就会恢复。

经验之十四：使用稻草颗粒饲料效果好

稻草颗粒是根据秸秆利用的营养工程技术原理，将稻草粉碎后，针对稻草可发酵氮源、可发酵碳水化合物、过瘤胃蛋白、生葡萄糖物质水平低，粗灰分中硅酸盐含量较高但又缺乏某些必需的矿物质，且其所含的矿物质利用率低等缺陷，补充氮源、能量饲料、矿物质、维生素等养分。采用科学配方，用特定颗粒机制成的颗粒饲料。

1. 颗粒的好处

① 克服了稻草产生的季节性，制成颗粒饲料后可常年均衡供应。饲草的生长和利用受季节影响很大。冬季饲草枯黄，含营养素少，家畜缺草吃；暖季饲草生长旺盛，营养丰富，草多家畜吃不了。因此，为了扬长避短充分利用暖季饲草，经刈割、晒制、粉碎、加工成草颗粒保存起来，可以冬季饲喂畜禽。

② 饲料转化率高。稻草饲料颗粒化的过程中，稻草在复合化学物质的综合作用下，其所含的纤维物质降解为动物容易消化吸收的单糖、双糖、氨基酸等小分子物质，从而提高饲料的消化吸收率，其有机物消化率比原稻草提高了18.7%～25.5%。冬季用稻草颗粒补喂家畜家禽，可用较少的饲草获得较多的肉、蛋、乳。

③ 体积小。稻草颗粒饲料体积只为其原料干草的15%，产品密度高，便于贮存和运输。而且无粉尘，易于定量投放。粉尘少，有益于人畜健康；饲喂方便，可以简化饲养手续，为实现集约化、机械化畜牧业生产创造条件。便于贮存和运输。

④ 增加适口性，改善饲草品质。干稻草粗糙，适口性差，不利于牛采食，也不利于牛的消化和吸收。但制成稻草颗粒后，则成适口性强、营养价值高的饲草。

⑤ 稻草颗粒饲料安全。稻草颗粒饲料在加工过程中，经复合化学处理和高温制粒后，杀灭了沙门菌，不易霉变，是名副其实的绿色动物饲料。

⑥ 牛的采食量增加，增重快。稻草颗粒饲料可使稻草的采食量净增 60%。饲喂稻草颗粒饲料的奶牛平均日增重比用养殖户自配饲料喂养时增加 1 倍，出栏期缩短，饲料成本降低。

2. 饲喂技术要点及注意事项

① 饲喂前要驯饲 6～7 天，使其逐渐习惯采食颗粒饲料。饲喂期间每日投料 2 次，任其自由采食。傍晚，补以少量青干草，提高消化率。颗粒饲料的日给量以每天饲槽中有少量剩余为准。

② 采食颗粒饲料比放牧时需水量多，缺水时畜禽拒食。所以要定时饮水，日饮水不少于 2 次。有条件的装自动饮水器更为理想。

③ 颗粒饲料遇水会膨胀破碎，影响采食率和饲料利用率。所以雨季不宜在敞圈中饲养。一般在枯草期进行，以避开雨季。

④ 饲喂开始前必须进行驱虫和药浴。对患有其他疾病的畜禽要对症治疗，使其较好地利用饲料。适当延长饲喂时间将获得较大的补偿增重，达到预想的饲喂效果。

经验之十五：犊牛补饲要及时

犊牛初生时，瘤胃极不发达，瘤胃容积很小，瘤胃和蜂巢胃仅占胃总容积的 1/3，10～12 周龄时占 67%，4 月龄时占 80%，1.5 岁时占 85%，基本完成了反刍胃的发育。犊牛在 1～2 周龄时，几乎不进行反刍，至 3～4 周龄反刍才开始。在前三个胃功能没有建立之前，食物主要靠真胃消化。真胃没有淀粉酶，这时只能摄取少量精料和干草。要使牛的生产性能得到充分的发挥，必须使其瘤胃尽早充分的发育，固体饲料对瘤胃发育有显著促进作用。固体饲料在瘤胃内的发酵产物中，最主要的低级脂肪酸是醋酸、丙酸、酪酸，这些脂肪酸的产生是刺激瘤胃发育的主要因素。因此，犊牛除喂适量全乳外，还应尽早补饲精料及干草，以促进犊牛的瘤胃发育和机能健全，从而提高犊牛的培育质量，提高犊牛的成活率，减少死亡损失。

同时，犊牛出生后对营养物质的需要量不断增加，而母牛的产奶量 2 个月以后就开始下降，为了使犊牛达到正常生长量，也必须进行补饲。因此，犊牛补饲必须而且要尽早进行。

犊牛出生 4 天后就可以开始训练采食精饲料。刚开始饲喂时，可将精饲料磨成细粉并混以食盐等矿物质饲料，涂于犊牛口鼻处，教其舔食。使犊牛形成采食精饲料的习惯，3～4 天后即可将精饲料放在食槽内，让其自由采食，最初几天的喂量为 10～20 克，几天后增加至 100 克左右，一段时间后，同时饲喂混合好的湿拌料，最好饲喂犊牛颗粒饲料，2 月龄后喂量可增至每日 0.5 千克左右。

犊牛出生后 1 周即可开始训练采食干草，方法是在饲槽或草架上放置优质干草任其自由采食，及时哺喂干草，可促进犊牛瘤胃发育和防止舔食异物。

犊牛初生后 20 天就可以在精料中加入切碎的胡萝卜、马铃薯或幼嫩的青草，最初几天每日加 10～20 克，到 60 天喂量可达 1～1.5 千克。

犊牛补饲青贮饲料可以从出生后 2 个月开始，最初每日供给 100 克，到犊牛 3 月龄时可以供给 1.5～2 千克。

犊牛在出生后 1 周内可在每日喂奶间隔内供给 36℃左右的温开水，15 天后改饮常温水，30 天以后可以让犊牛自由饮水。

为了保证饲喂效果，人们总结了给犊牛喂料要四看。

（1）看食槽　犊牛没吃净食槽内的饲料就抬头慢慢走开，这说明给犊牛喂料过多（4 周龄内的犊牛还没有养成吃饲料的习惯，每次喂食后食槽内都会剩下一些饲料）；如果食槽底和壁上只留下像地图一样的料渣舔迹，说明喂料量适中；如果食槽内被舔得干干净净，说明喂料量不足。

（2）看粪便　犊牛所排粪便日渐增多，粪便比纯吃奶时稍稠，说明喂料量正常。随着喂料量的增加，犊牛排粪时间形成新的规律，多在每天早晚喂料前后排粪。粪便呈无数团块融在一起，像成年牛粪便一样油光发亮且发软。如果犊牛排出的粪便形状如粥，说明喂料量过多；如果排出的粪便像泔水一样稀，并且牛臀部沾有湿粪，说明喂料量太大或水太凉。这时，只要停喂两次，然后在饲料中添加粉状玉米、麸皮等，牛拉稀即可停止。

（3）看食相　固定饲喂时间，10多天后犊牛就可形成条件反射，以后每天一到饲喂时间，犊牛就跑过来寻食，这说明喂料量正常；如果犊牛吃净食料后，在饲喂室门前徘徊，向饲养员张望，不肯离去，说明喂料量不足；如果喂料时，犊牛不愿到食槽前，饲养员呼唤也不理会，说明上次喂料过多，或牛可能患有疾病。

（4）看肚腹　喂食时，如果犊牛腹陷很明显，不肯到食槽前吃食，说明犊牛可能受凉感冒，或是患了伤食症；如果犊牛腹陷很明显，食欲反应也很强烈，但到食槽前只是闻闻，一会儿就走开，说明饲料变换太大不适口，或料水湿度过高或过低；如果犊牛肚腹膨大，不吃食，说明上次吃食过多，停喂一次即可好转。

经验之十六：奶牛糖化饲料的调制

为了增加奶牛饲料的甜度，使牛爱吃，可把含淀粉多的高粱面、玉米粉、麸皮及稻谷糠等各种精饲料糖化后饲喂，使一部分淀粉变成麦芽糖，饲料中的糖含量即可从1%增为10%左右。

方法：把需要糖化的玉米、高粱等饲料粉碎后，装入木桶或缸内，再添加适量食盐及矿物质混合均匀。每装0.5厘米厚，按1份饲料加2～2.5份开水，边烫边搅拌均匀，平整后再继续逐层装入。装满后，在饲料的最上面盖满一层稻糠或麻袋片，封闭盖严以保温，最好放于温暖的室内，以促进糖化。如能在糖化饲料内再添加些大麦芽，能使饲料加快糖化。

注意问题：饲料糖化时要注意保温，保持缸内温度在55～65℃，一般经3～4小时就能糖化成功。如室温低，就要向后推迟饲喂时间。饲料糖化好后（以饲料有甜酸味为标准）要立即饲喂，防止酸败。根据其糖化快的特点，在制作糖化饲料时，应根据牛数和一天的喂量及室温情况来灵活掌握，分批进行，有计划地供应。

经验之十七：谷物发芽喂牛效果好

谷物饲料经发芽后，发芽谷物含有充足的水分和一定量的糖分以及各种维生素等营养物质。1厘米内的发芽饲料含有丰富的维生素E，7厘米左右的发芽饲料含有较多的胡萝卜素、维生素B_2及维生素C，可为奶牛补充维生素。牛特别喜食，且消化率高、育肥效果显著，每头牛每天喂100～120克即可满足需要。

制作方法是把籽实用18～20℃的温水浸泡15小时后，捞出摊放在木盘或细筛内，厚5厘米左右，上盖麻袋或草席等物，经常喷洒清水，使其保持湿润，室内温度保持在25℃左右，经7天左右的时间即可发芽。发芽饲料不但是牛的优质补充饲料，而且也是种公牛和其他畜禽的优质补充饲料。

经验之十八：牛喂精饲料不宜多

牛的精饲料是指粗纤维含量低于18%、无氮浸出物含量高的饲料。为了满足奶牛对蛋白、能量、氨基酸等营养物质的需要，饲喂玉米、高粱、大麦、鲜红薯和红薯干等精料补充料是必要的。但是，人们为了提高奶牛的产乳量，在奶牛饲养上采取多给精料的方法，有时甚至采取非草食畜的饲养管理方法饲喂奶牛，致使奶牛瘤胃代谢发生紊乱，从而引发各种病症及乳脂率降低。

牛是反刍动物，具有瘤胃、巢胃、瓣胃和真胃，其中前三个胃统称前胃。在其前胃特别是瘤胃中有大量的细菌和原生虫类，它们可以消化和分解饲料中的粗纤维，这是牛能够大量利用粗饲料的主要原因之一。同时，牛具有反刍（俗称“倒嚼”）的特点，能在休息时把吃进瘤胃的大量粗饲料吐回口腔内再细细咀嚼，所以在实际饲养中，必须使牛有充分的反刍时间，以保证它们正常的消化机能。而过多地饲喂精饲料不利于牛的反刍。奶牛具有消化饲料中的植物纤维，将其分解转化为挥发性脂肪酸，供身体利用，还具有把饲料中的非蛋白氮合成优质蛋白质，同时转化为牛肉和牛乳的功能。这种功能是由奶牛瘤胃微生物和奶牛的生理机能相互协调形成的“瘤胃恒定性”实现的。这一“瘤胃恒定性”如果发生紊乱，即会引起疾病，如酮病、氨中毒、亚硝酸盐中毒、瘤胃臌气、前胃弛缓、瘤胃酸中毒等；乳脂率的高低决定于所给饲料的质和量。波维尔曾报道，多给精料，限制粗料可使乳脂率降低 60%。另外，牛胃的容积约占其整个消化道容积的 70%，其中瘤胃的容积占其整个胃容积的 80%左右。因此，在饲养牛的过程中，为了让它们有饱感，必须喂大容积的粗饲料，而不是精饲料。

所以说，奶牛饲喂精料过多，不仅造成浪费，而且可引起瘤胃酸中毒、皱胃病和乳脂率降低，而且可能引起谷物性臌胀、蹄叶炎、前胃弛缓、瓣胃阻塞、瘤胃积食等疾病，严重影响奶牛的健康和经济效益，养殖户应该在生产过程中注意精粗饲料的合理搭配。正确的方法是把含粗纤维多、体积大的青草、秸秆类饲料当成主食，精饲料可适当搭配。精料供给量一般不超过 60%，精粗比例以(40%～60%)：(60%～40%)为好，要根据产奶量进行调节，最好以苜蓿干草代替部分精料效果最佳。

经验之十九：奶牛饲喂啤酒糟可提高生产性能

奶牛饲喂鲜啤酒糟具有很多优点，啤酒糟粗蛋白质含量高，鲜啤酒糟的干物质中粗蛋白质达 28.4%，而且粗蛋白质中过瘤胃蛋白也相对较高，可代替部分精料。用啤酒糟等量代替奶牛基础日粮中 30%的精料（玉米、豆饼和麸皮各 10%），奶牛生产性能略有提高，但饲料成本大大降低。在热应激高温季节，给泌乳牛饲喂适量啤酒糟，可以维持产奶量，将热应激的影响降低到最小程度。啤酒糟的适口性极好，奶牛喜欢采食。

据各地经验，每头每日喂量一般不超过 10 千克，以 7～8 千克为宜。

虽然奶牛饲喂鲜啤酒糟可以提高生产性能，但要注意以下事项。

① 饲喂时期对产后 1 个月内的泌乳牛应尽量不喂或少喂，以免

加剧泌乳初期的营养负平衡，而延迟奶牛生殖系统的恢复，对发情配种产生不利的影响。

② 要保证啤酒糟的新鲜。因啤酒糟是酿酒的副产物，其中富含微生物，且含水量高，所以变质较快。饲喂时，一定要保证新鲜，同时每日每头奶牛可添加 150～200 克小苏打。对一时喂不完的啤酒糟要妥善保存，在冬天可存至 5～7 天，春秋季节应在 2～3 天内喂完，夏季啤酒糟应当日喂完。

③ 要保证营养平衡。饲喂大量的鲜啤酒糟会降低干物质采食量，特别是同时饲喂青贮的日粮。啤酒糟粗蛋白质含量虽然丰富，但钙、磷含量低且比例不合适，因此饲喂时应提高日粮精料的营养浓度，同时注意补钙。骨粉占日粮精料的 2%，这样有利于牛身体健康，有利于产奶，避免营养代谢性疾病的发生。

④ 科学贮存。啤酒糟要贮存在牛场较干净的地方，最好贮存在塑料袋内或水泥地面上。也可将啤酒糟进行脱水处理后制成干啤酒糟再作为饲料。

⑤ 搭配饲喂。不宜把糟渣类饲料作为日粮的唯一粗料，应和干粗料、青贮饲料掺配；与青贮料搭配，应在日粮中添加碳酸氢钠。

⑥ 防止中毒。饲喂啤酒糟时要注意多观察，发现问题及时处理。要控制饲喂量，防止奶牛酸中毒。饲喂出现慢性中毒时，要立即减少喂量并及时对症处理。治疗啤酒糟中毒时，重点是增加血容量、补碱和解毒。增加血容量可对患牛静注 5%的糖盐水和复方氯化钠注射液等。对发生酸中毒的病牛，可静注 5%碳酸氢钠注射液。解毒可采用静注 25%葡萄糖注射液、维生素 C 等。

经验之二十：全混合日粮是最合理的饲料

TMR（total mixed ration）为全混合日粮的英文缩写，TMR 是根据奶牛在不同生长发育和泌乳阶段的营养需要，按营养专家设计的日粮配方，用特制的搅拌机对日粮各组成分进行搅拌、切割、混合和饲喂的一种先进的饲养工艺。全混合日粮（TMR）保证了奶牛所采食每一口饲料都具有均衡性的营养。

1. TMR饲喂工艺的优点

① 精粗饲料均匀混合，避免奶牛挑食，维持瘤胃pH值稳定，防止瘤胃酸中毒。奶牛单独采食精料后，瘤胃内产生大量的酸；而采食有效纤维能够刺激唾液的分泌，降低瘤胃酸度。TMR使奶牛均匀地采食精粗饲料，维持相对稳定的瘤胃pH值，有利于瘤胃健康。

② TMR日粮为瘤胃微生物同时提供蛋白、能量、纤维等均衡的营养物质，加速瘤胃微生物的繁殖，提高菌体蛋白的合成效率。

③ 增加奶牛干物质采食量，提高饲料转化效率。

④ 充分利用农副产品和一些适口性差的饲料原料，减少饲料浪费，降低饲料成本。

⑤ 根据饲料品质、价格，灵活调整日粮，有效利用非粗饲料的NDF。

⑥ 简化饲喂程序，减少饲养的随意性，使管理精准程度大大提高。

⑦ 实行分群管理，便于机械饲喂，提高劳产率，降低劳动力成本。

⑧ 实现一定区域内小规模牛场的日粮集中统一配送，从而提高奶业生产的专业化程度。

2. TMR工艺配方制作关键点

配方的制作必须考虑两个因素：①必须满足奶牛维持及生产的营养需求；②必须满足奶牛的饱腹感。配方的制作需要确定干物质采食量、精粗比。

为了满足不同群别的营养需要，一般要求调制五种不同营养水平的TMR日粮，分别为高产牛TMR、中产牛TMR、低产牛TMR、后备牛TMR和干奶牛TMR。在实际饲喂过程中，对围产期牛群、头胎牛群等往往根据其营养需要进行不同种类TMR的搭配组合。

对于一些健康方面存在问题的特殊牛群，可根据牛群的健康状况和进食情况饲喂相应合理的TMR日粮或粗饲料。

考虑成母牛规模和日粮制作的可行性，中低产牛也可以合并为一群。头胎牛TMR推荐投放量按成母牛采食量的85%～95%投放。具体情况根据各场头胎牛群的实际进食情况做出适当调整。哺乳期犊牛开食料所指为精料，应该要求营养丰富全面、适口性好，给予少量TMR，让其自由采食，引导采食粗饲料。断奶后到6月龄以前主要供给高产牛TMR。

根据1立方米TMR料重推算奶牛采食TMR的数量。TMR密度与水分含量和精粗比例有关，通常可达260～300千克。高产牛精料比例大的容重较高，干奶牛及育成牛饲草比例高的容重较低。

3. 计算干物质采食量

干物质采食量的确定是配制TMR的重中之重，是确定日粮营养浓度的基础，奶牛干物质采食量与奶牛体重、生产性能（产奶量）、生产阶段以及粗饲料的质量都有很大关系。传统饲喂对精饲料的给量较为重视，但对饲草的采食量较为模糊，所以在没有严格测定的情况下，大多数人对奶牛的干物质采食量估计不准。在制作TMR配方时首先必须确定奶牛的干物质采食量，严格干物质采食量的计算必须以数据为依据，必须明确奶牛的体重与标准乳的产量。体重可以通过地秤及体重测量尺估算，标准乳量可以记录日产奶量折算。

“奶牛饲养标准”推荐产奶牛干物质需求如下。

适用于偏精料型日粮：

$$参考干物质采食量(千克)=0.062W\times0.75+0.04Y$$

适用于偏粗料型日粮：

$$参考干物质采食量(千克)=0.062W\times0.75+0.45Y$$

式中，Y为标准乳重量，千克；W为体重，千克。

$$4\%乳脂率的标准乳(FCM)(千克)=0.4\times奶量(千克)+15\times乳脂量(千克)$$

如果奶牛实际干物质采食量低于预计采食量，那么就会造成配制日粮的营养浓度偏低，奶牛食入营养不能满足生产的需求，长期饲喂不仅影响产奶量，还会使牛群体况下降；相反如果实际采食量大于预计采食量，就会造成配制日粮营养浓度偏高，超出奶牛生产需求，一方面造成浪费，另一方面会增加代谢疾病发生率。

4. TMR加工过程中原料添加顺序和搅拌时间

（1）基本原则　遵循先干后湿、先精后粗、先轻后重的原则。

（2）添加顺序　精料→干草→副饲料→全棉籽→青贮→湿糟

类等。

(3) 如果是立式饲料搅拌车，应将精料和干草添加顺序颠倒。

一般情况下，最后一种饲料加入后搅拌 5～8 分钟即可，一个工作循环总用时为 25～40 分钟。掌握适宜搅拌时间的原则是确保搅拌后 TMR 中至少有 20%的粗饲料长度大于 3.5 厘米。

5. TMR 的水分要求

奶牛对 TMR 的干湿度非常敏感，只要超出适宜的干物质水平，奶牛就会出现挑食、厌食及不食的现象。另外，若 TMR 太干，会造成精粗料混合不均匀，导致挑食及影响采食进度，进而使产奶量受到影响；若 TMR 太湿，会出现日粮抱团现象，导致营养不均衡及干物质采食量（DMI）降低。由于水分较多，还会造成奶牛唾液分泌减少（因为唾液中含有一定量弱碱性的碳酸氢钠，通过吞咽进入瘤胃，起到调节瘤胃酸碱平衡的作用），持续一段时间会使奶牛瘤胃酸度升高，增加了瘤胃酸中毒发生的概率，从而给奶牛自身健康带来风险。因此，对于泌乳牛适宜的 TMR 干物质的水分要求不同，冬季 45%左右，夏季 45%～55%。

6. 使用 TMR 饲料搅拌车应注意的事项

① 根据搅拌车的说明，掌握适宜的搅拌量，避免过多装载，影响搅拌效果。通常装载量以占总容积的 70%～80%为宜。

② 严格按日粮配方，保证各组分精确给量，定期校正计量控制器。

③ 根据青贮及副饲料等的含水量，掌握控制 TMR 日粮水分。

④ 添加过程中，防止铁器、石块、包装绳等杂质混入搅拌车，以免造成车辆损伤。

7. TMR 搅拌效果的好坏判断

从感官上，搅拌效果好的 TMR 日粮表现在精粗饲料混合均匀，松散不分离，色泽均匀，新鲜不发热，无异味，不结块。

8. TMR 的质量检测

要对每批次新进的原料予以现场检查，感官评估其质量，然后要采取适当样品送往化验室检测营养成分，重点检测干物质、蛋白质、能量、中性洗涤纤维（NDF）与酸性洗涤纤维（ADF）等常规指标，对霉菌指标也要予以检测，以确保原料无霉变。检测常可以通过以下三种方法：直接检查日粮、宾州过滤筛和观察奶牛反刍。运用以上方法，坚持估测日粮中饲料粒度大小，保证日粮制作的稳定性，对改进饲养管理、提高奶牛健康状况、促进高产十分重要。

（1）直接检查日粮　随机地从牛全混日粮（TMR）中取出一些，用手捧起，用眼观察，估测其总重量及不同粒度的比例。一般推荐以可测得3.5厘米以上的粗饲料部分超过日粮总重量的15%为宜。有经验的牛场管理者通常采用该评定方法，同时结合牛只反刍及粪便观察，从而达到调控日粮适宜粒度的目的。

（2）宾州筛过滤法　美国宾夕法尼亚州立大学的研究者发明了一种简便的、可在牛场用来估计日粮组分粒度大小的专用筛。这一专用筛由两个叠加式的筛子和底盘组成。上面的筛子的孔径是1.9厘米，下面的筛子的孔径是0.79厘米，最下面是底盘。这两层筛子不是用细铁丝，而是用粗糙的塑料做成的，这样，使长的颗粒不至于斜着滑过筛孔。具体使用步骤：奶牛未采食前从日粮中随机取样，放在上部的筛子上，然后水平摇动2分钟，直到只有长的颗粒留在上面的筛子上，再也没有颗粒通过筛子。这样，日粮被筛分成粗、中、细三部分，分别对这三部分称重，计算它们在日粮中所占的比例。

另外，这种专用筛可用来检查搅拌设备运转是否正常，搅拌时间、上料次序等操作是否科学等问题，从而制定正确的全混日粮调制程序。

宾州筛过滤是一种数量化的评价法，但是到底各层应该保持什么比例比较适宜，与日粮组分、精饲料种类、加工方法、饲养管理条件等有直接关系。

（3）观察奶牛反刍　奶牛每天累计反刍7～9小时，充足的反刍可保证奶牛瘤胃健康。粗饲料的品质与适宜切割长度对奶牛瘤胃健康至关重要，劣质粗饲料是奶牛干物质采食量的第一限制因素。同时，青贮或干草如果过长，会影响奶牛采食，造成饲喂过程中的浪费；切割过短、过细又会影响奶牛的正常反刍，使瘤胃pH值降低，出现一系列代谢疾病。观察奶牛反刍是间接评价日粮制作粒度的有效方法。

有一点非常重要，那就是随时观察牛群时至少应有50%～60%的牛正在反刍。

(4) 粪便筛检测 TMR制作的好坏最主要的是被奶牛采食后的原料消化情况及对瘤胃功能的影响，换句话说，是TMR的可利用程度。可以用专用的检测粪便工具粪便分级筛来检测TMR消化情况及奶牛瘤胃功能。

经验之二十一：酸初乳喂犊牛好

母牛分娩以后5～7天所产生的乳叫初乳。其所产初乳犊牛吃不完，将多余的初乳经自然发酵或人工发酵而成的牛初乳供犊牛吃，既解决了初乳过剩，又具有增强犊牛抗病力、节省商品奶、促进牛犊生长发育等优点。

1. 制作方法

收集健康母牛所产的初乳，用纱布过滤后装入干净的木器、塑料容器或其他非金属容器内，搅拌均匀，加上盖后密封发酵。同一日产犊的初乳可贮于同一容器中，不同日产犊的初乳应分容器贮存，待发酵后可混合在一起。

(1) 采用自然发酵的 利用初乳本身酸度较高的特性进行自然发酵。把新鲜混合初乳过滤后倒入塑料桶内（不宜用金属桶），及时盖上桶盖（不宜过满以防发酸后溢出），放在室内阴凉的地方，任其自然发酵。为了防止乳脂与乳清分离，每天应搅拌1次。发酵时间视气温而定，室温在10～15℃时发酵5～7天；室温15～20℃时发酵3～4天即可；室温20～25℃时发酵2天左右；室温25～30℃时发酵1天；室温30℃以上时发酵8～12小时即成。

(2) 采用定向发酵的 把新鲜混合初乳过滤后水浴加温到80℃，保持5～10分钟，然后将其冷却到40℃，倒入已消毒的塑料桶内，在初乳中均匀加入5%已发酵好的酸初乳或者按5%～7%的比例加入发酵剂（保加利亚乳酸杆菌和链球乳酸菌的扩大培养剂），搅匀后及时盖上桶盖，每天搅拌1次。当室温在10～15℃时发酵2天左右即可；室温 20～25℃时发酵 1 天；室温 25～30℃时发酵 12 小时；室温 30～35℃时发酵 4 小时左右即成。

冬天气温低时，为缩短发酵时间，可将集奶桶或缸置于灶台上或接近炉火的温度较高的地方。

2. 质量鉴别

发酵成功的酸初乳似豆腐脑状，淡黄色，有酸香味，酸度较高(pH 值为 4～5)，品尝似醋样，搅拌时黏稠度增加，上部呈块絮状，下部清澈透明；发酵不好的酸初乳较稀，不能成块状（羽状、絮状)，酸度不等，味刺鼻，甚至有臭味，色变红，有时呈灰色。发酵好的酸初乳在低温下可另罐保存长达 3 周时间，发酸不好的初乳不能食用。

3. 保存

发酵初乳如果一时用不完，可保存在冰箱内，或加入 0.1%的甲醛少许，充分拌匀后封严保存。也可直接将发酵初乳存放在地窖中低温保存。

4. 饲喂方法

酸初乳饲喂犊牛前应按 2∶1 加热水稀释为 38℃（即 2 份酸初乳加 1 份热水）可喂犊牛，但小牛犊必须是吃过新鲜初乳以后的才行。之后，如有足够多的酸初乳，稍大的犊牛酸初乳喂量可随之增加。每天喂原酸初乳 1 千克，分两次调后喂给。为锻炼牛犊的胃肠消化机能，可在饲喂酸初乳的第 5 天适当加喂混合精料和优质干草；第 7 天在酸初乳中加入煮熟的玉米粥，每天 3 次共 50 克；从第 10 天起正式训练牛犊吃草吃料，并适当减少酸初乳的用量。

5. 注意事项

夏季制作发酵酸初乳时难以掌握合适的酸度。因此一定要严把温度关，将其保持在 20～25℃。患乳房炎或产前 2 周内使用过抗生素的母牛，其初乳不宜用来制作酸初乳。喂牛犊时，酸初乳的量要由少到多逐渐添加。养殖业个别犊牛在第一次喂给时对发酵初乳可能会不适应，可掺入一些鲜乳诱食，也可在喂前加入 0.5%的碳酸氢钠中和，以改善其适口性。

经验之二十二：怎样做好牧草种植？

牛是食草动物，青绿饲料是奶牛饲养中重要的饲料和日粮组成部分，含有奶牛所需的丰富且完全的营养物质，在奶牛饲养中不可或缺。人工种植牧草由于是根据当地的农业生产条件和奶牛饲养量来决定种植面积的，故能确保饲草的稳定供应，保证奶牛每天采食足量的青饲料，防止产奶量的波动。由于种植的牧草均为生长快、产量高、品质好的牧草，在肥水条件较好的地区亩产可达4000～10000千克，牧草生长季节，1～2亩地就可满足1头奶牛对青饲料的需要，土地利用率高。因此，应重视养牛优质牧草和饲料作物的种植问题。

1. 种植方式的选择

奶牛饲养中优质牧草的种植方式有种植一年生或者多年生牧草，可采用轮作、套作、混播等牧草高产栽培模式。

在有奶牛专用饲料地的地方，可以种植多年生牧草为奶牛提供青绿饲料，也可以采取一年生牧草轮作的方式，来为奶牛提供青绿饲料，春季可种植如墨西哥玉米、高丹草、法国苦菜、饲用甜菜和饲用胡萝卜等，青绿饲料可一直供应到秋末，在秋末利用结束后再种植越年生的冬牧-70黑麦、小黑麦等，在早春为奶牛提供青绿饲料。

在粮食作物或经济作物种植的地方，为保证奶牛青绿饲料的供应，可以采取牧草与粮食作物或经济作物轮作的方式，如可以用春种玉米待秋收后种植冬牧-70黑麦、小黑麦等牧草，也可以在秋播小麦等粮食作物的地块上，与春末夏初种植墨西哥玉米、高丹草、法国苦菜等进行轮作。

在粮食作物或经济作物种植的地块上，除轮作外，可以开展牧草与粮食作物和经济作物的间作，如在玉米地里可以间作法国苦菜、饲用甜菜和饲用胡萝卜等，在小麦田里间作高丹草、墨西哥玉米等。

在树木林地间可以间作或套种多年生的牧草，如欧洲菊苣、多年生黑麦草、白三叶等，在树冠较小、遮阴不大的树间可以种植苜蓿、墨西哥玉米、法国苦菜等牧草。

2. 多年生与一年生品种的确定

多年生牧草如欧洲菊苣、苜蓿、多年生黑麦草等，这些多年生牧草的优点在于一次种植可利用多年，并减少了每年栽培种植的麻烦和每次种植的人力、物力投入，但存在种植当年产草量不高、当年提供青绿饲料数量少的问题；一年生牧草如墨西哥玉米、高丹草、法国苦菜、饲用甜菜和饲用胡萝卜等，这些一年生牧草的优点在于当年种植当年就可获得较高的鲜草产量，而且种植方式多样化，同时更容易实现与其他作物的搭配种植，提高土地的复种指数和利用率，不足之处需年年购种种植；与一年生牧草特性相近的青饲玉米、青贮玉米以及饲用红薯等的种植也可以为奶牛提供青绿饲料，可以根据情况选择种植。

3. 根据地理气候条件选择种植的品种

牧草生长需要一个适宜的气候条件和区域范围，违反自然规律种植牧草，其生长力就会下降甚至不能生长。寒冷地区可选择种植耐寒的紫花苜蓿、聚合草、鲁梅克斯 K-1 杂交酸模、冬牧-70 黑麦、沙打旺等牧草；干旱地区可种植耐旱的紫花苜蓿、苏丹草、沙打旺、籽粒苋、鲁梅克斯 K-1 杂交酸模、奶牛草、披碱草等；炎热的地区可种植苏丹草、苦荬菜等，但不宜种植披碱草、白三叶、红三叶、聚合草等；温暖湿润的地区可种植甜象草、黑麦草、苏丹草、饲用玉米、白三叶、红三叶、苦荬菜、聚合草、象草等。

4. 结合当地资源开发选择种植的品种

我国各地农业资源丰富，利用潜力巨大，如果在种植牧草时考虑结合当地的资源开发，往往可以避免不必要的建设，产生事半功倍的综合开发效益。在野生青草丰富、利用方便的地区，可减少或不必人工种植牧草；可利用野生青草主要为禾本科时，可适当种植一些豆科牧草；可利用野生青草主要为豆科时，如饲养反刍家畜，可适当种植一些禾本科牧草；需对紫云英、甘薯茎叶、南瓜蔓等含碳水化合物较少的原料进行青贮时，可种植饲用玉米、黑麦草、苏丹草等富含碳水化合物的牧草以备混合青贮。在种植牧草项目时，要考虑与有科研实力的单位或专家合作，避免上当或走弯路。

5. 多种牧草互补性选择

① 禾本科与豆科牧草搭配混播。采用这种方法播种，两类牧草的根系和叶片分布不同，吸收的养分也有差异，禾本科牧草还可利用豆科牧草根瘤菌提供的氮素，因此可显著提高牧草的产量。同时，在饲养反刍家畜时，还可防止因采食单一豆科牧草而发生臌气病。常用的混播组合有：苇状奶牛茅＋白三叶或紫花苜蓿，黑麦草＋三叶草、苏丹草＋红三叶、草木樨＋黑麦草等。

② 不同生长季节的牧草搭配选种，实现长年供草。

6. 根据土壤地质状况选择种植的品种

牧草与其赖以生存的土壤关系密切，引种牧草需要充分考虑当地的土壤地质状况。碱性土壤可考虑引种耐碱的甜象草、紫花苜蓿、冬牧-70 黑麦、沙打旺、鲁梅克斯 K-1 杂交酸模、苏丹草、奶牛草、披碱草等；酸性土壤可引种耐酸的串叶松香草、白三叶等；贫瘠的土壤可引种耐贫瘠的沙打旺、紫花苜蓿、草木樨、无芒雀麦、披碱草等；土壤湿度大的可选种白三叶、红三叶、披碱草等，但紫花苜蓿、奶牛草、聚合草等不宜种植。

7. 优质牧草种植的规划和供应

平均计算，每头成年奶牛每天的青绿饲料需要量为 50～60 千克，全年共需 2 万千克，相当于种植 1.5 亩墨西哥玉米或法国苦菜的全年草产量，第二年的欧洲菊苣一亩地全年的产量，可以参照这一需要来制订奶牛青绿饲料的种植和供应计划。在制订计划时，还要考虑到可利用的青贮饲料数量、粗饲料的数量等因素，保证充足供应又不过多浪费，以提高种植的产出和效益。

经验之二十三：重视奶牛的饮水问题

水对奶牛的新陈代谢具有极其重要的作用，农谚说：“宁缺一天料，不缺一口水。”奶牛维持正常的生理机能活动，完成营养物质在体内的消化、运输、吸收及代谢废物的排泄，都离不开水。奶牛需要的水来源于饮水、饲料中的水以及体内有机物的代谢水，其中以饮水最为重要。泌乳牛大约有83%的水是通过饮水方式获取的。饮水对保持奶牛的健康和得到高产奶量的重要性不亚于正常的饲养技术。奶牛每采食1千克干物质需要摄入5升水，奶牛每生产1升牛奶需要3～5升水，这意味高产奶牛每天需要150升新鲜饮水。奶牛在良好的饮水条件下，其产奶量会提高6%～10%；如果采用自动饮水器，则产奶量增加14%～19%。牛奶成分的87%是水，当给奶牛提供充足清洁的饮水时，奶牛将喝得更多，吃得更多，产奶更多。所以，产奶量的高低在很大程度上依赖于水的摄入量。有时候即使日粮没有问题，仅仅因为水的缘故就可能使产奶量下降18%～20%。水的质量对于奶牛来说也非常重要，水质会影响奶牛的摄入量、健康状况以及生产性能。

生产中，一些奶牛饲养者往往只注意精粗饲料的供应，而对饮水的重要作用认识不到位。导致奶牛饮水不足，食欲减退，消化减缓，幼牛发育迟缓，成年牛产奶量下降，身体健康受到严重损害。因此，生产中必须对奶牛的用水问题引起足够的重视。

经验之二十四：奶牛供水有技巧

1. 产奶期供水量要大

奶牛的需水量与季节、气温、饲料品种、摄取饲料的数量、年龄、体重、产奶量的高低等因素有关。在10℃左右的环境下，采食1千克干饲料，饮水量约需3.54千克，在24℃左右的环境下，每采食1千克干饲料，饮水量在5.5千克左右。产奶期的奶牛比不产奶的奶牛需水量要大很多。如日产奶30千克，日供水量90～110千克才能满足奶牛的需要。青年奶牛和犊牛的日需水量也有差异。1月龄的犊牛，其需水主要来自奶中的水分，1～3月龄的犊牛日供水量要求在10千克上下，3～6月龄的犊牛则需达15千克，青年母牛平均日需水量在30千克左右。有条件的养牛场（户）可在牛舍内安装自动饮水器，让牛随时饮水。据观察，有自动饮水器时，泌乳牛平均每天饮水7～10次，干奶牛4～5次。也可每天定时供水，但一般冬季保证每天3～4次，夏季每天5～6次。运动场内要设有水槽，保证有新鲜清洁的饮水供给。饮水槽应设置在饲槽15米范围之内。奶牛在饲喂后饮水量较多，但不能在吃多汁饲料之前饮水。总之，无论采取什么方式供水，都必须保证奶牛饮水充足。

2. 饮水也要做到冬暖夏凉

奶牛对饮水的温度要求十分严格。冬季给奶牛饮用温水可提高产奶量，有试验证明，饮10℃水日产奶量为24.5千克，饮17℃的水日产奶量为24.8千克，而饮24℃水的日产奶量只有24.6千克。奶牛饮水的适宜温度为，成年奶牛12～14℃，产奶妊娠牛15～16℃，1月龄内犊牛35～38℃。奶牛忌饮冰碴水和雪水，冰碴水容易引发消化不良，从而诱发消化道疾病，严重影响其产奶量。但也不可使用太热的水，饮水温度过高，对奶牛也有害无益。在冬季长时间给奶牛饮20℃的温水，则会使奶牛的体质变弱，表现为胃肠的消化机能减退，很容易患感冒。

在夏季应给奶牛饮凉水，炎热天气最好给牛饮深井水，并增加饮水器具，保证充足的饮水，增加饮水次数和饮水时间。

3. 夏季饮水中要添加抗应激药物

在饮水中添加一些抗热应激的药物，如小苏打、维生素C等，或在高温天气给奶牛饮凉绿豆汤，以减缓奶牛的热应激，提高奶牛的产奶量。

4. 冬季不能减少供水量

奶牛在冬季和春季饮水并不少于夏季和秋季，原因主要在于夏季和秋季供给奶牛的青绿多汁饲料比较多，而冬季和春季所供给的青绿多汁饲料相对不足，干物质供给量较多，因此，在冬季和春季里也要注意供给奶牛充足的水。如给奶牛供水不足会直接导致奶牛产奶量的下降和引发其他功能紊乱。因此，冬季奶牛也需要全天充足供水。

5. 提倡诱导饮水法

通常用麦麸、玉米粉、豆饼粉等，以1∶10的比例调成糊状，让奶牛饮用。有试验表明，在冬春季节，诱导饮水组与对照组相比，可提高产奶量12.65%；在夏秋季节，能提高16.80%。也可以把全混合日粮中的水分调至55%～57%，以提高奶牛的水分摄入量，同时避免奶牛偏食；冬季将部分精料用开水冲调成稀粥给奶牛饮用，可明显提高产奶量。

6. 确保饮水质量

① 水源不受污染：水源的选择要在符合《无公害食品——畜禽饮用水水质》标准和水源充足的情况下，在城区应选择水质较好的自来水，在农村应选择地下深井水。奶牛场的水源应避开农药厂、化工厂、屠宰场等。水源周围 50～100 米内不得有污染源。如用地面水作饮用水时，应根据水质情况进行沉淀、净化、消毒处理后才可饮用。一般每立方米水加 6～10 克漂白粉或 0.2 克百毒杀处理；选井水时，最好是深井水，水井应加盖密封，防止污物、污水进入。放牧的奶牛最好不饮沟洼地的积水、雨水等。

② 水质符合要求：饮水水质要符合《无公害食品——畜禽饮用水水质》标准，每升水中大肠杆菌数不超过 10 个，pH 值在 7.0～8.5，水的硬度在 10～20 度等。为确保水质良好，应经常对饮水进行监测。硬度过大的水一般可采取饮凉开水的方法降低其硬度。高氟地区，可在饮水中加入硫酸铝、氢氧化镁以降低氟含量。

7. 保证饮水器具卫生

饮水器具应保持清洁卫生，每天冲刷，定期消毒。尤其夏季更应注意保持清洁卫生，防止微生物滋生，水质变坏。另外，运动场上的水槽卫生情况也不能忽视，也要每天进行冲洗，定期消毒。

经验之二十五：舔砖的作用大

舔砖是将奶牛所需的营养物质经科学配方加工成块状，供奶牛舔食的一种饲料，其形状不一，有的呈圆柱形，有的呈长方形、方形不等，也称块状复合添加剂，通常简称“舔块”或“舔砖”。理论与实践均表明，补饲舔砖能明显改善牛奶牛健康状况，提高采食量和饲料利用率，加快生长速度，提高经济效益。20 世纪 80 年代以来，舔砖已广泛应用于 60 多个国家和地区，被农民亲切地称为“奶牛的巧克力”。

舔砖完全是根据反刍动物喜爱舔食的习性而设计生产的，并在其中添加了反刍动物日常所需的矿物质、维生素、非蛋白氮、可溶性糖等易缺乏养分，能够对人工饲养的奶牛、肉牛等经济动物补充日粮中各种微量元素的不足，从而预防反刍动物异食癖、母牛乳房炎、蹄病、胎衣不下、山奶牛产后奶水少、羔奶牛体弱生长慢等现象发生。随着我国养殖业的发展，舔砖也成为了大多数集约化养殖场中必备的高效添加剂，享有奶牛、肉牛“保健品”的美誉。

在我国，由于舔砖的生产处于初始阶段，技术落后，没有统一的标准。舔砖的种类很多，叫法各异，一般根据舔砖所含成分占其比例的多少来命名。舔砖以矿物质为主的叫复合矿物舔砖；以尿素为主的叫尿素营养舔砖；以糖蜜为主的叫糖蜜营养舔砖；以糖蜜和尿素为主的叫糖蜜尿素营养舔砖。在我国现有的营养舔砖中，大多含有尿素、糖蜜、矿物质等成分，一般叫复合营养舔砖。

舔盐砖的生产方法是：配料、搅拌、压制成型、自然晾干后，包装为成品。配料由食盐、天然矿物质舔砖添加剂和水组成，天然矿物质舔盐砖含有钙、磷、钠和氯等常量元素以及铁、铜、锰、锌、硒等微量元素，能维持奶牛等反刍家畜机体的电解质平衡，防治家畜矿物质营养缺乏症，如异嗜癖、白肌病、高产牛产后瘫痪、幼畜佝偻病、营养性贫血等，提高采食量和饲料利用率，可吊挂或放置在奶牛等反刍家畜的食槽、水槽上方或家畜休息的地方，供其自由舔食。

需注意以下几个问题。

① 舔砖的硬度必须适中，使牛舔食量一定要在安全有效范围之内。若舔食量过大，就需增大黏合剂（如水泥）比例；若舔食量过小，就需增加填充物（糠麸类）并减少黏合剂的用量。

② 每日舔食量的标准，要根据原料配方比例和原料的不同有差异，主要以牛奶牛舔食入尿素量为标准，如成年牛每日进食尿素量为80～110克，青年牛70～90克。

③ 使用舔砖初期，要在砖上撒施少量食盐粉、玉米面或糠麸类，诱其舔食，一般要经过5天左右的训练，牛就会习惯自由舔食了。个别牛开始时可能不舔，不要误认为牛不需要，一般这种牛3天后即开始舔食。

④ 注意舔砖清洁，防止粪便沾污。下雪后扫除积雪，防止舔砖

破碎成小块，避免牛一次食用过多。

经验之二十六：奶牛的一般饲养原则

1. 饲喂技术

掌握合理的饲喂技术，可提高产奶量10%，减少饲料浪费，节约饲料20%左右。科学合理的饲喂技术包括以下几个方面。

(1) 定时饲喂　长时间的饲养会使奶牛形成固定的条件反射，这对保持消化道内环境稳定和正常消化机能有重要作用。饲喂过迟或过早，均会打乱奶牛的消化腺活动，影响消化机能。只有定时饲喂，才能保证牛消化机能的正常和提高饲料营养物质消化率。

(2) 稳定日粮　奶牛瘤胃内微生物区系的形成需要30天左右的时间，一旦打乱，恢复很慢。因此，有必要保持饲料种类的相对稳定。在必须更换饲料种类时，一定要逐渐进行，以便使瘤胃内微生物区系能够逐渐适应。尤其是在青粗饲料之间的更换时，应有7～10天的过渡时间，这样才能使奶牛能够适应，不至于产生消化紊乱现象。时青时干或时喂时停，均会使瘤胃消化受到影响，造成产奶量下降，甚至导致疾病。

(3) 饲喂有序　目前国内普遍采取3次上槽饲喂、3次挤奶的工作日程。也有人建议，对于泌乳量3000～4000千克的奶牛，可实行2次饲喂、2次挤奶制度，因为两种制度的平均产奶量没有明显变化。但对于产奶量超过5000千克的奶牛，应采取3次饲喂、3次挤奶制，否则产奶量平均下降16%～30%，也可根据平均间隔时间6～8小时确定饲喂和挤奶制度。试验表明，粗料日喂3次或自由采食，精料少量多次饲喂，可降低奶牛酮血症、乳房炎、产后瘫痪等发病率。

在饲喂顺序上，应根据精粗饲料的品质、适口性安排饲喂顺序，当奶牛建立起饲喂顺序的条件反射后，不得随意改动，否则会打乱奶牛采食饲料的正常生理反应，影响采食量。一般的饲喂顺序为先粗后精、先干后湿、先喂后饮。如干草—副料—青贮料—块根、块茎类—精料混合料。但喂牛最好的方法是精粗料混喂，采用完全混合日粮。

（4）防异物、防霉烂　由于奶牛的采食特点，饲料不经咀嚼即咽下，故对饲料中的异物反应不敏感，因此饲喂奶牛的精料要用带有磁铁的筛子进行过筛，而在青粗饲料切草机入口处安装磁化铁，以除去其中夹杂的铁针、铁丝等尖锐异物，避免网胃-心包创伤。对于含泥较多的青粗饲料，还应浸在水中淘洗，晾干后再进行饲喂。严防将铁钉、铁丝、玻璃、石沙等异物混入饲料喂牛。切忌使用霉烂、冰冻的饲料喂牛，保证饲料的新鲜和清洁。

（5）保证充足清洁的饮水　水是奶牛机能代谢和产奶不可缺少的物质。奶牛的饮水量一般为干物质进食量的5～7倍，每天需水60～100升，目前奶牛场一般具有水槽或自动饮水器，让牛自由饮水，冬季饮水的水温不低于10℃。饮水的方法有多种形式，最好在运动场安装自动饮水器，或在运动场设置水槽，经常放足清洁饮水，让牛自由饮用。目前在奶牛生产中应用的另一种方法是诱导饮水，如夏季可用凉水泡料或调制粥料喂奶牛，同时可喂含水分多的块根、青绿饲料；冬季可喂热粥料，效果很好。

2. 奶牛料的合理使用

奶牛的饲料成本占70%，饲料的使用技术直接影响到养殖成本，因此配制奶牛日粮时，应结合当地饲料资源，即满足营养需要，又要降低饲料成本，争取最大的经济效益。

（1）粗饲料占日粮比例　根据奶牛的生理特点，选择适当的饲料原料，以干物质为基础，日粮中粗料比例应在40%～70%，也就是说日粮中粗纤维含量应占干物质15%～24%。在泌乳早期粗料比例也应在40%，才会保证牛体健康。

（2）精料喂量　在奶牛生产中，一般按奶牛维持需要3千克，然后每产3千克奶加喂1千克精料来确定。食盐占精料的1%～2%。

（3）采食量　为了保证奶牛有足够的采食量，日粮中应保证有足够的容积和干物质食量，高产奶牛（日产奶量20～30千克），干物质需要量为体重的3.3%～3.6%，中产奶牛（日产奶15～20千克）为2.8%～3.3%；低产奶牛（日产奶量10～15千克）为2.5%～2.8%。

经验之二十七：奶牛的几种饲养方法

奶牛的一个泌乳周期大体上可分为泌乳初期、泌乳盛期、泌乳中后期和干奶期。由于奶牛各阶段的生理条件、生产性能、采食状况等不同，所以饲养方法也不同。

（1）按奶给料法　对处于泌乳中后期的奶牛，每天除饲喂青贮饲料和粗饲料以满足其正常的生理需要外，还应按奶牛每产 3 千克奶喂给 1 千克混合精饲料。“按奶给料”可以避免部分养牛户为追求牛一时的高产而盲目加大精饲料的添加量。

（2）预支饲养法　从奶牛分娩后 15～20 天开始，除给奶牛饲喂足量的粗饲料外，在“按奶给料”的基础上，每天再多喂 1～1.5 千克的混合精饲料，作为提高奶牛产奶量的“预支”饲料，在整个泌乳盛期，精饲料的添加量随着奶牛产奶量的增加而不断增加，直到产奶量不再增加为止。预支饲养法适合处于泌乳初期和泌乳盛期的奶牛。

（3）引导饲养法　在奶牛干奶期正常饲喂量的基础上，从奶牛分娩前 2 周开始，逐日增加 0.45 千克的混合精饲料，到分娩时精饲料的饲喂量可达到其体重的 0.5%～1%。分娩后若母牛体质正常，可在分娩前加料的基础上继续逐日增加 0.45 千克的混合精饲料，直到奶牛的产奶量不再增加为止。在添加精饲料的同时也要加大粗饲料的喂量，使粗饲料的饲喂量不少于其体重的 0.5%。采用此法饲养奶牛时，必须从奶牛分娩前开始引导训练母牛采食精饲料，为分娩后大量采食饲料做好准备。在分娩后一定时期内让奶牛采食高能量、高蛋白的精饲料，可以有效减少奶牛能量的消耗，最大限度地发挥奶牛的泌乳潜力。这种饲养方法适合于高产奶牛从分娩前两周一直到泌乳盛期结束时的饲养。

引导饲养法的优点是从奶牛产前开始训练采食精料，为产后大量采食精料在生理机能上做好准备，使奶牛在泌乳盛期能适应高精料饲养水平。由于奶牛在产前就在体内储备了较充足的营养，因而在产犊后会很快进入泌乳高峰，使奶牛的产奶潜能得到更好的发挥。

采取引导饲养法需要注意的问题：①注意奶牛围产期的饲养，即奶牛产前1周内如出现乳房水肿或乳房膨胀过大时，应适当减少或停喂精料；奶牛产后3天内日粮应以优质干草为主，同时喂给容易消化、适口性好的饲料，如麸皮小米粥等，待奶牛食欲、粪便基本正常，乳房水肿消失，再增加精料喂量。②精料和粗料的饲喂比例，即随着精料进食量的增加，粗饲料占日粮干物质的比例不可低于30%（或粗饲料的给量不能少于奶牛体重的0.5%），这是一个最低限度，只有这样，才能维持奶牛消化机能的正常。③提前做好乳房炎的检查与防治。实践证明，引导饲养法不会引发乳房炎，但对有慢性乳房炎或隐性乳房的奶牛，可使乳房炎的症状加剧。因此，在采用引导饲养法时，必须做好乳牛乳房炎的防治工作。

经验之二十八：奶牛饲喂的一般常识

奶牛的日粮配合要求营养分配齐全，饲料种类丰富、品质好、较容易消化吸收。在保证营养全价平衡的前提下，要力求饲料品种多样化和适口性，但不能因为追求产奶量而过多添加精饲料。一般以优质干草、青贮饲料、块根和青绿多汁饲料等3种以上的青粗饲料（干草、青草、青贮饲料等）和3种以上精饲料为基础组成日粮，同时添加适当的精料。因为青绿多汁饲料不仅适口性好，而且还能促进消化液的充分分泌，从而提高其他饲料的利用效率。实践证明，高产稳产不能单靠增喂精料，只有在增加粗料的基础上适当添加精料，才能充分发挥精料的作用。

高产奶牛的日粮不仅要保证数量，而且要保证质量，饲料中应包括形成乳汁所必需的赖氨酸、色氨酸、精氨酸等多种氨基酸。也就是说，高产奶牛的日粮中蛋白质的全价性愈高，对提高产乳量的效果将愈好。而且日粮中粗料、多汁饲料、精料比例愈恰当，品质愈好，对矿物质的补充比例愈恰当，就愈能得到高产稳产。

奶牛达到最大干物质摄入量（DMI）的时间不能迟于产后10周。奶牛在最大干物质摄入期间，至少应该摄入其体重4%的干物质。例如体重为600千克的牛，应摄入600千克×4=24千克的干物质。日挤奶3次的牛，应比日挤奶2次的牛多摄入5%～6%的干物质。高产奶牛一般日产乳量在30千克以上，一个泌乳期产乳量在6000千克以上。由于高产奶牛要排出大量的牛乳，所以需要很多的营养物质。

在奶牛日采食粗饲料中，优质青干草（奶牛草、苜蓿等）不低于3千克，青贮玉米日采食量20千克，青贮饲料用量不宜过多，否则会影响牛奶的质量。注意饲料中添加维生素及微量元素制剂。玉米青贮或谷类青贮其pH值应≤4.2，豆科青贮其pH值应≤5.0。如果青贮pH过高，将增加腐败的机会，缩短其在饲喂槽内可利用时间。

日粮干物质含量最好为50%～75%，太湿或太干的日粮将限制采食量。如果饲喂含水量>50%的青贮很多时，水分每增加1%，预期干物质摄入量将降低体重的0.02%。这里由于较湿的饲料发酵时间长，升高了酸水平，增加了蛋白质降解。例如含水60%日粮，10×0.02%×600千克体重=1.2千克干物质，意即这头牛干物质日摄入量将减少1.2千克，日产奶量降低2.3～3.0千克。

奶牛各期精粗料合理比例：干奶期日粮以粗料为主，控制精料饲喂量，日粮干物质应占体重的2.0%～2.5%，精、粗饲料比为25～75；围产期（母牛分娩前15天至分娩后15天）需精心饲养，进入围产期逐渐增加精料饲喂量，日粮干物质占体重的2.5%～3.0%，精、粗饲料比40～60；泌乳盛期（产后16～100天）需喂高能量饲料，增加饲喂次数，精料增加量达到高峰，日粮干物质占体重3.5%以上，精、粗饲料比为60∶40；泌乳中期（产后101～200天）逐渐降低日粮中的能量、蛋白含量，日粮干物质占体重的3.0%～3.2%，精、粗饲料比为40∶60；泌乳后期（产后201～305天）日粮中精料饲喂量继续降低，日粮干物质占体重的3.0%～3.2%，精、粗饲料比为30∶70。

如果使用带有重量感应装置的全混合日粮饲喂混合车，应每周用微波天平检测青贮水分。青贮料水分变化能够改变日粮的粗料谷类的比例，这将引起食欲降低和乳制品脂率降低。

如果奶牛摄入量低于正常值，应重新检测非纤维性碳水化合物和纤维含量及长度，同时检测水分和草料是否发霉。

牛常习惯于挤奶之后采食，故挤奶后饲槽内应有新鲜饲料，鼓励牛提高总干物质摄入量。高产奶牛每日采食 12 次，每次平均 23 分钟，应当调整饲喂计划以适应牛的采食行为。

如有可能，应把头胎牛与其他成年牛隔离饲养。因为在此情况下头胎牛将比其他成母牛多花 10%～15%的时间采食。

当气温超过 24℃时，温度每增加 2.2℃，牛干物质消耗量将降低 3.3%。温度超过 27℃，相对湿度超过 80%，牛就会出现应激反应。炎热季节应把至少 60%的日粮放在晚上饲喂。

预期牛每产 1 千克奶饮水量应达 4.4 升，如果饮水细菌指标较高，应考虑用氯消毒。

应当考虑饲槽设计。当牛头向下像放牧一样被强制采食时，它会花费更多时间采食，并分泌更多的唾液以缓冲瘤胃内环境。

调整饲槽中的饲料，鼓励牛更多地采食，夜晚规律性地驱赶牛只采食，并提供照明。每天应保证饲槽中 20 小时有饲料，尽量做到每天饲喂 3 小时。给每头牛提供 60～75 厘米槽位，每日清扫饲槽，特别在炎热季节更应如此。

经验之二十九：饲料的饲喂顺序有规矩

对于没有采用全混合日粮饲喂的奶牛场，应确定合理的精粗饲料的饲喂顺序。饲喂次序不同会影响饲料采食量和饲料利用率，应根据不同奶牛场的实际情况和饲料种类以及季节确定精粗饲料的饲喂顺序。

从营养生理的角度考虑，较理想的饲喂顺序是粗饲料—精饲料—块根类多汁饲料—粗饲料。采用这种饲喂顺序有助于促进牛的唾液分泌，使精粗饲料充分混匀，增大饲料与瘤胃微生物的接触面，保持瘤胃内环境稳定，增加饲料的采食量，提高饲料利用率。

在大量使用青绿饲料的夏天，因奶牛食欲较差，为了保证足量的养分摄入，应采用先精后粗的饲喂方法。

为了提高生产效率，保证奶牛的营养需要，现代化的奶牛场多采用挤奶时饲喂精饲料、挤完奶后饲喂粗饲料的方法。在大量使用青贮饲料的牛场，多采用先饲喂青贮饲料，然后饲喂精饲料，最后饲喂优质牧草的方法。

不管哪种饲喂顺序，一旦确定后要尽量保持稳定，否则会打乱奶牛采食饲料的正常生理反应。

经验之三十：一定要让新出生犊牛吃到初乳

由于犊牛生后最初几天组织器官尚未完全发育，对外界不良环境的抵抗力较弱，消化道黏膜容易被细菌穿过，皮肤的保护机能也较差。这时犊牛与母体仅有的联系就是初乳。初乳是奶牛分娩后5～7天产的乳汁，具有特殊的生物学特性，是新生犊牛不可缺少的食品，它对初生犊牛具有很多特殊的作用。①初生犊牛胃内空虚，第四胃胃壁上还没有黏膜，对细菌的抵抗力较弱。犊牛吃到初乳后，初乳覆在胃壁上，起到了胃壁黏膜的保护作用，可阻止细菌的侵入，从而提高了犊牛对疾病的抵抗力。②初乳中含有一种溶菌酶和抗体，前者能杀灭多种病菌，后者含有免疫球蛋白，可抑制某种病菌的活动，这就保护了犊牛不受病害。③初乳的酸度很高，可使胃液变成酸性，这种酸性环境不利于病菌的繁殖。④初乳进入胃后，分泌大量的消化酶，能使胃肠机能早期活动。⑤初乳中含有较多的镁盐，有轻泻作用，可使胎粪尽早排出。⑥初乳营养丰富，而且极易让犊牛消化吸收。综上6条所述，犊牛在生后应尽早吃上初乳。

犊牛哺喂初乳的时间，以生后0.5～1小时为宜，体质较弱的犊牛可延迟到生后1～2小时。初乳的喂量，一般按初生重来计算，每10千克体重每天喂初乳1千克为宜，应分2～3次哺喂。如初乳温度已下降，可放在热水锅内隔水加温至35～38℃再喂。初乳期一般为7天，初乳期结束后即可喂牛群的混合牛乳。

经验之三十一：育成牛的饲喂要点

培养出发育正常、健康体壮的育成牛是提高牛群质量的基础。育成牛因其阶段不同，故应按其不同需要量供应营养物质，以保证育成牛正常发育，能适时配种。

育成牛可划分为 7～12 月龄和 13～18 月龄两个不同阶段进行分群饲养。

1. 7~12 月龄育成牛饲喂

7～12 月龄是育成牛发育最快时期，发育正常时育成牛 12 月龄体重可达 280～300 千克。日粮应以粗饲料为主，精饲料适当补充。配种怀孕以后的青年母牛，要根据体重增长和胎儿的发育逐渐增加饲料喂量。为防止过肥应按饲养标准掌握精料给量。

此期精饲料每头每天可供给 2～2.5 千克。粗饲料给量是青贮每头每天 10～15 千克，干草 2～2.5 千克。

日粮营养需要：奶能单位(NND)12～13 个；干物质(DM)5～7.0 千克；粗蛋白(CP)600～650 克；钙(Ca)30～32 克；磷(P)20～22 克。

防止饲喂过多的营养而使青年牛过肥。

2. 13~18 月龄育成牛饲喂

13～18 月龄育成牛体重应达 400～420 千克，此期，精料喂量每头每天为 3～3.5 千克。

粗饲料给量是青贮每头每天为 15～20 千克，干草为 2.5～3.0 千克。

日粮营养需要，奶能单位（NND)13～15 个；干物质（DM）6.0～7.0 千克；粗蛋白（CP）640～720 克；钙(Ca)35～38 克；磷(P)24～25 克。

经验之三十二：青年怀孕牛的饲养要点

青年怀孕牛指怀孕后到产犊前的头胎母牛。

母牛怀孕初期，其营养需要与配种前差异不大，怀孕的最后 4 个月，营养需要则较前有较大差异，应按奶牛饲养标准进行饲养。

这个阶段的母牛，饲料喂量一般不可过量；否则将会使母牛过分肥胖，从而导致日后的难产或其他病症。因此，青年怀孕牛应保持中等体况。

青年牛体重应达到500～520千克。为防止其肥胖致使临产时发生难产或其他疾病，从初妊开始，饲料喂量不能过量。精饲料每头每天为3～3.5千克，粗饲料青贮喂量15～20千克，干草为2.5～3.0千克。

日粮营养要求是：奶能单位(NND)为18～20个；干物质(DM)7～9千克；粗蛋白(CP)750～850克；钙(Ca)45～47克；磷(P)32～34克。

青年怀孕牛必须加强护理，最好根据配种受孕情况将怀孕天数相近的母牛编入一群。青年怀孕牛与育成牛一样，更应注意运动，每日运动1～2小时，有放牧条件的也可进行放牧，但要比育成牛的放牧时间短。

青年怀孕牛牛舍及运动场必须保持卫生，供给充足的饮水，最好设置自动饮水装置。

分娩前2个月的青年怀孕牛应转入成年牛舍进行饲养。这时饲养人员要加强对它的护理与调教，如定时梳刷、定时按摩乳房等，以使其能适应分娩与产后的管理。但这个时期切忌擦拭乳头，以免擦去乳头周围的蜡状保护物，引起乳头龟裂，或因擦掉“乳头塞”而使病原菌从乳头孔侵入，导致乳房炎和产后乳头坏死。

在分娩前30天，青年怀孕牛可在饲养标准的基础上适当增加饲料喂量，但谷物的喂量不得超过青年怀孕母牛体重的1%；与此同时，日粮中还应增加维生素及钙、磷等矿物质含量。青年怀孕牛在临产前2周应转入产房饲养，其饲养管理与成年牛围产期相同。

经验之三十三：值得一试的奶牛“双轨饲养技术”

“双轨饲养技术”是日本渡边高俊先生从20万头奶牛的诊断和调查中推导出的一套共通配方，在全日本广泛推广应用。这个方法通过简单计算就能得到，是使奶牛健康无病的饲料配合法。应用该饲养法的效果是：奶牛健康无病；生殖疾病少，配种率高，奶产量增加20％～40％。

“双轨饲养技术”就是将奶牛每天所消耗的饲料分为两大类：一类是“基础饲料”，另一类是“变数饲料”。

“基础饲料”用于维持牛的体能消耗，保持牛体健康，是以粗饲料为主的饲料供应。因为牛是靠吃草来维持自身的健康、妊娠、产犊和育犊（每天约产奶5千克）的。所以把这一部分饲料称为“基础饲料”。基础饲料不等于维持饲料，因为它除了包含维持所需要的饲料营养以外，还要加上妊娠、产犊和育犊（每天按5千克奶计算）所花费的那部分饲料。

“变数饲料”是根据牛产奶量的多少，追加给牛的那部分饲料。因为牛的产奶量的增加（超过每天哺育犊牛的量5千克）是人工选择的结果，所以给予的变数饲料不应当是粗饲料，而必须是容易消化的饲料，即谷实类、糟渣和饼粕类等。需要注意的是这一类精饲料必须根据牛的不同产奶能力进行喂给。

双轨饲养要领歌（赖燕平编）

奶牛天生爱吃草，干奶只喂粗饲料；
产前产后各七天，只需喂给基础料；
变数饲料给予法，产后八天才能给；
第八天给半千克，第九天给一千克；
如果没有啥异常，每天增加一千克；
增料好比爬楼梯，一直给到五千克；
高产牛到七千克，暂停增料看情况；
此后根据牛能力，奶量增后再增料；
产奶每增两千克，变数就加一千克；
一直等到有一天，奶量不会再增加；
此乃最高产奶期，然后奶量渐减少；
奶量每减五千克，变数减少一千克；
只要牢记这几点，保证奶牛得健康；
疾病减少奶增加，配种一次就成功。

经验之三十四：犊牛一定要吃好初乳

母牛产犊后开始分泌的乳叫初乳。牛的初乳中含有较多的干物质，黏度大，能覆盖在消化道表面，起到黏膜的作用，可阻止细菌侵入血液；初乳中含有较高的酸度，可使胃液变成酸性，从而刺激消化道分泌消化液，而且有助于抑制有害细菌的繁殖；初乳中含有丰富且易消化的养分，其中蛋白质含量较常乳高4～7倍，乳脂肪多1倍左右，维生素A、维生素D多10倍左右，各种矿物质含量也很丰富；初乳中含有溶菌酶和免疫球蛋白，能消灭进入血液的多种病菌，防止系统感染。保护各种器官黏膜，特别是小肠黏膜免受感染，防止腹泻，同时阻止微生物进入血液。初乳中还含有较多的镁盐，有利于胎粪的排出。由此可见，给新生犊牛饲喂初乳是增强犊牛健康和提高新生犊牛成活率的最重要措施之一。

动物血液中的抗体或免疫球蛋白是构成动物免疫系统的重要组成部分，通常动物就是依靠这些抗体鉴别和消灭有害细菌和其他外来物质入侵来保护自身健康的。由于母牛胎盘的特殊结构，母牛血液中的免疫球蛋白不能透过胎盘传给胎儿，致使新生犊牛血液中不含抗体，所以，新生犊牛没有任何抗病力，患病率和死亡率极高。

实践证明，犊牛只有依靠从初乳中得到免疫球蛋白而获得被动性免疫。犊牛出生后，最初几小时对初乳的免疫球蛋白的吸收率最高，平均为20%，变化范围在6%～45%，而后急速下降，生后24小时的犊牛就无法吸收完整的免疫球蛋白抗体。若犊牛在出生后12小时内没能吃上初乳，就很难获得足够的抗体。生后24小时才饲喂初乳的犊牛，其中会有50%的犊牛因不能吸收抗体，缺乏免疫力而难以成活。因此，初生犊牛饲养管理的重点是及时饲喂初乳，保证犊牛健康。

经验之三十五：犊牛使用代乳料效果好

代乳料是犊牛由吃奶转向植物性固体饲料之间的过渡性混合精饲

料，其中谷物精饲料最好经过压片加工或粉成细粒，不应成面粉状，也可加工成颗粒。开始喂时每份料加水 5 倍煮成粥，训练犊牛采食，也可加入少量牛奶，谷物等含淀粉的饲料经过加热糊化，有利于犊牛消化吸收，也可促进瘤网胃和瓣胃的发育，犊牛适应后即可直接喂干料。每千克代乳料加维生素 A 10000 国际单位，维生素 D 1000 国际单位，如能晒到阳光，维生素 D 可以省去，另加土霉素 22 毫克。由第 8 日龄开始学会采食直到 60 日龄，喂量占体重的 2.5%～3%。代乳料参考配方如下。

配方 1：玉米 48%，燕麦 20%，熟豆粕 20%，鱼粉 8%，糖蜜 2%，磷酸氢钙 1%，食盐 0.5%，微量元素添加剂 0.5%。

配方 2：玉米 32%，燕麦 20%，熟豆粕 15%，苜蓿草粉 20%，糖蜜 10%，磷酸氢钙 1.5%，食盐 1%，微量元素添加剂 0.5%。

经验之三十六：犊牛饲喂常乳要坚持“五定”原则

母牛产后 1 周所分泌的乳汁称为常乳。常乳饲喂是指从第 4 天至第 45 天断奶这段时间。为了确保犊牛食道沟反射正常，消化良好，食欲旺盛，促进犊牛生长发育，犊牛饲喂应坚持做到“五定”原则，即“定时、定量、定温、定质、定人”。

① 定时：定时喂奶，使犊牛消化器官能有一定的规律性活动，形成条件反射，从而能提高食欲，增进采食量，更利于消化吸收。通常每天饲喂 3 次，每次的时间要固定在同一时间。

② 定量：按犊牛生长发育需要喂给，既不能过量，也不能不足。一般哺乳期间犊牛的日喂奶量应控制在其体重的 8%～10%（10～12 千克体重喂奶 1 千克），一直可延续到断奶之前。也可以按照每头犊牛 2 周内每天饲喂 7 千克，3 周龄时 9 千克，以后喂奶量逐周递减，到 7～9 周时降至 3.5 千克。

③ 定温：奶温直接关系到犊牛的健康，奶温过高或过低都会引起疾病。研究表明，牛奶在犊牛胃中接近 37℃时，才能完全凝固并被吸收。若低于 37℃时，就不能立即凝固，而引起犊牛消化不良，发生下痢；奶温过高会损伤胃肠黏膜，同样会引起消化道疾病。

④ 定质：要保证常乳的质量，不给犊牛饲喂患乳房炎的母牛的乳汁、注射抗生素的母牛的乳汁或者不洁净卫生的乳汁。

⑤ 定人：要安排专人饲喂，可减少应激。

经验之三十七：合理饲喂青贮饲料的方法

青贮饲料具有营养价值高、适口性好、牛爱吃、生长快的特点，但养殖户在饲喂过程中，若方法不当，会对牛造成影响，所以正确掌握饲喂方法非常重要。

1. 饲喂方法

饲喂时，初期应少喂一些，以后逐渐增加到足量，让牛有一个适应过程。切不可一次性足量饲喂，造成牛瘤胃内的青贮饲料过多，酸度过高，以致影响奶牛的正常采食。应及时给牛添加小苏打，喂青贮饲料时牛瘤胃内的 pH 值降低，容易引起酸中毒。可在精饲料中添加1.5%的小苏打，这样可促进胃的蠕动，中和瘤胃内的酸性物质，增加采食量，提高消化率，促进生长。每次饲喂的青贮饲料应和干草搅拌均匀后，再饲喂给牛，避免牛挑食。有条件的养牛户，可将精饲料、青贮饲料和干草进行充分搅拌，制成全混合日粮饲喂，效果会更好。青贮饲料或其他粗饲料，每天最好饲喂 3 次或 4 次，增加牛反刍的次数，促进微生物对饲料的消化利用。农村有很多养牛户，每天只饲喂两次，这是极不科学的。其后果有：①增加了牛瘤胃的负担，影响牛正常反刍的次数和时间，降低了饲料的转化率，长期下去易引起牛前胃的疾病。②影响牛的消化率，若是奶牛会造成产奶量的乳脂率下降。冰冻青贮饲料不能饲喂牛，否则易引起孕牛流产。

2. 取用方法

每天上午、下午各取 1 次为宜，每次取用青贮饲料的厚度应不少于 10 厘米，保证青贮饲料新鲜，适口性好，营养损失降到最低，达到饲喂青贮饲料的最佳效果。取出的青贮饲料不能暴露在日光下，也不要散堆、散放，最好用袋装，放置在牛舍内阴凉处。每次取料后，要将窖内的青贮饲料重新踩实，然后用塑料布盖严。

3. 注意事项

在饲喂过程中如发现牛有拉稀现象，应立即减量或停喂，检查青贮饲料中是否混进霉变物质或因其他疾病原因造成牛拉稀，待牛恢复正常后再继续饲喂。每天要及时清理饲槽，尤其是死角部位，把已变质的青贮饲料清理干净，再添加新鲜的青贮饲料。

喂给青贮饲料后，应视牛的采食量和膘情，酌情减少精饲料投放量，但不宜减量过多、过急。青贮窖应严防鼠害，避免把一些疾病传染给牛。

经验之三十八：尿素喂奶牛的注意事项

近年来，尿素等非蛋白质饲料在奶牛业上的应用日益广泛，并取得了较好的经济效益、尿素含氮46%，若按尿素中氮70%可被奶牛利用计算，1千克尿素可提供相当于4.5千克豆饼的蛋白质。据国外报道，在蛋白质不足的日粮中加1千克尿素，可多产奶6～12千克；在国内也取得了1千克尿素换取3.6～4.2千克奶的效果。但是，尿素必须科学饲喂，否则适得其反，易引起奶牛中毒甚至死亡。主要应注意以下几点。

① 要在补加尿素的饲粮中增加适量的淀粉类饲料。在奶牛日粮中单用粗纤维作为能量来源时，尿素的利用效率仅为22%；而供给适量的粗纤维和适量的淀粉时，尿素的利用率可提高到60%以上。以每千克尿素搭配6～7千克淀粉类饲料为宜。

② 补加尿素的日粮粗蛋白质水平应保持在9%～12%。当日粮中粗蛋白质含量超过12%时，尿素在瘤胃内转化为菌体蛋白的速度及利用程度将显著降低，如日粮中粗蛋白质水平低于9%，又会影响正常菌群的生长繁殖。

③ 严格控制喂量。尿素一般只用于成年奶牛，犊牛和高产奶牛不宜饲喂。成年奶牛每头平均日喂量为80～120克，体重500千克以上的成年奶牛，每头每天用量不可超过150克。为了精确饲喂可将每天每头的用量分成3份，分别在早、中、晚补料时添加。

④ 将尿素与日粮拌匀饲喂。即把尿素拌入精料后再与粗料拌匀；

或将尿素溶于水喷洒到饲料上拌匀。还可将尿素加到青贮原料中青贮后一起饲喂。具体做法：在青贮原料入窖的同时，按每1吨原料加4千克尿素的比例均匀撒入即可。不可将尿素单独饲喂或溶于水中饮用。饲喂尿素后不可立即饮水，半小时后才能饮水。

⑤ 尿素饲喂量应由少到多，逐渐增加。经5～7天适应后，方可加至计划喂量。

⑥ 严禁与豆饼及豆类同喂。否则会降低饲料蛋白质含量。日粮中蛋白质足够时，不可加喂尿素。

⑦ 一旦有病和病期应立即停止使用，一直至康复。

⑧ 发现中毒及时治疗。在增补尿素过程中，如出现中毒症状，要根据程度轻重，喂服食醋2～8毫升。如救治及时，1～4小时后可康复。

经验之三十九：外购饲料要注意的问题有哪些？

市场上出售用于奶牛的全价配合饲料比较少，我国现有的饲料产品中只有少量的蛋白质浓缩饲料、矿物质饲料添加剂、预混料和盐砖等产品。自行配合的奶牛饲料要根据当地的饲料资源状况选择市售饲料来进行配合。为了选择到理想的饲料，可以从以下三个方面考察。

1. 到饲料生产企业现场考察

（1）工厂的规模　看其是否有雄厚的经济实力及良好的企业管理、生产设施和生产环境。企业的各个职能部门是否设置齐全，这是企业是否正规的一个指标，尤其是质检、采购、配方师等。一个完整的队伍，是完成任务的保证。小饲料厂往往没有这些部门，所有的工作都由老板自己承担，既要管原料的采购，又要管配方，还要管生产加工和销售，一个人的精力毕竟有限，顾此失彼，不可能全部照顾得到。还有的饲料厂临时外请技术人员负责配方或购买别人的现成配方，不能够根据客户反馈适时调整配方，原料改变了但为了节省购买配方的钱也不能够及时调整配方，这些情况下，饲料的质量很难保证。

（2）生产原料　原料的好坏直接影响饲料成品的好坏，看生产原料要到仓库实际查看，不能听信厂家的介绍，因为原料的价格、含量、成分、产地等差别很大，厂家往往都会说他们使用的进口蒸汽鱼粉、维生素是包被的、豆粕是高蛋白的等，只有到仓库一看便知。即使你对原料不是十分懂，但你可以从实物上看，是否有产品质量检验合格证和产品质量标准；是否有产品批准文号、生产许可证号、产品执行标准以及标签认可号；标签应以中文或适用符号标明产品名称、原料组成、产品成分分析、净重、生产日期、保质期、厂名、厂址、产品标准代号、使用方法和注意事项；进口饲料添加剂应有国务院农业行政主管部门登记的进口登记许可证号，有效期为5年，产品必须用中文标明原产国名和地区名。不明白的可以抄录或拍照回去查资料了解。没有合格证和质量标准的、没有标签或标签不完整的、没有中文标识的，应为不合格产品。

（3）原料和成品的保管　主要看仓储设施。主要原料如玉米是否有大型的仓库或者贮料塔。看其他原料的质量主要看贮存的条件和生产厂家。原料贮存和供应是否充足，质量是否可靠。大型饲料企业每天的生产量都在几百吨甚至上千吨以上，如果原料供应不上，原料现进现加工，很难保证饲料的稳定供应，不能因为原料供应不及时而时断时续，贮存条件要好，没有露天风吹日晒、虫害、鼠害、鸟害等，原料要保证卫生和不发霉变质。

（4）生产设备　好的生产设备是生产合格产品的保证。简陋的设备不可能生产出质量稳定的产品，时好时坏、加工不好的饲料会导致粒度变化、成分混合不充分、奶牛挑食、饲料利用率降低、生产性能下降，极端情况下，会引起严重的健康问题。

2. 到饲料用户咨询

金杯银杯不如百姓的口碑。到附近的养奶牛场走访了解，走访的养奶牛场既要多去养殖比较好的奶牛场，也要去养得不好的奶牛场了解，看人家长期使用什么牌子的饲料，多走访几家，从市场反馈情况来看哪个厂家的饲料质量稳定，上市时间长，饲料销售的地区覆盖面大。一般生产饲料的时间越早，在市场上反映好的饲料是较好的饲料。有的饲料厂在创立初期或新品种刚上市时，用好的原料生产，以占领市场，一旦用户反馈好、销量上来以后，就偷工减料，用一些质量差廉价的原料替代质优价格贵的原料，因为用户不能马上使用就出现问题，这样一段时间后，等用户又反馈说饲料有问题时，他们一面派技术人员去找奶牛场在管理方面的毛病，让养奶牛场相信是自己饲养管理方面的问题，而不是饲料的质量问题，因为没有几个奶牛场能做到完善的科学管理，都或多或少的在饲养管理上存在问题，一面又改用好的原料生产，坚决不要与这样的奸商合作。

还要了解是否有高素质的专家作技术保证，是无有技术信誉。售后是否周到、及时、完善，技术服务能力能否为用户解决技术疑难，如根据具体情况设计可行的饲方；指导养殖场防疫、饲养管理；诊断奶牛的疾病，介绍市场与原料信息等。小的饲料厂家往往舍不得花钱聘请专业的售后技术服务人员，养奶牛场出现饲料质量或奶牛病问题能应付就应付，实在应付不了就临时到外面请一位技术员去看一下，根本没有长期打算，只要能卖出饲料什么都不管。

3. 通过实际饲喂检验

百闻不如一见，实践是检验真理的唯一标准。第一次使用某一厂家生产的饲料时，最好进行饲养试验，根据食欲及健康状况、增重和饲料消耗情况对配合饲料质量作出科学判断。通过小规模的对比试喂一段时间，看适口性、增重、粪便、发病率高低等，也可以检验一个饲料的好坏，为决策作参考。

经验之四十：给奶牛喂青绿多汁饲料产奶多

青绿多汁饲料习惯上是指青绿和多汁两种饲料，前者包括草地牧草、田间杂草、栽培牧草和绿色作物饲料、青贮饲料等，如黑麦草、苜蓿草、青刈玉米等。后者包括块根、块茎、瓜类，如胡萝卜、甘薯等。

1. 青绿饲料的特点

含水多，富含高品质的蛋白质、多种维生素、矿物质，无氮浸出物含量较多、占干物质 40%～50%，纤维素较少、占干物质 30%，而且易于消化吸收，用于饲喂奶牛，不仅可提高产奶量，还有助于奶牛健康。

(1) 黑麦草 黑麦草粗蛋白4.93%，粗脂肪1.06%，无氮浸出物4.57%，钙0.075%，磷0.07%。其中粗蛋白、粗脂肪比本地杂草含量高出3倍。在春、秋季生长繁茂，草质柔嫩多汁，适口性好，是牛的好饲料。供草期为10月至次年5月，夏天不能生长。

(2) 紫花苜蓿 紫花苜蓿别名紫苜蓿、苜蓿、苜蓿花，是豆科蝶形花亚科苜蓿属，多年生草本植物，有“牧草之王”的称号，是当今世界种植面积最大、分布国家最广的优良栽培牧草。

紫花苜蓿产草量高，适口性强，茎叶柔嫩鲜美，不论青饲、青贮、调制青干草、加工草粉、用于配合饲料或混合饲料，各类畜禽都喜食，是养奶牛首选青饲料；营养丰富，苜蓿干物质中粗蛋白质18.6%，粗脂肪2.4%，粗纤维35.7%，无氮浸出物34.4%，粗灰粉8.9%。茎叶中含有丰富的蛋白质、矿物质、多种维生素及胡萝卜素，特别是叶片中含量更高。紫花苜蓿鲜嫩状态时，叶片重量占全株的50%左右，叶片中粗蛋白质含量比茎秆高1～1.5倍，粗纤维含量比茎秆少一半以上。苜蓿干草喂畜禽可以替代部分粮食，据美国研究，按能量计算其替代率为1.6∶1，即1.6千克苜蓿干草相当于1千克粮食的能量。苜蓿富含蛋白质，如按能量和蛋白质综合效能，苜蓿的代粮率可达1.2∶1。

(3) 青刈玉米 青刈玉米质地脆嫩，味甜多汁，适口性好，是草食禽、牛、奶牛、兔、猪、鱼等的极佳青饲料，深受广大养殖户欢迎。其风干物含干物质86%、热量14515.2千焦/千克、粗蛋白13.8%、粗脂肪2%、粗纤维30%、无氮浸出物72%、赖氨酸0.42%。用青刈玉米饲喂奶牛，产奶量比用普通玉米高4.5%～5%。

2. 多汁饲料的特点

含水70%～90%，干物质中有较多的淀粉和糖，纤维素少，一般不超过10%，含有一定量的矿物质和维生素，消化率高达80%～90%，是促进奶牛产奶的极好饲料。青绿多汁饲料不仅营养丰富，且适口性好，奶牛特别喜欢吃。在奶牛的日粮中，青绿多汁饲料应占50%，在泌乳期至少需要2～3种青绿多汁饲料，如鲜草、青贮、萝卜、薯块、瓜类等。全年不断青绿多汁饲料是奶牛高产的重要保证。

(1) 甜菜　又名甜萝卜。用作饲料的甜菜大致可分为糖甜菜、半糖甜菜和饲用甜菜三种。糖甜菜主要用作制糖，也可用作饲料。糖甜菜的适应性强，产量高，干物质含量高（20%～22%），营养好，饲用方便，耐贮藏，是奶牛冬春季重要的贮备饲料。饲用甜菜较糖甜菜品质差，干物质含量低（8%～11%），不耐贮藏，仅作饲用。不仅块根，甜菜叶的营养也很丰富，可作为饲料加以利用。但腐烂的甜菜叶中含有亚硝酸盐，易引起中毒，因此饲喂时一定要摘除腐烂叶片。甜菜块根和甜菜叶可生喂，也可制作成青贮。饲喂时，应先洗净、切碎，每日每头奶牛可喂 30～40 千克。饲喂的甜菜饲料不能放置时间过长，以免形成硝酸盐引起奶牛中毒。

(2) 甜菜渣　新鲜的甜菜渣含水 90%，粗蛋白 0.9%，粗脂肪 0.1%，粗纤维 2.6%，无氮浸出物 3.5%，但不含胡萝卜素和维生素 D。饲喂甜菜渣能给奶牛提供必需的填充料。甜菜渣每日每头奶牛可喂 35 千克。

(3) 马铃薯　马铃薯含干物质平均为 22%，粗蛋白 1.6%，粗脂肪 0.1%，粗纤维 0.7%，无氮浸出物 18.7%。每 3.54 千克马铃薯相当于 1 千克谷类物质，而且干物质中约 80%为淀粉，容易消化，但缺蛋氨酸、钙、磷和胡萝卜素等，是典型的含水多的碳水化合物精料，也是奶牛主要能量来源的饲料之一。每日每头奶牛喂 20～26 千克，并注意在日粮中搭配好蛋白质、矿物质和维生素补充料。

(4) 胡萝卜　胡萝卜的干物质含量为 12%，且多为可溶性糖类，粗蛋白 1.1%，粗脂肪 0.3%，粗纤维 1.2%，无氮浸出物 8.4%，是公畜、产奶母畜和幼畜的优质多汁饲料。一般胡萝卜的颜色越深，胡萝卜素的含量越高。胡萝卜还含有多量的钾盐、铁盐、磷盐。胡萝卜的适口性好，牛喜食，喂给足量的胡萝卜对维持泌乳母牛的泌乳量及怀孕母牛保胎起到非常重要的作用。因熟喂会使胡萝卜素、维生素 C、维生素 E 遭到破坏，所以胡萝卜宜生喂。在饲喂时，应先洗净切细，每日每头奶牛喂 20～25 千克，种公牛 57 千克。在贮藏时，最好用湿沙掩埋，以防止腐烂及营养物损耗。

(5) 菊芋　又名洋姜、鬼子姜、姜不辣。在我国南北各地广泛分布，块茎和茎叶都是良好的饲料。菊芋的营养价值较高，块茎中富含蛋白质、脂肪和碳水化合物，菊糖的含量在13%以上。其茎叶的饲用价值也高于马铃薯和向日葵。菊芋块茎脆嫩多汁，营养丰富，适口性好，适合作泌乳牛的多汁饲料。

(6) 瓜果类饲料　主要有南瓜、西瓜皮和甜瓜皮等。这类饲料含水量最多。例如，南瓜含水量为90%～95%，干物质10%左右，其中粗蛋白为1%，粗脂肪0.3%，粗纤维1.2%，无氮浸出物6.8%。这类饲料有较多的可溶性糖分和淀粉，并含有大量的胡萝卜素。在饲喂时，应先洗净切细，每日每头奶牛喂15～20千克。

经验之四十一：奶牛常用添加剂要科学饲喂

为补充营养物质、提高奶牛生产性能、提高饲料利用率、改善饲料品质、促进奶牛生长繁殖、保障奶牛健康而掺入饲料中的少量或微量营养性或非营养性物质，称为饲料添加剂。牛常用的饲料添加剂主要有：常量元素（矿物质）添加剂，如钙、磷、钠、氯、镁等；维生素添加剂，如维生素A、维生素D、维生素E、烟酸等；微量元素添加剂，如铁、锌、铜、锰、碘、钴、硒等；氨基酸添加剂，如保护性赖氨酸、蛋氨酸；瘤胃缓冲调控剂，如碳酸氢钠等；离子载体，如莫能霉素和拉沙里霉素等。

1. 矿物质类

奶牛是以植物性饲料为主的家畜，奶牛每天通过泌乳消耗大量的矿物质，而肉牛育肥一般以粗饲料作为主要饲料，所以无论奶牛还是肉牛，日粮中钙、磷、钠、氯等矿物质均不能满足奶牛泌乳和肉牛育肥的需要，必须额外补充。通常补充的矿物质饲料有食盐、磷酸氢钙、石粉等。

(1) 食盐　食盐含钠和氯，常用食盐来补充钠和氯的不足。

钠在保持体内的酸碱平衡、维持体液正常的渗透压和调节体液容量方面起重要作用；以重碳酸盐形式和唾液一起排出的钠离子，对反刍动物瘤胃、网胃和瓣胃中产生的过量酸有抑制作用，为瘤胃微生物活动创造了适宜的环境条件。氯和钠协同维持细胞外液的渗透压，参与胃酸的形成，保证胃蛋白酶作用所必需的pH值。

食盐能刺激唾液的分泌，促进其他消化酶的消化，并有改善饲料味道、增进动物食欲的作用。钠和氯的缺乏和过量都会影响奶牛和肉牛的生产性能和机体健康，成年牛日粮中长期缺少食盐，可导致食欲降低、精神不振、营养不良、被毛粗糙、产奶量和生产力下降等；犊牛日粮中长期食盐不足，表现为生长停滞、饲料利用率降低等。但食盐严重过量时会造成饮水量增加、腹泻、中毒。一般食盐的饲喂量以占精料的0.5%～0.1%为宜；奶牛产奶量增加，食盐可适当提高。

(2) 磷酸氢钙和石粉磷酸氢钙　磷酸氢钙、石粉磷酸氢钙是补充奶牛和肉牛钙、磷的常用矿物质饲料。我国磷酸氢钙的饲料级标准规定：磷不低于16%，钙不低于21%，氟不高于0.18%。

石粉主要指石灰粉，为天然的碳酸钙，含钙一般为34%～38%，是补钙最廉价、来源最广的矿物质饲料。

成年牛饲粮中钙、磷不足时可导致骨软症或骨质疏松症，食欲不振或废食，异嗜癖，生产性能下降。母牛发情异常，屡配不孕，泌乳量下降。犊牛饲粮中钙、磷不足时可导致佝偻病，发病初期表现为食欲不振，精神萎靡，逐渐消瘦，被毛蓬乱，喜卧而不愿站立与活动，运动发生障碍；随着病程的发展，逐渐出现骨骼发育不良与变软，骨端未骨化的组织变得粗大，脊柱和胸骨弯曲变形。

奶牛和肉牛在不同生理阶段精料中钙水平保持在0.9%～1.2%，磷保持在0.5%～0.7%。

2. 维生素类

维生素属于维持动物机体正常生理机能所必需的低分子化合物，对奶牛的健康、生长、繁殖及泌乳等都起重要作用。饲料中一旦缺乏维生素，就会使机体生理机能失调，出现各种维生素缺乏症。所以维生素是维持生命的必需营养要素。

维生素种类很多，通常根据其溶解性分为两大类，即脂溶性维生素（维生素A、维生素D、维生素E和维生素K）和水溶性维生素（B族维生素和维生素C）。

由于牛瘤胃微生物能够合成维生素K、B族维生素，肝脏和肾脏可合成维生素C。所以，一般情况下，除犊牛外，不需额外添加。但日粮中必须提供足够的维生素A、维生素D和维生素E，以满足奶牛和肉牛不同生理时期的需要。粗饲料以秸秆为主的地区，维生素A含量普遍不足，这不仅影响了正常繁殖，而且犊牛先天性双目失明者日渐增多，为此，应补喂青绿多汁饲料或维生素A。补喂维生素A每100千克体重按7480国际单位或胡萝卜素不低于18～19毫克。

另据报道，烟酸对于奶牛的营养代谢和产奶有重要作用，一般在奶牛泌乳初期或产前每日每头牛喂3～6克烟酸，可防止母牛发生酮病，产奶量也可明显提高。夏季，对高产奶牛每日每头增加6克烟酸也可增加产奶量。

维生素的添加量应根据不同品种、不同生理时期的营养需要量来确定。维生素不足和过量均对牛体健康和生产性能产生不利影响。

缺乏维生素A时，会引起犊牛生长发育停滞，皮毛粗糙、无光泽，母牛受胎率低，产后子宫发炎，严重影响生产性能；维生素D缺乏时，犊牛出现软骨病，成年牛表现为骨质疏松；缺乏维生素E的主要症状是犊牛骨骼肌变性，以致运动障碍，成年牛繁殖率下降。

维生素添加过量，不仅造成浪费，还可引起中毒。如维生素A过量可导致食欲不振，皮肤发痒，关节肿痛，骨质增生，体重下降；维生素D过量，可引起血钙增高，骨骼脱失钙盐，骨质疏松等。

3. 微量元素类

常用作饲料添加剂的微量元素包括铁、铜、锰、锌、硒、碘、钴等，它们在肌体内发挥着其他物质不可替代的作用。

铁、铜、钴都是造血不可缺少的元素，起协同作用；锰是参与糖、蛋白质、脂肪代谢酶的组成成分，也是硫酸软骨素形成的必需成分之一，促进机体钙、磷代谢及骨骼的形成；碘是甲状腺形成甲状腺素所必需的元素，缺碘时主要表现为甲状腺肿及代谢机能降低，生长发育受阻，丧失繁殖力；锌是体内多种酶的组成成分，也是胰岛素的组成成分，锌主要通过这些酶及激素参与体内的各种代谢活动；硒是谷胱甘肽过氧化物酶的组成成分，谷胱甘肽可以消除脂质过氧化物的毒性作用，保护细胞和亚细胞膜免受过氧化物的危害。用微量元素添加剂平衡日粮，可明显地提高奶牛生产水平。

泌乳盛期奶牛每天补喂碘化钾 15 毫克即可满足需要。日粮中加入 5%海带粉，产奶量可提高 1%左右，且可提高母牛的发情率和受胎率。

4. 过瘤胃氨基酸

目前，研究较多的是蛋氨酸，因为蛋氨酸为第一限制性氨基酸，而且微生物蛋白中缺乏蛋氨酸。对氨基酸实行过瘤胃保护后，可使其避开反刍动物瘤胃的降解，到达小肠后被机体吸收。在奶牛日粮中添加过瘤胃氨基酸，可增加瘤胃中微生物的数量，提高动物对纤维素的消化吸收，从而提高乙酸和丙酸的比例，增强产奶性能。研究者在奶牛日粮中添加瘤胃保护性蛋氨酸，每头每天 55 克，产奶量可提高 14.60%，乳脂含量和乳蛋白分别增加 12.06%和 11.65%。

蛋氨酸锌蛋氨酸锌是含有蛋氨酸和锌的螯合物，它具有抵制瘤胃微生物降解的作用。与氧化锌相比，蛋氨酸锌中的锌具有相似的吸收率，而且吸收后代谢率不同，以至于从尿中的排出量更低，血浆锌的下降速度更慢。在奶牛日粮中添加蛋氨酸锌能提高产奶量，并降低牛奶中体细胞数。在生产条件下，蛋氨酸锌还具有硬化蹄面和减少蹄病的作用。蛋氨酸锌的添加量一般每头每天 5～10 克，或占日粮干物质的 0.03%～0.08%。

蛋氨酸羟基类似物蛋氨酸羟基类似物在化学性质上与蛋氨酸一样，但能抵抗瘤胃微生物的降解，促进脂蛋白合成，改善纤维消化，提高丙酸、乙酸的比例等。多数研究结果认为，添加蛋氨酸羟基类似物虽然对提高产奶量的效果不明显，但能够增加乳脂率和提高校正奶的产量。在奶牛产奶平均水平高于每天 23 千克，精料水平高于 50%，日粮蛋白质水平低于 15%的情况下，每头奶牛添加量每天 20～30 克或占日粮干物质 0.15%会取得良好的效果。

5. 缓冲剂类

高产奶牛进食精饲料较多时，易造成瘤胃内酸度增加，瘤胃微生物活动受到抑制，引起消化紊乱、乳脂率下降，并引发与此相关的一些疾病。为了预防此类疾病的发生，在下列情况下应考虑添加缓冲剂：泌乳早期；日粮中精料占 50%以上；粗饲料几乎全部为青贮；乳脂率明显下降或夏季泌乳牛食欲下降，干物质进食量明显减少；精料和粗料分开单独饲喂时。

缓冲剂的种类较多，一般以碳酸氢钠（小苏打）为主，碳酸钠（食用碱）也可，但对日产奶量高于 30 千克的高产奶牛，还要另加氧化镁或膨润土等。

各种缓冲剂的添加量如下。

① 碳酸氢钠：占日粮干物质进食量的 0.7%～1.5%，或占精饲料的 1.4%～3.0%。

② 氧化镁：占日粮干物质进食量的 0.3%～0.4%，或占精饲料的 0.6%～0.8%。

③ 膨润土：占日粮干物质进食量的 0.6%～0.8%，或占精饲料的 1.2%～1.6%。

④ 小苏打和氧化镁混合物：两者混合使用效果更好，两者的混合物占奶牛精饲料的 0.8%左右（混合物中小苏打占 70%，氧化镁占 30%）。

6. 离子载体

离子载体是由某些放线菌产生的抗生素。它具有改变通过微生物生物膜离子流量的作用。革兰氏阴性菌外膜结构复杂，通常不受离子载体的影响；但革兰氏阳性菌缺乏典型的外膜，因而对离子载体极为敏感。所以，饲料中添加离子载体会导致瘤胃中革兰氏阳性菌比例减少，而革兰氏阴性菌比例增加。于是，发酵终产物也会随之变化。

莫能霉素（商品名瘤胃素）和拉沙里霉素（商品名牛安）是用以改变瘤胃发酵类型的常用离子载体。最早应用于肉牛，可以提高日增重和饲料转化效率。在用育成牛和初产母牛所做的试验表明，莫能霉素可以提高增重 6%～14%，而对繁殖性能、产犊过程和犊牛初生重等无任何不良影响。由于生长速度加快，青年母牛提前配种，提前产犊，因而节省了大量饲料费用。在我国，饲喂莫能霉素每天每头牛投入的成本为 0.08～0.1 元，增重收入为 0.6～0.9 元，投入与产出比为 1∶(6～8) 以上。拉沙里霉素的作用效果与莫能霉素相同，但拉沙里霉素可以饲喂体重小于 180 千克以下的牛，而且开始饲喂时没有像莫能霉素那样影响采食量的情况。离子载体也是猪、鸡等动物常用的抗球虫药。

离子载体提高反刍动物生产性能的机制与其改变瘤胃中挥发酸产生比例和减少甲烷产生量有关，其生产上的反应是提高日增重和饲料转化效率、节省蛋白质、改变瘤胃充满度和瘤胃食糜外流速度。

第四章 饲养与管理

经验之一：养奶牛就要懂得奶牛的习性

1. 群居行为

牛是群居家畜，具有合群行为，牛喜群居。牛群在长期共处过程中，通过相互交锋，可以形成群体等级制度和优势序列。这种优势序列在规定牛群的放牧游走路线，按时归牧，有条不紊进入挤奶厅以及防御敌害等方面都有重要意义。

放牧时常以3～5头结群活动；舍饲时仅有2%单独散窝，40%以上3～5头结群卧地。根据此特性，在牛群转移时，常以小群驱赶为宜。

牛群过大则会影响牛的辨识能力，增加争斗次数，影响采食。因此，牛群规模应控制在70头以下，每头牛的适宜活动面积为15～30平方米。

2. 排泄行为

牛一天一般排尿约9次、排粪12～18次。牛排泄的次数和排泄量随采食饲料的性质和数量、环境温度以及牛个体不同而异。

虽然牛的排泄行为不能在发生次数上进行特殊的调节，又不能使其自觉地在某一区域排泄。但是，在夜晚和坏天气情况下，散放牛群倾向于聚集一处，于是所排粪便大量淤积一处。

牛对粪便毫不在意，经常行走和躺卧在排泄物上。有证据表明，乳牛可形成模仿性行为，当一头牛排粪或排尿时，其他的牛只可能跟着排泄。公牛和母牛正常的排粪姿势是尾巴从尾根处弯曲向上拱起，背拱起，后腿向前撇开。摆出这种姿势可使排泄物污染自身的可能性。

3. 交流行为

牛的个体都可以通过传递姿势、声音、气味等不同信号来进行与同类之间的交流，但大多数行为模式都需要一定的学习和训练过程才能准确无误地掌握，通常，这种学习过程只发生在一生中的某个阶段，如果错过这个阶段，则无法建立这种相似的行为。如将初生牛只隔离 2～3 个月，会发现它们将很难与其他犊牛相处。

4. 仿效行为

仿效行为就是相互模仿行为。当一头牛开始从牛舍或牧场走向挤奶厅时，其他牛会跟着走；而其他牛跟着走，头牛就会继续走下去。在饲养管理中利用奶牛的这一行为特点，使奶牛统一行动，大大节约了劳动力成本。但仿效行为有时也会带来不良后果，如一头牛翻越围栏，其他牛会跟着跳出去。

5. 寻求庇护

牛在恶劣的环境条件下会寻找庇护场所，或聚集在一起共同抵御恶劣条件。放牧牛在遇大风、暴雨时会背对风雨并随时准备逃离。夏季中午炎热时，牛会寻找阴凉或有水的地方休息，而在清晨或傍晚天气凉爽时采食。舍饲奶牛运动场应设凉棚，供遮阳、避雨或挡风雪；夏季中午炎热或冬季严寒时，可让牛在舍内休息。

6. 探究行为

探究或探索是牛对环境刺激的本能反应，它通过看（视）、听、闻（嗅）、尝（味）、触等感觉器官完成。当牛进入新的环境（如新圈舍、新牛群）或牛群中引入新个体时，牛的第一表现就是探究，逐步认识、熟悉新环境，并尽量与之适应或加以利用。在近距离内探察初次见到的物体时，如果牛感到没有危险，便会走向前去，仔细查看一番，通过五官了解该物体的性状，如果口味尚可，它还会嚼一嚼，甚至吞下去。在舍饲条件下，当舍门打开或运动场围栏出现缺口，牛会跑出去探究，有时，在“头牛”的带领下，甚至成群牛都会跑出去“溜达”。犊牛比成年牛更具好奇心，其探究行为也更为强烈。

7. 性行为

性行为包括求爱和交配。母牛发情时体内雌激素增多，并在少量孕酮的协同作用下刺激性中枢，使之发生性兴奋，表现精神不安，食欲减退，产奶量下降，不停走动、哞叫，爬跨其他牛，接受其他牛爬跨，尾根屡屡抬起或摇摆，频频排尿，外阴充血、肿胀，分泌黏液等。公牛靠视觉和嗅觉发现发情母牛，通常能在适合配种前 24～48 小时“检测”到发情母牛。其求爱方式包括跟随母牛，头颈水平伸展，嘴唇翻卷，嗅舔母牛外阴部，下颚和喉咙放在母牛臀腰部等。干奶期母牛和青年牛发情时乳房增大，而泌乳母牛经常会发生产奶量急剧下降的情况。

8. 母性行为

包括哺乳、保护（护犊）和带领牛犊等。牛出生后，母牛即表现出强烈的护犊行为，即通常所说的母性，它会站起来，舔干犊牛身上的黏液，并发出亲昵的呼叫声。当犊牛试图站立、踉跄学步时，母牛会表现出十分担心、紧张不安；最后，犊牛在母牛不断地舔护和呼叫声鼓励下，终于站立起来并寻到乳头，开始吮乳。新生犊牛视觉尚不完善，但可依靠听、嗅、触、味觉辨识其母亲。母牛对犊牛十分护恋，在牧场上母牛会把犊牛藏到隐蔽的地方；犊牛睡觉时，母牛就在附近吃草，还要不时回到藏身处去喂犊牛。若在犊牛出生后不久（1～2 小时内）就把它从母牛身边移走，过一段时间再将它抱回，则常被母牛拒绝。因此，及时将初生犊牛和母牛分开，对消除母-子互恋的纽带关系，提高母牛的产奶量，具有重要意义。

9. 牛鼻唇腺的分泌

成年牛的分泌率为 0.8 毫克/(平方米·分)，当给予适口性好的饲料时，其分泌量可加倍。这种分泌物可蒸发冷却鼻镜。

当鼻唇线分泌停止，鼻镜干燥结痂、发热时，说明牛发病了。

10. 攻击性行为

牛间的攻击行为和身体相互接触主要发生在建立优势序列（排定位次）阶段。正面（头对头）的打斗是最具攻击性的，以头部撞击肩与腰窝等部位也非常激烈。一旦这种位次关系排定之后，示威性行为将成为主导。向对方表现出顶撞和摆头行为可能会导致示威行为的升级，从而演变成相互攻击。如果诸如食物、饮水和躺卧位置等资源条件受到限制，可能会激发牛间大量的、剧烈的攻击性行为。

11. 躺卧行为

牛有明显的生理节律，其休息、采食和反刍等主要行为会按照一个固定模式交替进行。同时，牛又是群居动物，因此一群成牛有时会在同一时间段进行相同的行为活动。这种生理节律是很难改变的，因此在舍饲饲养过程中就可能会引起问题，例如在奶牛场设计时，自动挤奶设施或者饲料通道等都是以个体行为模式为依据来进行设计的，而没有充分考虑奶牛群居的习性和行为的统一性，从而导致数量和面积等指标相对较小，限制了奶牛的部分行为和活动。

经验之二：奶牛的应激你知道多少？

所谓应激是机体在各种内外环境因素刺激下所出现的全身性非特异性适应反应，又称为应激反应。这些刺激因素称为应激原。应激是在出乎意料的紧迫与危险情况下引起的高速且高度紧张的情绪状态。对养奶牛来说，奶牛原有的生活环境突然改变或受到其他因素的刺激和干扰时，产生应对做出的反应。通俗地说，使奶牛感到不适的刺激统归为应激。

1. 奶牛应激反应的特征

① 牛发生应激时精神紧张、四处张望、烦躁不安、试图脱离现实环境。

② 活动增加，呼吸加快。

③ 排尿、排粪次数增加。

④ 浑身哆嗦、颤抖、淌口水。

⑤ 少吃少饮。

⑥ 对管理人员的反应迟钝。

2. 产生奶牛应激反应的原因

① 缺乏饲料供应或饮水不足。

② 混群即将不是同一栏的牛混在同一群。

③ 牛场内或周边环境噪声、异响、异味刺激。

④ 气候环境恶劣，过分寒冷、过分炎热、过分潮湿。

⑤ 改变饲养环境条件，从这一栋牛舍换到另一栋牛舍。

⑥ 牛受伤、生病。

⑦ 育肥牛被出售运输时。

⑧ 过度密集饲养时。

3. 减少应激的方法

为了减少奶牛的应激，要从奶牛日常管理的细节入手，做到日常管理有规律，建立奶牛的条件反射，要规律化、制度化，程序一旦定下来不可随意改动。进行条件转换时要有过渡期，饲养管理人员多接触牛，温和善待奶牛。为此，应给奶牛创造如下的生长环境。

① 气候气温环境：牛舍牛场空气新鲜，牛舍温度 7～27℃，牛舍地面干燥，湿度小。

② 卫生环境：牛舍牛场清洁卫生，无蚊蝇干扰，无有毒有害气体侵袭。

③ 音响：牛舍牛场幽雅清静，无噪声干扰，音响小于 65 分贝。

④ 亮度：牛舍豁亮，但无强烈刺激光。

⑤ 风力：牛舍内有微风、和风，冬季无贼风侵犯。

⑥ 粉尘：牛舍内无烟囱粉尘、饲料粉碎灰尘。

⑦ 牛舍地面：牛舍地面平坦不滑，地面结实但不很硬，冬季铺垫垫草。

⑧ 牛舍面积：每头牛应占 4～6 平方米，拴系饲养时每头牛占 2～2.5 平方米，有足够的采食和休息面积。

⑨ 饲料和饮水：随时能够采食到满足奶牛需求的饲料，饮水充足。

⑩ 管理环境：温和的管理环境，管理者不粗暴对待牛，不打牛、不骂牛，应经常接触牛，管理有理、有节、有序。

经验之三：犊牛适宜的环境温度是多少？

犊牛温度适宜区系指在一定环境温度范围内，其身体所产生的热量与身体所损失的热量达到平衡。犊牛温度适宜区为 10～20℃。外界环境温度高于或低于这个范围会影响犊牛维持自身体温恒定的调节。高温会造成饮水增多和食欲下降。

犊牛能调整自身体温并将其维持在正常水平，但当环境温度达到26.67℃或以上时，犊牛即失去对自身体温的调节。此时体温开始升高，犊牛则通过气喘以降低体温，但这需要消耗更多的能量。随着湿度增加，又会造成呼吸蒸发散热率降低，进而又加剧体温急速升高。

高温，尤其还伴随着高湿，会提高犊牛所需能量，但却使食欲降低。在高热环境下会导致犊牛生长减缓甚至失重。

由于环境温度较高，犊牛对能量的需要随之增加，此时应通过提高干物质含量来增加饲喂能量，或通过提高饲喂量来增加能量摄取。同时还需一直保证新鲜、清凉的饮水，这可帮助犊牛通过蒸发散热。

当外界温度低于10℃，犊牛需产生更多的能量以维持体温。寒冷会降低犊牛对干物质的消化能力。与成年动物相比，犊牛每千克体重具有更多的表面积，这会导致犊牛在外界温度下降时可迅速产生热量，另外也会使其对低温应激更敏感。

经验之四：新生犊牛管理要做到“三勤”、“三净”

“三勤”即勤打扫圈舍，勤换垫草，勤观察犊牛的食欲、精神和粪便情况。

“三净”即饲料净、畜体净和工具净。犊牛饲料不能含有铁丝、铁钉、牛毛、粪便等杂质。坚持每天1～2次刷拭牛体，促进牛体健康和皮肤发育，减少体内外寄生虫病。刷拭时可用软毛刷，必要时辅以硬质刷子。每次用完的奶具、补料槽、饮水槽等一定要洗刷干净，保持清洁。

经验之五：公牛去势采用附睾尾摘除法效果好

古人把睾丸称为“势”，所以摘除公牛睾丸通常称为“去势”。公牛去势是饲养的一项主要措施，另外种公牛被淘汰后还须去势，公牛去势后有性情温顺、生长发育快、肉质鲜嫩等许多好处，虽然目前公牛去势的方法很多，但归纳起来也就几种，即捶击法、无血去势钳法、化学药物法、结扎法和手术法，手术摘除法还分为摘除睾丸和附睾、摘除睾丸保留附睾、摘除附睾尾等方法。这几种方法中以手术摘除附睾尾最好，与其他去势方法相比，既可保证不使母牛受孕，又具有雄性激素促进犊牛生长发育的作用，而且不妨碍出口贸易，伤口小、愈合快，手术时间短，简便易行，不留后患，值得推广。

经验之六：母牛产犊时接产的技巧

母牛临产期要安排专人值班、看守，做好接产工作，要给临产母牛以清洁、干燥垫草和安静的环境。在安静的环境里，大脑皮质容易接受来自子宫的刺激，因此也能发生强烈的冲动传达到子宫，使子宫强烈收缩而使胎儿迅速排出。一般胎膜水泡露出后10～20分钟，母牛多卧下，要使它向左侧卧，以免胎儿受瘤胃压迫难以产出，胎儿的前蹄将胎膜顶破，羊水（胎水）要用桶接住，用其给产后母牛灌服3.5～4千克，可预防胎衣不下。

一般正常产是两前肢夹着头先出来，倘若发生难产，是姿势不正，应先将胎牛顺势推回子宫矫正胎位，不可硬拉。倒生时，当后腿产出后，应提早拉出胎儿，防止胎儿腹部进入产道后脐带可能被压在骨盆底上，会使胎儿窒息死亡。母牛阵缩、努责微弱，应进行助产，用消毒过的绳缚住胎儿两前肢系部，交助手拉住，助产者双手伸入产道，大拇指插入胎儿口角，然后捏住下颌，乘母牛努责时一起用力拉，用力方向应稍向母牛臀部后下方。当胎头通过阴门时，一人用双手捂住阴唇及会阴，避免撑破。胎头拉出后，再拉的动作要缓慢，以免发生子宫内翻或脱出，当胎儿腹部通过阴门时，用手捂住胎儿脐孔部，防止脐带断在脐孔内，并延长断脐时间，使胎儿获得更多血液。

经验之七：每天刷拭牛体促进牛健康

一部分养殖者对牛体刷拭工作（图4-1）的重要作用不够理解。

往往对此项工作表现疏忽和不认真。俗话说“挠一挠等于上货（遍）料”，这里所说的挠一挠是指牛体刷拭。可见牛体刷拭很重要。科学养牛，刷拭牛体是很一项重要的、不可缺少的环节。

图 4-1 刷拭牛体

牛的皮肤新陈代谢快，对外界尘土敏感，当皮毛粘有干粪便时，牛感到不舒服，常会用舌舔，用身体蹭墙、蹭牛槽等方式解除身上的奇痒，这样会影响牛身体健康。

牛因皮肤新陈代谢旺盛，分泌物较多，特别是在夏秋季节，奶牛主要通过毛孔、皮肤来散发热量，刷拭牛体既能保证牛皮肤毛孔不受堵塞，又能增加皮肤的血液循环，有利于牛的健康。同时，刷拭牛体还能清除奶牛的体表寄生虫。

日常管理中，牛体表很容易发生创伤，每天刷拭时就能更快地发现创伤，以便快速处理。刷拭牛体还可促进饲养者与牛的亲和度，便于对牛的日常管理。

牛饲养员要在每天早、晚两次刷拭牛体，每次 3～5 分钟，刷拭要周密到全身每个部位，不可疏漏，刷下的毛应收集起来，不能让牛舔食，刷下的灰尘不能落入饲料内。母牛的刷拭工作应在挤奶前完成，以防尘屑污染牛奶，影响奶的品质。

经验之八：提高配种成功率的绝招

主要做好调控好母牛的膘情控制、做好发情鉴定、掌握发情母牛最佳配种时间、实施人工冷配和加强配种后的饲养管理等关键环节。

一、抓好膘情调控

在母牛配种期到来之前，可繁殖母牛应具备中等膘情体况，过肥或偏瘦的母牛体况均不利于配种。过肥的牛应该调整配方，减少精料的供应量。对于瘦弱母牛，要调整日粮，增加营养，尤其是青绿饲料。

可用玉米 40%、大麦 30%、小麦 20%、豆粕 10%，拌匀后用水浸泡 4 小时以上打浆。然后添加以上饲料总量的 10%，5%糠麸、1%食盐、3%～5%骨粉，每天按早、晚两次给母牛补喂，喂量（连汤带水）7～10 千克。这样母牛增膘复壮快，达到适时发情配种的目的。

二、催情

对不发情的经产母牛，可用以下三种催情方法。一是每头注射二酚乙烷 40～50 毫克，注射后母牛即可发情。二是用怀孕 6 个月以上的健康孕妇清晨第一次排出的尿液 100 毫升，加入 0.5%的碳酸液 3 毫升，混合煮沸过滤，制成催情剂，对空怀母牛进行皮下注射，每次每头 35～40 毫升，隔日 1 次，连用 3 次，母牛即可发情。三是用益母草 30 克、南瓜叶 25 克、红花 15 克混合煎水给牛内服；也可用老枣树皮内层 0.5 千克、红糖 1 千克，加水 3 千克煎水给牛早、晚两次内服，连服 2～3 天，母牛即可发情。

三、做好发情鉴定

判断母牛是否发情，主要有外部观察和直肠检查等方法。

外部观察法简单易行、应用最广，其要点是做好“神情、爬跨、外阴、黏液”观察八字诀。

（1）神情　发情母奶牛较敏感，兴奋不安，哞叫，不喜躺卧，弓腰举尾，频繁排尿。神色异常，有人靠近时，回头看望。寻找其他发情母牛，活动量、步行数比平常多几倍。嗅闻其他母牛的外阴，下巴依托其他牛的臀部并进行摩擦。

（2）爬跨　在散放的牛群中，发情母牛常追爬其他母牛或接受其他牛爬跨。开始发情时，对其他牛的爬跨往往半推半就，不太接受。以后随着发情的进展，有较多的母牛跟随、嗅闻其外阴部（但发情牛却不嗅闻其他牛的外阴），由不接受其他牛爬跨转为开始接受爬跨，或强烈追爬其他牛。“静立”是重要的发情标志。牛的爬跨姿势多种多样，有时出现两个发情牛互相爬跨。母牛发情有时在夜间出现，白天不易被发觉（漏情），等到次日早晨发现，该牛已处于安静状态

(发情后期不接受其他牛爬跨，尾部有干燥的黏液)，但从牛体表上可发现其臀部、尾根有接受爬跨造成的痕迹，有时有蒸腾状，体表潮湿。所以，清晨是观察母牛发情的最好时间。

(3) 外阴　母奶牛发情开始时，阴门稍显肿胀，表皮的细小皱纹消失展平；随着发情的进展，进一步表现肿胀潮红，原有的大皱纹也消失展平；发情高潮过后，阴门肿胀及潮红现象出现退行性变化；发情的精神表现结束后，外阴部的红肿现象仍未消失，直至排卵后才恢复正常。

(4) 黏液　母奶牛在发情过程中黏液的变化特点是：发情开始时，量少、稀薄、透明，此后发情牛分泌黏液增多，黏性增强，潴留在阴道和子宫颈口周围；发情中期即发情旺盛期，由子宫排出的黏液牵缕性强，粗如拇指；发情后期流出的透明黏液中混有乳白丝状物，黏性减退，牵之可以成丝；发情末期黏液变为半透明，其中夹有不均匀的乳白色黏液，最后黏液变为乳白色。

直肠检查法就是用手通过母牛直肠壁触摸卵巢及卵泡的大小、形状、变化状态等，以判定母牛发情的阶段，确定其是真发情还是假发情。因为操作麻烦，技术要求高，一般情况下不用。只有当母牛发情征候不明显时或长时间发情（3～5天）时才使用直肠检查法。

四、掌握发情母牛最佳配种时间

母牛发情时，食欲减退，兴奋不安，喜欢接近公牛，互相爬跨，尿量少，阴部渐红、充血肿胀，常伴有白色半透明的黏液流出，个别母牛阴道还流出少量血液。此时能摸牛的臀部，牛尾高翘，安静不动，两后腿叉开做交配动作。以后食欲逐渐恢复，性欲减退，外阴肿胀逐渐消失，黏液少而稠（直肠检查，正处于卵泡成熟期或排卵期），这时最适宜给母牛输精配种。

配种实践证明，母牛发情初期进行配种，受胎率仅为5%左右；发情盛期配种，受胎率为50%左右；发情末期配种，受胎率为70%～80%。由此可见，母牛发情末期为配种适期。黄牛的发情周期18～21天，持续期为1～2天。黄牛在发情开始后8～12小时，水牛在发情开始后第二天下午或第三天上午配种比较适宜。为了准确掌握配种时间，可采用鉴别方法，如上午发现母牛安定不动，不要立即配种，要推迟到晚上或第二天清晨进行配种；如果受爬跨安定不动，应推迟到第二天清晨或傍晚配种。早、晚环境安静，大多数牛生理机能处于抑制状态，而生殖系统的兴奋性相对增强，排卵快，受孕率高。为了更好保证授精成功，可间隔10小时后再重复配种一次。

五、实施人工授精

1. 正确解冻，保证精子活力

（1）从液氮罐中取贮存冻精的技术要求　液氮罐应放在阴凉处，室内要通风，注意不要用不卫生的工具污染液氮罐内，及时补充液氮，保证液氮面的高度应高于贮存的冻精，最好将精液沉至罐底。冷冻精液取出后应及时盖好罐塞，为减少液氮消耗，罐口可用毛巾围住。取冻精的金属镊子用前需插入液氮罐颈口内先预冷1分钟。从液氮罐中取冷冻精液时，提筒不能高于液氮罐口，应在液氮罐口水平线下，停留时间不应超过5秒，需继续操作时，可将提筒浸入液氮后再提起。

（2）冻精的解冻方法　牛的冷冻精液贮存在－196℃的液氮罐中，当从贮存冷冻精液的液氮中取出冷冻精液时，应将冷冻精液迅速解冻。其解冻方法如下。

① 热水解冻法：一般用水温为（38±2)℃的热水来解冻，先将杯中或盒内的水温调节在38℃，然后用镊子（要先预冷）夹出细管冻精，迅速竖放或平放埋入热水中，并轻微摇荡几下，待冻精溶解（30秒）后取出，用灭菌的棉花或卫生纸擦干细管外壁，用消毒剪刀剪去封口端，进行活力镜检，合格后（0.35以上）方可用于输精。

② 自然水温解冻法：用自来水或河水作为解冻源来解冻冻精，先用杯子或盒子装自来水或河水（23℃），然后用镊子（要先预冷）夹出细管冻精，迅速竖放或平放埋入水中，并轻微摇荡几下，待冻精溶解（一般30秒）取出，用灭菌的棉花球或卫生纸擦干细管外壁，用消毒剪刀剪去封口端，镜检活力合格后（0.4以上）方可用于输精。

2. 冻精活力检查

无论哪种剂型的冻精解冻后都要进行镜检，活力（直线前进的精子数）在35％（0.35）以上，且还要看几个视野和不同层次（上、中、下）的精子活力，合格的精子才能用于输精。

3. 装入输精枪的要求

装细管精液的封口端朝上，金属输精枪的钢芯插入细管棉花塞端口内，将金属枪连同塑料细管推至套管的头部，若塑料外套管较长，应将其后端剪去一段，以免造成塑料细管内精液存留在外套管内。

4. 应用直肠把握输精技术

在牛的人工授精技术应用中，采用直肠固定子宫颈输精法，效果较好，受胎率比用其他输精方法可提高 15%～20%。

输精操作步骤：输精前先将双手的指甲剪短磨平，卷起袖子，消毒（用 0.1%高锰酸钾溶液）手臂和母牛的后躯部，然后涂上肥皂沫，右手（或左手）五指并拢，握成锥形，慢慢插入母牛肛门里掏尽直肠内粪便，然后用拇指探明子宫颈口的位置，隔肠壁握住子宫颈，固定好。用另一只手将准备好的输精腔，在不接触外阴部的条件下插入阴道前庭的裂缝内，插入时动作要轻巧谨慎，先斜向上（与水平线成 45°角）插入 10～15 厘米，即通过阴道前庭之后，再稍往下依水平方向插入阴道内，直到子宫颈外缘为止，插入后输精枪应与直肠内的手取得一致，枪端对准子宫颈外口，右手（或左手）将子宫下左右轻轻摆动，以便输精枪导入子宫内。

判断输精枪是否已插入子宫有两种方法：一是摸子宫颈，如果输精枪在宫颈的中间，表明已经插入；二是摆动输精枪，如果子宫颈同时跟着移动，说明已经插入。

确定输精枪已经插入 5～6 厘米，就可将精液慢慢注射入内，压射时，可用直肠内的手将子宫稍往下压，使输精枪前低后高，使精液容易流入，避免倒流。对很快要排卵或卵子已排出的母牛，为了保证将精液输得更深一些，缩短精子到达输卵管上 1/3 处的时间，增加受精机会，可将输精枪直接插入到排卵一侧子宫角进行深部输精（对刚排卵不久的母牛尤其适用）。输精完毕，先将输精枪取出，直肠里的手按压子宫颈片刻后再取出。

5. 输精过程中遇到的问题及解决方法

（1）术者手伸入母牛，直肠遇到困难时采取以下方法：①性情暴躁的母牛，固定于配种架上，后肢加以固定，以防踢伤人。如在野外输精，则将牛固定在树干上。②拒绝人手伸入直肠的母牛可由助手持输精枪，右手提起母牛尾根，左手伸入直肠。③当母牛努责时，让努责波过去、肠壁松弛时再向前伸手。

（2）输精枪不能顺利插入母牛阴道时可采取以下方法：①遇阴门闭合时，可在直肠内用左肘部下压阴部，即可压开阴门。②老母牛阴道多向腹腔下沉，应先向下方插入10厘米左右，再平插下插。③肥胖母牛阴道壁肥厚，易阻碍输精枪插入，这时手握输精枪轻轻左右、上下滑动，切勿硬插，以免伤及阴道黏膜。④误插入尿道时，可将输精枪拉出后，再沿阴道上壁前进。

（3）找不到子宫颈口时，可采取如下方法：①育成母牛子宫颈细小如指，多在近处找；②老母牛的子宫颈大，往往垂下，须提子宫颈管；③有的母牛，子宫颈常闭缩在阴门最近处，须用手按压使其伸展。

（4）如果输精枪对不上子宫颈口时则采取如下方法：①手把握子宫颈过前，使颈口游离下垂，因而输精枪对不上子宫颈口，这时将手后移，把握子宫颈口处；②输精枪偏入子宫外围的，应退出输精枪，用手指定位引导；③被子宫颈口内挡住的，手将子宫颈管向前拉，使其伸展；④子宫颈管过粗难以握住的，把它压在骨盆腔侧壁或下壁；⑤输不出精液的，可将输精枪稍向前插，再在向后拉的同时注出精液。

六、加强配种后的饲养管理

人工冷配后的管理：母牛配种后1～2小时内不要让母牛有剧烈的运动，尽量避免牛饮水或吃食过饱。人工冷配后15天内夜间应补料，同时加喂麸皮或酒糟等1～1.5千克，并给予加有少量食盐的清洁饮水，以利于受精卵着床。每天食盐的给量为25～28克。母牛怀孕期间，本身及胎儿都需大量的营养物质，所以对孕母牛应供给含蛋白质、维生素和矿物质丰富的饲料。如果饲料单一或饲料供应不足，将造成母牛及胎儿营养不良，影响母牛及胎儿的正常发育，严重时胎儿会死亡。要特别注意防止母牛流产，不喂给发霉、变质、有毒和酸度过大的饲料。不喂冰冻、有强烈刺激性的饲料，以防患肠炎、流产或产弱胎、死胎。不要让孕牛受惊吓，以免引起子宫收缩流产，还要防止孕牛挤撞、滑倒、鞭打或顶架而发生机械性流产。

经验之九：犊牛的饲养管理技术要点

犊牛期的饲养管理对奶牛成年体形的形成、采食粗饲料的能力以及成年后的产乳和繁殖能力都有极其重要的影响。通常把犊牛分成出生犊牛和常乳期犊牛两个阶段来实施饲养管理。

1. 初生犊牛的护理

习惯上把出生到断奶的小牛叫犊牛，7日龄以内叫初生犊牛。犊牛在快速生长的同时，具有最大的可塑性。科学的培育，可以得到优良的、高产的成年牛。初生犊牛瘤胃容积很小，机能不发达。直到3周龄后，瘤胃开始迅速发育。初生犊牛抵抗外界不良环境能力和适应性差，因此，初生犊阶段易于患病死亡，必须细心护理，尽力预防疾病，提高成活率。

（1）清除黏膜　犊牛出生后，应立即用毛巾将口鼻部黏液擦净，以利呼吸。如犊牛生后不能马上呼吸，可握住犊牛的后肢将犊牛吊挂并拍打胸部，使犊牛吐出黏液。随后，让母牛舔舐犊牛3～10分钟（根据季节决定，一般夏季时间长，冬季时间短），以利于犊牛体表干燥和母牛排出胎衣。然后把犊牛被毛用毛巾或干草擦干，以免犊牛受凉。

（2）断脐带　通常情况下，犊牛的脐带自然扯断。未扯断时，用消毒剪刀在距腹部6～8厘米处剪断脐带，将脐带中的血液挤挣，用5%～10%碘酊药液浸泡2～3分钟即可，切记不要将药液灌入脐带内。断脐不要结扎，以自然脱落为好。另外，剥去犊牛软蹄。犊牛想站立时，应帮助其站稳。

（3）尽早吃初乳　母牛产后7天内所产的奶叫初乳。初乳具有很多特殊的生物学特性，是新生犊牛不可缺少的营养品。犊牛生后应在1小时内哺喂初乳。通常在第一次饲喂健康犊牛时，初乳的喂量是1.5～2千克。第一次不能给予过多的初乳，以防消化功能紊乱。

随着食欲的增加，初乳喂量可逐渐增加，以后几天的犊牛，喂量视犊牛强弱每天可按体重的1/10～1/8计算初乳的喂量，每日3～4

次。每次即挤即喂，保证奶温，如果初乳挤下时间长，温度下降，应采取水浴加温至37℃再喂，温度不能太高，否则初乳会出现凝固变质。初乳期喂其亲生母亲的奶，如果亲生母亲没有初乳或初乳不洁，可用其他母牛的初乳代替。犊牛每次哺乳之后1～2小时，应饮温开水（35～38℃）一次。

（4）饲喂方法　一般采取人工哺乳的方法。可使用特制奶瓶，奶嘴上有十字开口，便于犊牛吮乳。也采用桶内哺饮奶法，一手持桶，另一手中指及食指放入犊牛嘴里，使其吮吸，然后引至有奶的桶中。当犊牛吮吸手指时，便吸到初乳，然后将手取出，让其自由吮吸。

（5）补喂抗生素　为了防止新生犊牛下痢，可补喂抗生素，如每天给予250毫克的金霉素，供给时间可以从生后的第3天直至生后30天为止；金霉素可溶于乳中供给。

2. 常乳期犊牛的饲养管理

初乳期结束到断奶称为常乳期。这一阶段是犊牛体尺、体重增长及胃肠道发育最快的时期，尤以瘤网胃的发育最为迅速，此阶段的饲养是由真胃消化向复胃消化转化、由饲喂奶品向饲喂草料过渡的一个重要时期。此阶段犊牛的可塑性很大，是培育优秀奶牛的最关键时刻。

（1）犊牛的哺乳　犊牛经过5～7天的初乳期之后，开始哺喂常乳。初乳、常乳的变更应注意逐渐过渡（4～5天），以免造成消化不良。同时做到定质、定量、定温、定时饲喂。

（2）犊牛的补饲

① 补饲精料：在犊牛10～15日龄时补饲精料，喂完奶后用少量精料涂抹在其鼻镜和嘴唇上，或撒少许于奶桶上任其舔食，促使犊牛形成采食精料的习惯，1月龄时日采食犊牛料250～300克，2月龄时500～600克。

② 饲喂干草：从1周龄开始，在牛栏的草架内添入优质干草（如豆科青干草等），训练犊牛自由采食，以促进瘤网胃发育，并防止舔食异物。

③ 饲喂青绿多汁饲料：青绿多汁饲料如胡萝卜、甜菜等，犊牛在20日龄时开始补喂，以促进消化器官的发育。每天先喂20克，到

2月龄时可增加到1～1.5千克，3月龄为2～3千克。青贮料可在2月龄开始饲喂，每天100～150克，3月龄时1.5～2.0千克，4～6月龄时4～5千克。

（3）称重和编号 犊牛的称重一般在初生、6月龄、周岁、第一次配种前应予以称重。在犊牛称重的同时，还应进行编号。生产上应用比较广泛的是耳标法——耳标有金属的和塑料的，先在金属耳标或塑料耳标上打上号码或用不褪色的色笔写上号码，然后固定在牛的耳朵上。

（4）去角 7～10日龄去角，最晚不超过15日龄。用烧红的烙铁烧烙角基部15～20秒，直到角的生长点被破坏。或用特制的电烙铁去角，电烙铁顶端做成杯状，大小与犊牛角的底部一致，通电加热后，烙铁的温度各部分一致，使用时将烙铁顶部放在犊牛角部，烙15～20秒，或者烙到犊牛角四周的组织变为古铜色为止。用此法去角不出血，在全年任何季节都可用，但只能用于35日龄以内的犊牛。

（5）饮水 哺乳期要供给充足的饮水。许多养殖户犊牛不给饮水，并错误地认为饮水后会引起下痢。犊牛长期缺水，首先影响犊牛补饲精粗饲料的食欲，另外会造成暴饮，甚至喝尿，从而造成犊牛疾病或发育不良。补水的方法最初可在牛乳中加1/3～1/2的热水，同时在运动场内设水槽，任其自由饮水。

（6）运动 除阴冷天气外，生后10天即可让犊牛户外自由活动，几周后还应适当进行驱赶运动（每日1小时左右），以增进体质。

（7）做到“三勤”、“三净” “三勤”即勤打扫圈舍，勤换垫草，勤观察犊牛的食欲、精神和粪便情况。“三净”即饲料净、畜体净和工具净。犊牛饲料不能含有铁丝、铁钉、牛毛、粪便等杂质。坚持每天1～2次刷拭牛体，促进牛体健康和皮肤发育，减少体内外寄生虫病。刷拭时可用软毛刷，必要时辅以硬质刷子。每次用完的奶具、补料槽、饮水槽等一定要洗刷干净，保持清洁。

（8）单栏培育，防止舔癖 犊牛从出生到断奶始终在一个圈舍（犊牛栅）内饲养，单圈饲养的优点是造价低廉，经济实用；避免相互吸吮，减少疾病传播，降低犊牛发病率；圈舍空气新鲜，有利于犊牛运动，提高抗病力。单栏饲养可有效地预防犊牛互相吸吮，如果不能单栏饲养，犊牛每次喂奶完毕，应将犊牛口鼻部残奶擦净。对于已形成舔癖的犊牛，可在鼻梁前套一小木板来纠正。同时避免用奶瓶喂奶，最好使用水桶。

（9）做好定期消毒　冬季每月至少进行1次，夏季每10天1次，用苛性钠、石灰水或来苏儿对地面、墙壁、栏杆、饲槽、草架全面彻底消毒。如发生传染病或有死畜现象，必须对其所接触的环境及用具做临时性突击消毒。

（10）切除多余的乳头　乳房上若有副乳头，应在4～6周龄时剪除，这有利于成年后清洗乳房和预防乳房炎。如果多余乳头连附在正常乳头上或靠得很近，就得请兽医进行手术。多余乳头一般长在4个正常乳头的后边，切除时先固定小牛，识别出多余乳头，对乳房进行清洗、消毒，然后抓住多余乳头，慢慢拉离乳房，用阉割钳夹住根部，再用消毒后的手术剪刀剪掉，伤口用消毒剂和抗菌药处理。

（11）犊牛的断奶　实践表明，过多的哺乳量和过长的哺乳期，虽然犊牛增重较快，但对犊牛的内脏器官，尤其是对犊牛的消化器官发育不利，而且加大饲养成本。高喂奶量饲养出的奶牛体型膘肥体胖，但腹围小，采食量少，奶牛产后往往不能高产。所以目前生产中，一般全期哺乳量控制在250～350千克，喂乳期45～60天，犊牛全期平均日增重670～700克，6月龄体重可达到160～165千克。

经验之十：育成牛的管理要点

育成牛阶段饲养管理的好坏直接影响育成母牛的生长发育及其成熟。育成牛阶段的培育目标是保证育成牛生长发育，培养温驯的性情和适时配种，尽早投入生产。

（1）加强运动　育成牛运动场面积为15平方米。在舍饲条件下，育成牛每天应至少有2小时以上的运动，在放牧和野营管理的时候，每天需要运动4～6小时。一般采取自由运动。加强育成牛的户外运动，可使其体壮胸阔，心肺发达，食欲旺盛。如果精料过多而运动不足，容易发胖，体短肉厚个子小，早熟早衰，利用年限短，产奶量低。

（2）乳房按摩　育成牛周岁至配种后，特别是在妊娠中、后期，乳腺组织正处于高度发育阶段，此时按摩乳房或用温水清洗乳房，可促进乳腺发育，对提高产奶量十分有益，并可为产后易于挤奶打下良好的基础。对周岁至配种期间的青年牛每天应按摩 2 次乳房，每次3～5 分钟。初配怀孕后的奶牛，每天也要按摩两次，每次按摩时用热毛巾轻擦揉乳房。但不得挤奶，在产犊前 2 周必须停止按摩。

（3）刷拭和调教　为了保持牛体清洁，促进皮肤代谢和养成温驯的习性，育成牛每天应刷拭 1～2 次，每天 5～10 分钟。刷拭时要用软刷，手法要轻，使牛有舒适感。

（4）制定生长计划　根据奶牛不同年龄的生长发育特点、饲草、饲料供应状况确定不同日龄的日增重幅度，控制育成牛体况，重点是防止过肥。一般要求 11～12 月龄达到性成熟时体重在 280 千克左右，体高 110 厘米左右，胸围 150 厘米左右。16～18 月龄体重达到 360～390 千克，日增重为 600～700 克，体高 120 厘米左右，胸围 170 厘米左右。

（5）要给育成牛提供充足的青干草，以刺激瘤胃的发育，增大瘤胃容积，便于以后能食入大量饲料，满足产奶需要。

（6）称重　6 月龄、12 月龄、18 月龄进行体尺、体重测定，了解其生长发育，并记入档案，作为选种育成的基本资料。

（7）初次配种　育成母牛何时初次配种，应根据母牛的年龄和发育情况而定。一般按 15～18 月龄初配，或按达成年体重 70％时才开始初配。观察每头育成母牛的初情期，以便准确把握配种时机。对长期不发情的母牛，请人工授精员或兽医进行检查。

（8）修蹄　育成牛的蹄质软、长得快，磨损面不均衡，应从 10 月龄开始修蹄，以后每半年修蹄一次。

（9）搞好圈舍卫生　及时清除粪便，使牛床干燥，天天清洗食槽、水槽，工具和工作服要专用。

经验之十一：奶牛分娩时助产要点

分娩是母畜正常的生理过程，一般情况下不需要助产而任其自然产出。但牛的骨盆构造与其他动物相比更易发生难产，在胎位不正、胎儿过大、母牛分娩无力等情况下，母牛自动分娩有一定的困难，必须进行必要的助产。助产的目的是尽可能做到母子安全，同时还必须力求保持母牛的繁殖能力。如果助产不当则极易引发一系列的产科疾病，因此，在操作过程中必须按助产原则办理。

一、做好产前准备

产房要求宽大、平坦、干净、温暖；器械与药品的准备包括催产药、止血药、消毒灭菌药、强心补液药及助产、手术器械等。要安排专人值班、看守，保证随时接产。

二、做好牛体后部的消毒及人员的消毒工作

助产人员要固定专人，产房内昼夜均应有人值班，如发现母牛有分娩症状，助产者用0.1%～0.2%的高锰酸钾温水或1%～2%煤酚皂溶液洗涤外阴部或臀部附近，并用毛巾擦干，铺好清洁的垫草，给牛一个安静的环境。助产者要穿工作服、剪指甲，准备好酒精、碘酒、剪刀、镊子、药棉以及助产绳等。助产人员的手、工具和产科器械都要严密消毒，以防病菌带入子宫内而造成生殖系统疾病。

三、保持环境安静

在安静的环境里，母牛大脑皮质容易接受来自子宫的刺激，因此也能发出强烈的冲动传达到子宫，使子宫强烈收缩而使胎儿顺利排出。

四、助产

母牛正常分娩的过程是子宫肌开始阵缩，将胎儿和胎水推入子宫颈，迫使子宫颈开放，向产道开口，以后随着阵缩，进入产道的胎膜破，使部分羊水流出，胎儿的前置部分顺着胎水流入产道。同时，腹肌或膈肌也发生强烈收缩，腹内压显著升高，使胎儿从子宫内经产道排出。再经过6～12小时间歇，子宫又重新收缩，把胎衣排出，分娩过程结束。

一般胎膜水泡露出后10～20分钟，母牛多卧下，要使它向左侧卧，以免胎儿受瘤胃压迫难以产出，胎儿的前蹄将胎膜顶破，羊水（胎水）要用桶接住，用其给产后母牛灌服3.5～4千克，可预防胎衣

不下。

正常产是两前肢夹着头先出来，倘若发生难产，多数是姿势不正造成的，应先将胎牛在阵缩时顺势推回子宫矫正胎位，不可硬拉。倒生时，当后腿产出后，应及早拉出胎儿，防止胎儿腹部进入产道后脐带可能被压在骨盆底上，会使胎儿窒息死亡。母牛阵缩，努责微弱，应进行助产，用消毒过的绳缚住胎儿两前肢系部，交助手拉住，助产者双手伸入产道，大拇指插入胎儿口角，然后捏住下颌，乘母牛努责时一起用力拉，用力方向应稍向母牛臀部后下方。当胎头通过阴门时，一人用双手捂住阴唇及会阴，避免撑破。胎头拉出后，再拉的动作要缓慢，以免发生子宫内翻或脱出，当胎儿腹部通过阴门时，用手捂住胎儿脐孔部，防止脐带断在脐孔内，并延长断脐时间，使胎儿获得更多血液。

五、常见难产的助产方法

1. 母畜阵缩及努责微弱

母畜已到预产期，阵缩及努责短而无力，间歇长，无明显不安现象，迟迟不见胎囊露出和破水，分娩时间延长。检查产道，颈口张开不全，可摸到未破的胎囊或胎儿前置部分。分娩时子宫肌及腹肌收缩无力，收缩时间短，间歇时间长，叫阵缩及努责微弱。

助产方法如下。

① 催产：牛一般不用药物催产。

② 牵引拉出胎儿：颈口已全部张开，胎势无异常，按一般助产方法（牵引术）拉出胎牛。

2. 子宫颈狭窄

分娩时子宫颈扩张不全或完全未扩张而不能排出胎牛，称子宫颈狭窄。母畜妊娠期满，具备了全部分娩预兆，阵缩努责正常，但长久不见胎囊及胎牛露出阴门外。产道检查，触摸子宫颈时，感到松软和弛缓不充分，有时可摸到瘢痕、无弹性等变化。

助产方法：子宫颈扩张不全，阵缩、努责微弱，胎囊未破时，应稍加等待。或肌肉注射己烯雌酚 20～40 毫克，然后再注射催产素 30～100 国际单位，也可静脉注射 10％氯化钠注射液 300～500 毫升，以促进子宫收缩，扩张子宫颈口。也可向阴道内灌注 45℃温水或涂颠茄流浸膏或5%可卡因或盐酸普鲁卡因溶液，然后术者用手指逐渐扩张子宫颈口。当子宫颈口扩张到一定程度，胎囊和胎牛一部分已进入子宫颈时，可向颈管内注入石蜡油，以润滑产道，再施行牵引术。

如子宫颈狭窄而不能扩张时，可施行剖腹产术。

3. 子宫捻转

牛的子宫捻转是指怀孕期一侧子宫角围绕自己的纵轴发生捻转，多发生在临产前或分娩开始，也可发生在怀孕中期以后的任何时间，多见于母体健壮、胎牛体积较大的奶牛，是母牛难产的常见病因之一，该病发病急、病情重，如不能及时诊断和合理治疗，可导致孕畜死亡。

病因是怀孕末期牛如有急起、急卧并有转动身体的情况发生时，因子宫变得重且大，不能随腹部的转动而转动，就可能向一侧捻转。牛子宫捻转还与牛子宫韧带附着狭窄和牛的起卧的特殊姿势有关。由于母牛的腹腔左侧被庞大的瘤胃所占，怀孕子宫被挤向右侧，所以，子宫扭向右侧的多见。

子宫捻转的部位可发生在子宫颈前和子宫颈后，从时间上讲可发生在产前和产中，由此，其症状也有所不同。

产前捻转的患牛有不安和阵发性腹痛，如时间延长，腹痛加剧，表现为摇尾、后蹄踢腹、出汗、食欲减退或消失，但在间隙期可恢复。病牛起卧，拱腰，但不见排出胎水，腹部臌气，体温正常，呼吸、脉搏加快，磨牙。持久后，可能到麻痹状而无痛感，但病情恶化。有的因子宫阔韧带、血管破裂内出血或子宫高度充血水肿，捻转处发生坏死，引致腹膜炎，如为轻度捻转，也可能自行转正，症状好转。因此，凡怀孕牛表现上述症状的必须做直肠或阴道检查以确诊。

产中捻转时孕牛表现分娩预兆，表现不安，出现努责，但软产道狭窄或拧闭，胎儿不能进入产道，努责不明显，同时胎膜也不外露，这时必须做阴道检查和直肠检查。阴道和直肠检查所见：在发生捻转时，检查均可引起牛剧烈的努责，产道干涩。

子宫颈前捻转的阴道检查可发现，产中发生的捻转只要不超过360°，子宫颈口总稍微开张，并弯向一侧，达360°时，颈管封闭，可见子宫颈腔部呈紫色，子宫塞红染，产前捻转，阴道检查不明显，只有直检确诊。直检可见在耻骨前缘、两侧子宫阔韧带发生交叉，一侧在另一侧的上方，如捻转不超过 180°，下方韧带较上方的紧张，超过 360°时，两侧韧带都紧张，牛有时粪便带血。

子宫颈后捻转的牛阴道检查可发现阴道壁紧张，且越向前越狭窄，在阴道壁的前端可发现或大或小的螺旋状皱襞，这是子宫捻转的特征依据，且可根据螺旋的方向判定其左捻转或右捻转，以及捻转的程度。当捻转达 180°时，手可勉强伸入，而超过 270°时手不能通过，超过 360°时，子宫颈管拧闭，看不到子宫颈口，但能看到前端的皱襞。直肠检查同颈前捻转。

此外，外观阴门捻转轻的，同侧阴门向内陷入；捻转重时，一侧阴唇肿胀、歪斜，肿胀歪斜的一侧和子宫捻转的方向正好相反，例如子宫向右捻转到 180°时，左侧阴唇发生肿大。

助产方法：首先可以把子宫矫正后，再拉出胎牛（产中捻转）或矫正后等待胎牛足月自然产出（产前捻转）。矫正方法中实用、安全的方法有翻转母体法和剖腹矫正或剖腹产。

（1）翻转母体法　将子宫向哪一侧扭转，使母畜卧于哪一侧。分别捆住前后肢，并设法呈前低后高姿势，两助手站于母畜背侧，分别牵拉前后肢上的绳子，稍抬起，一人抓头部，准备好后，猛然同时拉前后肢和翻转头部，急速把母畜仰翻过去，有时可以达到复位。每翻转一次，必须进行产道检查 1 次。转动如果成功，可摸到阴道前端开大、皱襞消失，无效时则无变化。翻转错误时，软产道变窄。如未成功，将母畜复位，重新翻转。

如果分娩时发生扭转，手能伸入子宫颈时，最好把胎牛的一条腿弯起来抓住，并牢牢固定住，再翻转母体。或将母畜仰卧，用手抓住胎儿的一部分再整复之。

（2）剖腹矫正或剖腹产　有条件情况下，可按剖腹产手术法、术后护理，矫正后除一般护理如加强饲养管理、防治其他疾病外，必须注意分娩过程，临产时发生的捻转，矫正子宫并拉出胎牛后，子宫及子宫颈等处常持续出血，因此手术后数天内应用止血剂，全身和子宫腔，有的腹腔内，用抗生素以防止感染，术后不宜补液，以免加剧子宫水肿。

4. 骨盆狭窄

分娩过程中，软产道及胎儿无异常，产力正常，只因骨盆大小和形态异常或胎儿相对过大，妨碍胎儿排出时，称骨盆狭窄。骨盆狭窄的牛阵缩和努责正常，但不见胎牛排出。检查产道，可发现骨盆窄小或骨盆变形，或骨赘突出于骨盆腔。

助产方法：骨盆发育不全的病例，应按胎儿过大的方法施行牵引术，拉出胎牛。骨盆变形或骨赘突出，拉出胎牛有困难，可施行剖腹产或截胎术。

5. 胎儿过大

母体的软、硬产道无异常，胎位、胎向、胎势正常，而胎牛较大，充塞于产道内不能排出。

助产方法：充分润滑产道后，牵引拉出胎牛。拉出胎牛有困难，可施行剖腹产或截胎术。

6. 双胎难产

怀双胎时，两胎牛同时挤进骨盆入口而造成难产。双胎难产往往是一个正生、一个倒生（或两个都是正生或倒生的）。检查时，可发现一个胎头和四个肢，其中蹄底两个朝下（前肢）、两个向上（后肢），或一胎牛的一个胎头和一个前肢与另一胎牛的两个后肢或一胎牛的一个胎头与另一胎牛的两后肢等。诊断时应注意与双胎畸形、裂体畸形和腹部前置的横向、竖向相区别。

助产方法：助产的原则是先推回一个胎牛，再拉出另一个胎牛。应当先推回后面的胎牛，再拉前面（进入产道较深）的胎牛。

7. 胎头不正

（1）头颈侧弯　胎儿的两前肢伸入产道，而头歪向一侧，无法娩出。这是最多见的一种胎犊异常。阴门外伸出一长一短的两前肢，不见胎头露出。产道检查，可在盆腔前缘或子宫内摸到转向胸侧的胎头和胎颈，通常是转向伸出较短前肢的一侧。

助产方法：按矫正术矫正后拉出胎儿。

（2）胎头下弯　胎儿的头部弯于两前肢之间或一侧。根据胎头下弯的程度不同，又有额部前置、枕部前置和颈部前置之分。有时两蹄尖露出阴门。产道检查，可摸到堵塞于骨盆入口处或抵在耻骨前缘上的额部、枕部；或摸到在两前肢之间下弯的颈部。

助产方法：按矫正术矫正后拉出胎儿。

8. 胎儿四肢不正

（1）腕部前置　指一侧或两侧的腕关节弯曲而朝向产道，致使胎儿不能排出。产道检查时，可摸到正常的胎头和屈曲的腕关节位于耻骨前缘附近。两侧腕部前置，事先如未拉过，在阴门部什么也看不到；一侧腕部前置可看到一个前蹄。

助产方法：按矫正术矫正后拉出胎儿。

（2）肩部前置　肩部前置指一侧或两侧的肩关节屈曲而肩部朝向产道，致使胎儿不能排出。胎头已经进入产道，不见一个或两个前肢，能摸到屈曲的肩关节，前腿自肩端以下位于躯干旁之下。

助产方法：按矫正术矫正后拉出胎儿。

（3）坐骨前置　坐骨前置指一侧或两侧的髋关节屈曲而坐骨朝向产道，致使胎儿不能排出。产道检查时，在骨盆入口处可以摸到胎儿的尾巴、坐骨粗隆、肛门，再向前能摸到大腿向前。一侧坐骨前置时，阴门内可见一蹄底向上的后蹄尖；如为坐生（两侧坐骨前置），阴门内什么都看不到。

助产方法：按矫正术矫正后拉出胎儿。

9. 胎位不正

胎位不正有下位和侧位两种。前者是胎儿仰卧于子宫内，后者是胎儿侧卧于子宫内。

诊断要点如下。

（1）下位　有正身下位和倒生下位两种。正生下位时，阴门外露出两个蹄底向上的前蹄，产道检查可摸到腕关节、口唇及颈部；倒生下位时，阴门外露出两个蹄底向下的后蹄，产道检查可摸到跗关节和尾巴。

（2）侧位　有正生和倒生侧位两种。正生侧位时，两前肢以上下的位置伸出阴门外，蹄底朝向一侧，产道检查可摸到侧位的头颈；倒生侧位时。两后肢以上下的位置伸出阴门外，产道检查可摸到胎儿的臀部、肛门及尾部。

产方法：按矫正术矫正后拉出胎儿。

经验之十二：如何为奶牛科学地挤奶？

只有掌握正确的挤奶方式，符合奶牛泌乳的生理，才能取得最佳的泌乳效果。

挤奶环境要安静，勿让陌生人站在被挤奶母牛的附近，以免引起母牛不安或因受惊吓造成排乳抑制现象。挤奶员要与奶牛培养感情，加强亲和力，要善待奶牛，态度要温和，禁止鞭打与恐吓，以免养成恶癖，对初产母牛更应如此。

挤奶前应清除粪尿，刷净牛后躯，固定牛尾，一般应在喂料前将奶挤完，挤奶时要特别注意保证奶汁清洁。在挤奶前，奶头和乳房必须清洗和擦拭干净，以避免牛粪中细菌的污染，减少细菌孢子增生。先用40～50℃的温水洗乳房，先从后上往下洗，后洗乳房周围和乳头，擦干后准备挤奶。不同的奶牛要用不同的毛巾擦洗奶头，以避免乳腺病原菌交叉感染。如果可能的话，可以用毛巾的不同边角擦洗奶头，以防止奶头之间互相感染。每桶洗奶水洗1～2头牛就要换一桶水。个别乳房毛过长的应进行修剪，以防沾污牛奶。

为保持牛乳质量，挤奶员必须身体健康，没有传染病，并要定期进行体检，工作服要保持清洁。洗完奶牛乳房后也须保持手的清洁与干燥，挤奶时不要摸牛体。要在挤奶前穿胶靴，剪短指甲，用水洗手，然后用消毒液消毒好手指（也可使用一次性橡胶手套）。

挤奶员在给牛挤奶时的坐姿要端正，采用正确的挤奶方式和方法，否则容易引起挤奶员双臂疲劳或使母牛乳头拉长。用双手按摩乳房表面，以后轻按乳房各部，使乳房膨胀，皮肤表面血管怒张，呈淡红色，皮温升高，这是乳房放乳的象征，要立即挤乳。挤奶员在牛的右侧后1/3～1/2处，与牛体纵轴呈50°～60°的夹角。要将奶桶夹在两腿之间，左膝在牛右后肢关节前侧附近，两脚向侧方张开（呈八字），这时就可开始挤奶。一般是先挤前侧2个乳头，这叫“双向挤乳法”。此外还有单向（先挤一侧2个乳头）、交叉（一前一后乳头）

以及单乳头挤乳法，只有在特殊情况下才应用。挤乳时，要用手的全部指头把乳头握住，从手底几乎看不见乳头，用全部指头和关节同时进行。使握拳的下端与乳头的游离端齐平，以免乳汁溅到手上而被污染。尽量做到用力均匀。对于乳头短小的母牛，以拇指、食指夹住乳头颈部，向下滑动，将乳捋出。

当母牛放奶后，挤奶动作速率要快。但开始1分钟内因母牛排乳速率较慢，操作宜轻，节拍在每分钟80～120次，待放奶旺盛时速率加快，节拍在每分钟120～140次，最后排乳少时速率要降为每分钟80～120次。平均挤奶量不少于每分钟1.5～2升，整个挤奶过程不应超过6～12分钟，因为催产素在血液中所起的作用仅能维持2～3分钟，若速率不快，一旦排乳作用消失就很难将奶挤完，特别是水牛，很容易产生排乳抑制现象，所以挤奶员在挤奶时应动作迅速，一气呵成。挤奶过程中，不得中断挤奶或做其他事情，如遇奶牛大小便时，挤奶员应立即站立，提起奶桶背后避开。奶将挤完时，要进行一次按摩（稍用力），奶要挤净，不留一点奶。使用乳头专用药浴液进行乳头药浴，药液浸没乳头根部，并停留30秒。要保证消毒液的浓度，并做好相关记录。挤奶时，禁止用油类或用奶汁抹奶牛，对个别奶头易于干裂的，在挤完后抹些消炎油膏。

为了及时发现问题，每次挤奶时应先将乳池内的第一二把乳挤在检奶杯里，以便及时发现是否患轻微的乳房炎，以便及早治疗。检奶杯可用口径10～12厘米的口盅，口盅斜面固定一块玻璃或固定一块铜纱，当第一二把奶挤到玻璃或铜纱上时，正常的奶会很均匀地流下，如发现絮状物，即说明乳质有变化，应做进一步检查和处理。另外，第一二把奶中的细菌含量高，应弃之不要，这样可减少牛奶变质的机会，有利于生产优质牛奶。发生乳房炎或传染病的牛的奶，应放在最后挤，奶应废弃掉，用具用完后要消毒，以免带菌传染。

挤奶时间、挤奶顺序和挤奶员要相对固定，不要随意更改，以免破坏奶牛已建立好的条件反射。通常挤奶次数为一日3次，分娩后奶牛乳房膨大可酌加1～2次。挤奶时间通常为早7点、下午14点、晚上21点。

对于初产奶牛，由于初产母牛还不习惯挤奶，乳头括约肌又紧张，挤奶时有痛感，往往引起母牛反抗，因此调教时一定要有耐心，根据母牛奶头长短采用不同的方法挤奶，不可操之过急，原则上要从轻、从慢，切忌用力过重、过快，以免引起奶牛反抗。调教时强调乳房按摩，建立条件反射。对不放奶的初产母牛，一定要想办法把奶挤出来，否则将影响终身。对不放奶的母牛一是要细心照顾，对不安的母牛一边挤奶，一边让另一个人从旁边给母牛搔痒或给母牛吃它喜欢吃的饲料，让母牛尽量放松，便于放奶。二是对经耐心训练仍不放奶的母牛注射少量的催产素（每次 5～10 单位），强迫排乳，以适应挤奶习惯，但尽量少用，以免引起依赖。对反抗的母牛即踢腿不安的母牛，最好不要拴腿（不得已时除外），因拴牛腿使奶牛感到疼痛不安，更不易放奶。

对待恶癖牛的挤奶办法是每头奶牛都要固定挤奶员管理，不要常换人，对牛要有耐心，接近时要用温和的声音与牛打招呼，或挤奶前给牛洗刷。挤奶时发现母牛有不良举动时应先用厉声制止，然后用温和的声音安抚奶牛或拍拍牛体，或给奶牛搔痒，让其安静，切忌鞭打或放弃。给踢人的牛挤奶时，挤奶员的膝盖要对着牛的后管骨，右手拱起靠着母牛后大腿的皮肤，当感到牛大腿稍动时就可防止牛将奶踢撒，可将奶挤出部分后倒在预先准备好的另一只桶内再继续挤奶。必要时可以给奶牛拴腿，拴的部位应在飞节以上，这样可以减轻奶牛的痛苦，也达到不让奶牛踢伤人的效果，且拴牛的绳子要粗些、软些，以防伤牛。

对每头奶牛所产的奶要分别称重和记录，以便正确考核牛只产量。记录是衡量母牛生产性能和育种价值的重要依据，是选配和不断提高牛群质量的必要资料。过滤是牛奶卫生的要求，挤奶时难免有牛毛、杂质等掉入奶中，采用干净多层的纱布过滤牛奶可以减少污染，预防牛奶变质，并迅速将牛奶冷却，保证奶的质量。

经验之十三：提高母牛繁殖力的措施

繁殖力就是生产力，影响母牛繁殖力的因素很多，要提高母牛的繁殖力，就要从影响母牛繁殖的各个方面加以注意。

1. 选择高繁殖力的种牛

选择时先看祖先的繁殖成绩，然后对本身的繁殖性能做全方位的审查。对于公牛，主要是睾丸、附睾、阴茎及包皮，性发生时间、性行为序列、射精量、精子密度及活力。对于母牛，应注意性成熟早晚、发情排卵情况、受胎能力。不管公母牛，应严格淘汰有遗传缺陷的个体。

2. 科学饲养管理，保持适宜膘情

管理好牛群，尤其是抓好基础母牛群，也是提高繁殖力的重要因素。管理工作涉及面广，主要包括组织合理的牛群结构，合理的生产利用，母牛发情规律和繁殖情况调查，空怀、流产母牛的检查和治疗，配种组织工作，保胎育幼等方面。淘汰老龄及有繁殖障碍的母牛。

保证母牛膘情中等偏上有利于提高受胎率。生产中应根据品种、生理阶段和生产性能等状况合理搭配饲料，满足营养需要。母牛所需的主要营养物质包括能量、蛋白质、矿物质和维生素。如果能量和蛋白不足，青年牛生长缓慢，初情期及适配年龄推迟，降低受胎率，怀孕期自身减重，犊牛初生重小，生长慢，抗病力弱。缺钙主要影响骨骼，导致产后瘫痪、泌乳量下降。磷摄入量不足影响能量的利用，导致初情期大大推迟，只排卵不发情，甚至影响周期停止，同时受胎率低，分娩困难，产生弱胎、死胎。日粮中正常的钙磷比为2∶1。维生素A、维生素E、锌、铜、锰、硒、碘与繁殖力的关系十分密切，当然，营养水平过高同样会造成不良后果。

3. 及时检查并治疗不发情的母牛

不孕症对养牛业危害较大，必须分门别类，采取综合防治措施。凡属先天性的，只能淘汰。对异常发情、屡配不孕以及产后50天未见发情的牛只，及时进行生殖系统检查和对症治疗。母牛产后10～14天注射促性腺释放激素（GnRH），可以促进产后母牛卵巢机能的恢复，促进发情和排卵；可以减少产后母牛卵泡囊肿的发生；产后10～14天注射前列腺素（PGF2α）及其类似物，可以防治母牛产后感染，加速子宫复旧过程，提高产后母牛第一情期受胎率。产后母牛应用小剂量雌激素，有助于防治母牛感染，促进子宫复旧，对轻度或

中度产后急性子宫内膜炎的病牛，经用雌激素致敏子宫后，再给小剂量的催产素，可收到良好治疗效果。属后天不孕者，要加强这些牛的饲养管理，适当提高营养水平，合理泌乳或使役，减缓应激（特别是高温）。同时配合使用激素催情。促卵泡素（FSH）200～300国际单位，间隔1～2日，肌注2～3次。绒毛膜促性腺激素（HCG）1000～1500国际单位，间隔1～2日肌注1～2次。孕马血清（PMSG）10毫升（或1000国际单位），间隔6日肌注2次。

此外，采用中医疗法中的补脾益肾、温宫祛寒原理也可提高母牛的受胎率。

4. 提高发情鉴定水平，适时配种

发情鉴定是适时配种的前提，这一点把握好可大大提高受胎率。母牛发情持续时间短，排卵是在发情结束之后。为尽可能提高发情母牛的检出率，每天至少在早7时、下午13时、晚上23时分3次进行定时观察，每次观察时间不少于30分钟。实践中人们总结出三条经验：一看即看外观表现，黏液的量、透明度及牵缕性；二摸即触摸卵巢上滤泡的发育大小，泡壁厚薄、紧张度及波动感；三配种即根据看、摸的信息，综合判断排卵时间，从而决定配种时间。

5. 适时输精

适时而准确地把一定量的优质精液输到发情母牛子宫内的适当部位，对提高母牛受胎率非常重要。牛一般在发情终止后7～14小时排卵，考虑到卵子的寿命、精子的运动时间等因素，适宜的配种时间应在排卵前的6～7小时。因此，当母牛发情表现开始减弱，由神态不安转向安定、外阴部肿胀开始消失、子宫颈稍有收缩、黏膜由潮红变为粉红或带有紫青色、黏液量由多到少且呈混浊状、卵泡体积不再增大、泡液波动明显等变化出现时即可配种。

6. 抓保胎，防流产

奶牛配种后的受精率为70%～80%，但最后产犊率只有50%，原因是胚胎早期死亡率高。其原因包括致死基因、精子异常、卵子异常、激素紊乱、子宫疾病及饲养管理。因此，要特别注意种公牛（包括精液）和母牛的选择，加强妊娠早期和末期的管理，对习惯性流产的母牛采用药物治疗（黄体期），必要时作淘汰处理。

7. 保证高品质的精液

本交使用的公牛必须是经过鉴定的，对精液品质差、有繁殖障碍的种公牛一定要淘汰。如果使用冷冻精液，必须符合国家标准。

8. 推广使用繁殖新技术

诸如冷冻精液、人工授精、胚胎移植、生殖激素等对提高母牛的繁殖力起到了很大作用。

经验之十四：提高犊牛成活率的方法

1. 尽早吃足初乳

据测定，母牛分娩后 2 小时内分泌的初乳中含干物质 24.7%，灰分 1.17%，脂肪 6%，蛋白质 11.35%，免疫球蛋白每毫升含 38.23 毫克。随着其分娩时间的延长，上述营养物质逐渐降低。初乳中的球蛋白含有凝集素，具有抵抗病菌、病毒作用。初乳中维生素 A 比常乳高 10～30 倍，灰分中的镁盐有助于犊牛胎粪的排出。刚出生的犊牛吃初乳越早、越多则越容易成活，特别是在夏秋高温潮湿，病菌、病毒极易生长繁殖的季节更为重要。

2. 做好喂奶工作

犊牛每天保持喂奶 4～6 次。如果母牛无乳，可配制人工初乳喂初生牛犊。配方是：常乳 750 毫升，食盐 10 克，新鲜鱼肝油 15 克，加入鸡蛋 2～3 个，经过充分混匀后加热至 37℃喂给。

3. 加强牛舍消毒卫生

犊牛的抵抗力较弱，忽视消毒将给病菌创造入侵之机。因此，犊牛出生后，应用氢氧化钠、石灰水对地面、墙壁、栏杆、食槽等进行全面消毒。冬季每月一次，夏季每月 2～3 次。如果发现传染病，则应对病牛、死牛接触过的环境和用具进行彻底消毒。

牛舍要平坦、干燥、清洁，垫草要勤换，粪便要及时清除，奶具每天要用开水消毒。每天刷拭牛体 1～2 次，保证犊牛不被污水和粪便污染，以减少疾病的发生。

4. 饮水充足清洁

犊牛出生后，母牛的奶水不能满足犊牛的正常代谢需求。所以，犊牛出生后要供给母牛充足清洁的饮水。哪怕是哺乳期，也要给母牛供给充足的饮水。

5. 防止乱舔

犊牛每次喂奶完毕，应将口、鼻擦拭干净，以免引起自行舔鼻，造成舔癖。犊牛吃奶后如果相互吸吮，常使被吮部位发炎或变形，并可能会将牛毛等杂质咽到胃肠中缠成毛团，堵塞肠管，危及生命。对于已形成舔癖的犊牛，可在鼻梁前套一个小木板来纠正。

6. 加强运动

1 周龄内的犊牛对外界环境不利因素的抵抗力很弱，通常不要让犊牛到户外活动，7 天以后到 20 天，可逐渐增加其户外活动时间，令其接触阳光和新鲜空气。20 天以后可让犊牛整日在运动场内运动，当其身体强壮时可加大运动量，每日驱赶运动 2～3 次，每次 30 分钟。犊牛正处在生长发育阶段，增加运动量可以增强犊牛的体质。不要因惧怕犊牛会乱跑乱闯而限止其运动。

7. 及早开食

让犊牛尽量早一点吃上草料。犊牛一般在 10 日龄时出现反刍，15 日龄就可以采食一点柔软的干草，30 日龄时其胃肠机能已基本发育健全。生产中为促进犊牛的胃肠发育和机能健全，一般于 10 日龄前就开始喂给易消化的麦麸、玉米粉、豆粉等，15 日龄让其自由采食晒制的青绿干草。待犊牛每天可以吃进 1 千克干食料时，就可以断奶了。

8. 注意安全

运动场和饲料舍中严禁有布条、绳条等异物，以防犊牛误食，使胃发生机能性障碍而死亡。

9. 加强对犊牛的护理

防犊牛便秘，发现犊牛便秘要及时用肥皂水灌肠，使粪便软化，以便排出。直肠灌注植物油或石蜡油 300 毫升，也可热敷及按摩腹部，或用大毛巾等包扎犊牛腹部保暖减轻腹痛。

初产小奶牛如瘦弱无力，体温偏低，吃奶少或食欲废绝，应采取以下护理措施：立即置于温暖室中，用干布擦干其被毛，盖好保温棉被，尽早喂给初乳；肌肉注射维丁胶性钙注射液 2.5 毫升，隔日再注射 1 次；静脉输入右旋糖酐 250 毫升、生理盐水 250 毫升、维生素 C 0.5 克，混合后缓慢输入。

弱犊经以上方法治疗无效时可静脉输复方全血 100～500 毫升。其成分由弱犊母血 100 毫升、10％葡萄糖液 150 毫升、复方生理盐水 100 毫升组成。每周输 1～3 次，可连续输 1～2 周。

10. 减少应激

冬季应做好防冻保暖工作，避免受寒冷侵袭而引起的上呼吸道、肠胃道疾病。夏季应做好防暑降温工作，降低牛群密度。

11. 做好犊牛常见病的防治工作。

预防犊牛常见病如支气管肺炎和犊牛腹泻，牛舍通风不良、寒冷、潮湿，犊牛体弱，易引起上呼吸道感染；支气管肺炎通常是由支气管炎症蔓延周围组织，波及小叶直至肺泡，引起肺泡炎症所致。犊牛腹泻是受细菌、病毒侵袭，外界环境及应激，饲养管理不善，引起的犊牛消化道功能障碍。要及早发现，及时治疗。

经验之十五：犊牛去角好处多

为了便于奶牛成年后的管理，减少人畜伤害，要对奶牛进行去角（图 4-2、图 4-3）。去角对奶牛饲养方面也有很好的效果，可以减少奶牛争斗和由于争斗而造成的损伤，提高奶牛 5％左右的牛奶产量，奶牛去角经过数代后，可能会改变奶牛争斗习性。由于奶牛没有去角，奶牛进入卧栏休息，弱势牛只如遇到强势牛只的顶撞，会形成无法逃避的现象，故一些在牛群中属于相对弱势的牛只，恐惧被抵的无法躲藏现象，而不敢到卧栏休息。所以使用卧栏应考虑牛只去角。犊牛出生后 7～14 天是去角的最好时间，此时牛易于保定，造成的应激较小，不会造成犊牛休克，对采食和生长发育的影响也较小。常用的去角方法有电烙去角法和氢氧化钠（苛性钠）烧伤去角法两种。

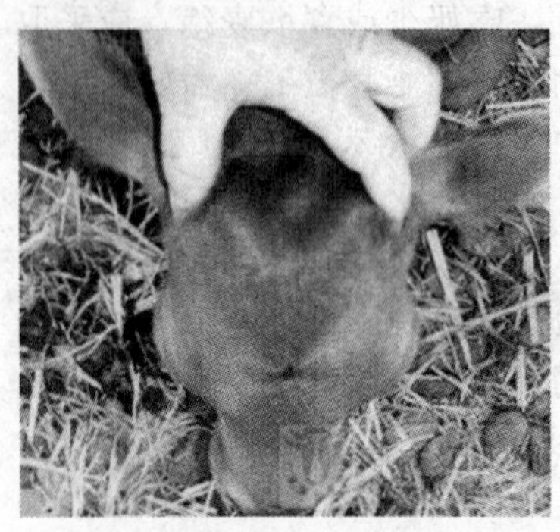

图 4-2 犊牛去角前

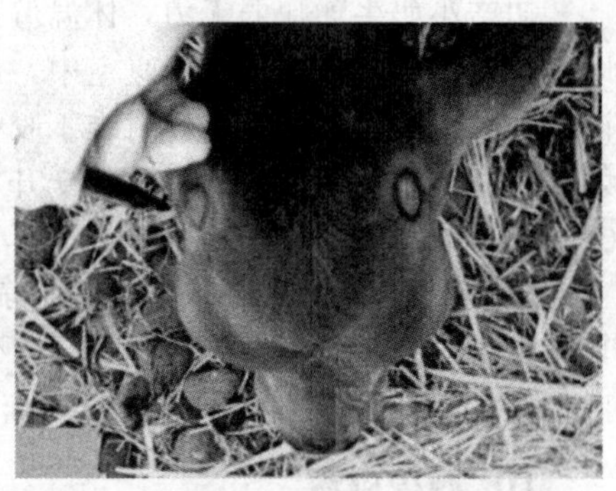

图 4-3 犊牛去角后

1. 电烙去角法

电烙去角法是利用高温破坏角基细胞，杀死角生长点细胞，达到停止生长的目的。采用电烙去角法进行去角操作时，先将电去角器通电加热升温至 480～540℃，一人保定后肢，两个人保定头部，也可以将犊牛的右后肢和左前肢捆绑在一起进行保定，然后用水把角基部周围的毛打湿，将去角器按压在犊牛角基部 10～15 秒，直到犊牛角四周的组织变为古铜色为止。但注意不宜太深太久，以免烧伤下层组织。夏季由于蚊蝇多，去角后应经常检查，如有化脓，初期可用 3％双氧水冲洗，再涂以碘酊。

用电烙铁去角时奶牛不出血，在全年任何季节都可进行，但此法只适用于 15～35 日龄以内的犊牛。在应用时较氢氧化钠法安全确实，应该作为首选方法。

2. 氢氧化钠烧伤去角法

氢氧化钠（烧碱、苛性钠）去角法是利用氢氧化钠的强腐蚀性，将犊牛角烧蚀掉，破坏角生长点细胞，达到去除牛角、停止生长的目的。采用氢氧化钠法去角操作时，先将犊牛角根部周围 3 厘米处的毛剪去，并用 5％碘酊消毒，然后在角根部四周涂上一圈凡士林，操作者带上厚橡胶手套后持氢氧化钠棒在角根上轻轻摩擦，直到有微量血丝渗出为止，涂上紫药水即可。

或者将氢氧化钠与淀粉按照 1.5∶1 的比例混匀后加入少许水调成糊状，操作者带上防腐手套，将其涂在角上约 2 厘米厚，在操作过程中应细心认真，如涂抹不完全，角的生长点未能破坏，角仍然会长出来，一般涂抹后 1 周左右，涂抹部位的结痂会自行脱落。

应用此法，在去角初期应与其他犊牛隔离，实行单栏饲养，防治其他犊牛舔舐烧伤口腔及食道；同时避免雨淋，以防苛性钠流入眼内或造成面部皮肤损伤。

利用苛性钠去角，操作简单，效果好，但在操作时要防止操作者被烧伤，同时也要防止苛性钠流到犊牛眼内和面部。

经验之十六：应去除犊牛副乳头

一般奶牛乳房有四个发育良好的乳头，但是有个别的奶牛在发育良好的乳头附近又长出大小不等的乳头，称之为副乳头。副乳头影响挤奶及牛的出售，因此应在犊牛出生 12 小时剪脐带时去副乳头，牧场一般采取直剪法、结扎法或烧烙法去除副乳头。去除副乳头之后，可在副乳头处涂上碘酒或者消炎软膏。

1. 直剪去除法

先使用 7%的碘酊或蹄泰在副乳头及周围进行消毒；然后使用手术直剪（已消毒）在距乳腺 1 毫米处进行处理，避免损伤乳腺，此外要注意去副乳头后严格消毒；最后断奶时再检查一次，保证犊牛无副乳头。

2. 结扎去除法

首先将奶牛于四柱栏内站立保定或侧卧保定，把副乳头洗净并涂上碘酒，然后用已经消毒的 12 号缝合线从副乳头的根部结扎。以后每隔 3～5 天将结扎线紧扎一下，直到副乳头脱落为止，并涂少许碘酒。

3. 烧烙去除法

奶牛保定同上，把副乳头洗净并涂上碘酒，用一把止血钳，从副乳头的根部紧紧钳夹住，3～5 分钟后，用手术刀紧靠止血钳下面割去副乳头，用烧红的烙铁在副乳头处轻轻烧烙一下。若副乳头小，止血钳当即就可取下，若副乳头大，在取止血钳前应结扎 2～3 道，以防止血钳取下后出血。去掉副乳头之后，可在副乳头处涂上碘酒或消炎软膏。副乳头若很大，术后应注射破伤风抗毒素8000国际单位、青霉素80万国际单位×3支、链霉素100万国际单位×2支，1次注射，每天2次，连用3天。如果奶牛处在孕期应注射黄体酮100毫克×(10～15)支，1次注射，隔日再注射1次。

经验之十七：春季养奶牛需要注意哪些问题？

1. 控制好牛舍的温度和湿度

奶牛虽然对寒冷有较强的适应能力，但气温骤冷骤热，温差对奶牛的机体很容易造成应激反应，诱发奶牛的各种疾病发生。温度要求是冬季要热，夏季要凉，春秋要温。初春室温宜达到10℃左右，这既利于泌乳，也能提高饲料利用率。注意封堵牛舍四周墙壁的漏洞，装好门窗玻璃，不要急于撤出门帘、窗帘，圈内铺厚褥草，防止寒流侵入和贼风形成，提高舍温。舍内水泥地面应多垫、勤换垫草，既能减少牛体接触时的传导散热，还可保温、吸潮和吸收有害气体。

2. 加强通风换气

春季是呼吸道病多发季节，若牛舍通风不良，过于阴暗、潮湿和寒冷，极易引发呼吸道、风湿性关节炎、疥癣等疾病。注意保持牛舍内的通风良好，牛舍湿度不要过大，其相对湿度不宜超过60%，否则会使奶牛受到外界刺激，导致其产奶量下降，严重者还会使奶牛患一些由真菌引起的病症。

3. 增加光照

常晒太阳对奶牛有保健作用，增强奶牛的免疫力，预防各种感染。因为阳光中的紫外线有杀灭病原微生物的作用。由于紫外线可增加钙的吸收，而钙除了能增强骨骼和肌肉的强度、改善心肺功能外，还能增强气管、支气管的纤毛运动，有利于呼吸道炎症的消除。在增强机体免疫力方面，钙是血清调理素的刺激物，能加速动物抗体的合成，诱导并增强巨噬细胞对病原菌的吞噬作用，对侵入机体内的病原微生物有杀灭作用。隆冬季节的饲养过程中，奶牛由于抗寒消耗了体内大量的热量和营养元素，钙的摄入量相对流失较大，而钙的摄入要借助奶牛体内血液中的维生素D。天然的维生素D只有在紫外线照射后变成维生素D_2和维生素D_3才能被奶牛机体吸收入血液中。

在天气好时可以到户外运动，增加光照，同时也可采用白色荧光灯照明的方法来增加人工光照，既可增加牛舍的温度，还可以提高奶牛催乳素的分泌，增加产奶量。一般是按每天16小时的光照时间，3～5周即可见效，可使日产奶量提高6%～10%。

4. 合理喂料

奶牛的饲养受到季节、气候变化的影响。因此饲养管理中要随季节变化而调整，特别是春季要采用过渡性饲养，日粮的搭配、饲养工艺的变更都必须逐渐进行，避免骤然改变。春季饲料过渡浓度为“稠—中—稀”，饲料过渡温度为“热—温—凉”。奶牛每次的日粮配合至少不低于3种，日粮配合应以优质干草为主，多喂食青贮饲料，辅料要多给予青绿多汁的饲料，如胡萝卜、白薯、马铃薯、冬牧-70黑青等，粗饲料喂量直至奶牛吃饱为限，精饲料喂量要根据奶牛的个体和需求量确定。

注意把泌乳阶段饲养和季节饲养有机结合起来，能量、粗纤维及干物质、温度的变化都要随季节的变化而变化。一般来说，就是能量要做到冬季低、夏季高，粗纤维及干物质应该是冬春季高、夏季低，据此做好季节更替的管理衔接，以最大限度地发挥奶牛的生产潜能。将因气候导致的不利因素的影响减少到最低，获得较好的效益。

5. 饮水

春寒期间奶牛的饮水水温应保持在10～12℃。有条件的，饮水应先经过高温消毒再冷却至10～12℃为宜。奶牛的饮水量与奶牛的产奶量密切相关。所以，一定要保证奶牛有充足的饮用水。

6. 加强运动

春季气温回升，天气转暖，奶牛习惯吃饱就躺着，不愿运动。每天应增加奶牛2～3小时的运动时间，不但可以促进奶牛健康，也可以促进奶牛的泌奶量。在春光明媚、风和日丽的时候，将牛赶到空旷的草地里，呼吸大自然的新鲜空气，让牛群自由活动，对奶牛的健康至关重要。据实验表明，奶牛每天适当的运动可以增强奶牛的繁殖力，减少死胎和流产，提高产奶量。

7. 刷拭牛体

奶牛生性好洁，坚持每天刷拭奶牛，保证早、晚两次8～10分钟的牛体保健刷拭，既能清除体表污垢、尘土和粪便，保持毛皮清洁，还可促进血液循环、增强皮肤抵抗力和提高产奶量。同时，借助于刷拭，还可以防止体外寄生虫的滋生和养成奶牛温顺的性格。刷拭应按照头颈—前躯—中躯—后躯—四肢—蹄部的顺序进行。污染部分要用温水洗净擦干，水洗面积要小，勿在低温、风大的环境中洗刷牛体，以防感冒。实践证明搞好刷拭可提高产奶量8%～10%。

8. 搞好卫生

奶牛喜干燥清洁的环境，要定期消毒，在奶牛的睡床上要经常铺一些干草，使其夜晚睡得舒适。奶牛下槽后应清除饲槽中剩余的草料，清扫地面。定期刷洗水槽，保持饮水清洁。及时清除粪便，并常在舍内撒些石灰粉或草木灰，既可降低舍内湿度，也可消毒防病，有利于提高产奶量。运动场内的粪便也要及时清理，保持平整、干燥、清洁，防止积水。

9. 保持安静

奶牛好静，强烈的噪声会使奶牛产生应激反应，破坏奶牛的正常活动规律，使产奶量下降，或出现低酸度酒精阳性乳，因此要注意保持牛舍安静，谢绝围观、喧哗。轻柔的音乐会使奶牛感到舒适，有利于泌乳性能的发挥。

10. 驱虫保健

冬春季奶牛易受疥螨和牛虱等寄生虫的侵害，同时奶牛吃了一夏秋的青饲料，也易滋生各类肠道寄生虫。因此冬春季节应做好奶牛的检查，及时驱除寄生虫。

11. 乳房保健护理

一是擦洗乳房，可用有机氯溶液（含200～300毫克/千克）的温水清洗；二是热敷乳房，用50℃左右的水热敷，以促进乳房血管迅速扩张，增加乳房的血流量，加强乳脂的合成，并能反射产生催乳素，以刺激乳房多排乳；三是按摩乳房时手势要正确并形成规律，依乳头—乳房底部中沟—左右乳区—乳镜顺序进行按摩，先重后轻、从前到后、从左到右，促进乳腺发育，提高产奶量。所用的毛巾、奶具在使用前后必须消毒清洗，定期用2%～3%的氢氧化钠溶液彻底消毒。

经验之十八：夏季养奶牛需要注意哪些问题？

奶牛比较耐寒而怕高温，牛体散热困难，当受高温应激时，必将产生一系列的应激反应。如体温升高，呼吸加快，皮肤代谢发生障碍，食欲下降，采食量减少，营养呈负平衡。由于炎热导致热平衡破坏或失调，这种现象称为“热应激”反应。导致体重减轻，体况下降，不仅产奶量和繁殖率显著下降，而且抵抗力减弱，发病率增高，甚至死亡。因此，夏季高温奶牛的饲养管理应以防暑降温为主。

1. 调节饲养环境温度

盛夏季节，气温高、光照强、天气热。奶牛汗腺不发达，比较怕热。牛舍内温度超过30℃时，就会阻碍奶牛体表热量散发，新陈代谢发生障碍。因此，盛夏季节要常打开通风孔或门窗，促进空气流通，降低牛舍温度。有条件的可在牛舍安装电风扇。天气炎热时每天下午挤奶后，用清水向牛体喷雾降温，增加牛的食欲。运动场上应搭设凉棚，以防奶牛遭到日晒雨淋，发现奶牛呼吸困难时，可煮绿豆汤冷却后饮服，并用“风油精”擦抹奶牛额角、两侧太阳穴及鼻端，提神解暑。

2. 调整日粮营养

据测定，环境温度每升高1℃需要消耗3%的维持能量，即在炎热季节消耗能量比冬季大（冬季每降低1℃需增加1.2%维持能量），所以夏季要增加营养浓度。饲料中能量、粗蛋白等营养物质要多一些、浓一些，但也不能过高，还要保证一定的粗纤维含量（15%～17%），以保证正常的消化机能。

为了使奶牛保持较高的泌乳量，以增强牛的适口性，适当调整日粮组成，减少粗纤维比重，精饲料种类除多样化外，要提高蛋白质水平，并多喂些优质育草、菜类、瓜类等青绿饲料。

3. 合理喂饲

延长饲喂时间，增加饲喂次数，夏天，中午舍内温度比舍外低，为了使牛体避免受到太阳直射，12 时上槽，这既可增加乳牛食欲，又能增加饲喂时间；饲喂次数如果由 3 次改为 4 次，在午夜再补饲一次，则会取得更好的增奶效果。实行夜间放牧、夜间喂饲等，也都是防暑的好办法。还可以喂稀料，既增加营养，又补充水分。

4. 提供充足饮水

奶牛体内代谢过程中不能缺水。伏天出汗多，一定要饮足水。一般泌乳母牛日饮水量 100 千克左右，缺水会导致奶牛全身血容量减少，汗液和尿液也相对减少，必然影响体内代谢产物的排出，造成有害物质在体内蓄积，使机体出现慢性中毒。所以水的摄取既要适时，又要适量。据研究，日饮水量为：常温下 3 升水/千克干物质；伏天 7 升水/千克干物质。同时指出，一次饮水不宜过量，严重时可导致体内水和电解质平衡紊乱，出现水中毒。所以每天应多次饮水或安装自动饮水器，供产奶牛自由饮水。另一个值得重视的问题，由于目前环境污染比较严重，有害物质及致病微生物的种类和数量均有不同程度的增加，所以必须加强对饮水卫生的管理，重视对饮水理化、生物安全指标的监控，才能保证奶牛健康。

5. 消除蚊蝇及防止中毒

盛夏季节，蚊子、苍蝇较多，不仅叮咬牛体、影响奶牛休息，造成产奶量下降，而且通过蚊蝇传播疾病。因此，可在牛舍加纱门、纱窗，以防蚊蝇叮咬牛体；也可用 90％敌百虫 600～800 倍液喷洒牛体，驱杀蚊蝇，但在用药时防止浓度过高及药液渗入牛奶中，防止中毒。同时这个季书，农药使用频繁，稍有不慎，常常引起奶牛中毒，因此，注意不要到喷洒农药、化肥的农田地边割青草、放牧。不能用腐败变质青草、瓜果和糟渣类饲料喂牛，以防中毒。

6. 保持牛舍干燥凉爽

牛舍内相对湿度应控制在 80％以下，超过此限对产奶牛危害甚大，相对湿度大，牛体散热受阻加大，加重热应激，所以牛舍必须保持干燥。舍内湿度来源于大气湿度（占10%～15%）、产奶牛呼吸道和皮肤蒸发的水汽（占70%～75%）及地面蒸发的水汽。所以牛舍污物、积水必须及时清除，通风必须良好。如常开门窗，安装风扇等，以利湿气排出。

保持牛舍（包括挤奶场所、运动场）凉爽对产奶牛健康、提高产奶量非常重要。根据地区气候特点，通常采用如下方法降温。一是运动场内建凉棚，并植树遮阳，减少太阳辐射，但植树不可太密，以免影响通风，有条件也可使用黑色遮阳网；二是经常打开门窗通风；三是有条件可安装电风扇，在特热地区还可增加喷淋和湿帘；四是舍内适当减少饲养产奶牛头数（减1/10）。

7. 保持牛体和牛舍环境卫生

牛舍不干净最容易污染牛体，既影响牛皮肤正常代谢，有碍牛体健康，又严重影响牛乳卫生。为此，可用1%～1.5%敌百虫药水喷洒牛舍及其环境。为了防止乳房炎、子宫炎、腐蹄病、食物中毒的发生，应从5月开始用1%～3%次氯酸钠（NaClO）溶液浸泡乳头；母牛产后15天，检查一次生殖器官，发现问题及时治疗；每月用清水刷洗一次牛蹄，并涂以10%～20%硫酸钠溶液；每天清洗一次饲槽。牛舍内外环境及料（水）槽、工具等每隔3～5天应消毒一次；产房每次产犊都要消毒，门口设消毒池，禁止车辆、行人随便进入场内，严格执行消毒制度。

8. 适当改变作业时间

根据各地气候变化特点，适当改变伏天作业时间，对减缓产奶牛高温环境压力效果良好。一是选择适宜饲喂时间，中午温度较高，产奶牛食欲差，最好早晚多喂料，以提高采食量，满足奶牛营养需要；二是延长饲喂时间，增加饲喂次数，夜间（晚上12时以后）补喂一次精料；三是改变挤奶时间，中午最热时不宜挤奶；四是适时放牛休息，下午放牛应改在地热散发之后，以免奶牛受地热和本身热量双重影响而导致中暑；五是适时放牧，放牧牛宜早出早归，下午晚出晚归，中午让牛休息。

9. 加强疾病防治

伏天适于各种病原微生物生长繁殖，极易受病菌、病毒的侵害而发病。所以在搞好环境卫生的基础上，必须结合地区气候特点，加强疾病防治工作。乳房炎、子宫炎、腐蹄病和食物中毒等症，是伏天多见病，必须分别采取如下预防措施：坚持用1%～3%次氯酸钠溶液浸泡乳头；母牛产后15天检查一次生殖器官，发现问题及时治疗；每月两次洗刷牛蹄，涂以10%～12%硫酸铜溶液；每天刷洗食槽一次，不喂发霉变质和农药残留污染严重的饲料。

经验之十九：秋季养奶牛需要注意哪些问题？

1. 做好饲料储备

（1）粗饲料储备　利用牧草、玉米、稻草秸秆和青贮、黄贮、微贮、氨化等技术相结合生产粗饲料。玉米全株青贮不仅养分损失少、保存时间长，而且可保持饲料的多汁性，经乳酸菌发酵后，适口性改善，是奶牛的良好青粗饲料。

（2）精饲料储备　精饲料包括能量饲料和蛋白饲料的储备。能量饲料主要以玉米为主，蛋白饲料可以用价格相对较低的菜籽饼和棉粕代替豆粕。此外，还要储备一些饲料添加剂如舔砖等，以补充饲料营养成分的不足，防止饲料品质劣化，改善饲料的适口性和饲料利用率，增强牛的抗病能力，促其正常发育。

2. 通风换气

秋冬季节牛只进入全饲喂养，牛群饲养密度加大，疫病传播危险性增加，通风可以在一定程度上降低牛只的发病概率。目前许多牛场过分重视牛舍的保温，使得牛舍出现高湿，当湿度超过70%，牛的生长发育速度就会下降，因此在管理牛舍时需要将通风作为重点。

3. 加强光照

要保证牛只有充足的光照，光照可以通过牛舍的建设实现，还可在晴朗的天气将牛牵出舍外进行自然光照。

4. 调整日粮成分

喂给高产奶牛高质量饲草，多喂一些精饲料或者高脂肪物质来提高日粮的能量，可用豆类或动物脂肪，补充量以1%～1.5%为宜。提高全价日粮中的蛋白质含量，使其在18%左右。粗纤维含量不要过多，特别是青贮饲料。实践表明，日产奶32千克以上的奶牛，秋季每天饲喂青贮饲料量应控制在17～22千克。

给奶牛调制适口性好的全价饲料，以增强奶牛食欲。实践表明：每天以140千克饲料加入600千克水煮成稀粥，另加红糖9千克，分3次倒在剩料上，可使剩料全被吃光。

5. 搞好疾病防治

搞好环境卫生，定期对牛舍进行消毒，可减少奶牛发病。对分娩和流产母牛，及时灌服红糖麦麸汤，以促进胎衣及时排出。中午不要挤奶，挤奶前用温水擦洗乳房，挤奶后用0.1%的高锰酸钾溶液药浴乳房，以降低乳房炎的发病率。

6. 搞好秋配

母牛秋季是发情配种的旺季。要做好此段时间繁殖工作。

(1) 催情　催情能使母牛发情配种。对不发情的经产母牛，可注射苯甲酸求偶二醇20～25毫克，乙烯雌酚25～30毫克或二酚乙烷40～50毫克，注射后母牛即可发情配种；用已怀孕6个月以上的健康孕牛尿，以清晨第一次排出的尿液100毫升，加入0.5%的碳酸液3毫升，混合煮沸过滤，制成催情剂，用来对空怀母牛进行皮下注射，隔日一次，每次35～40毫升，连用3天，母牛即可发情配种；用益母草30克、南瓜叶25克、红花15克混合煎水给牛内服，也可用老枣树外皮内层0.5千克、红糖1千克，加水3千克煎，给牛早、晚两次内服，连服2～3天，母牛即可发情配种。

(2) 适时配种　掌握好奶牛的发情排卵规律，适时配种。奶牛的发情周期平均为21.7天，变动范围为18～25天。奶牛发情持续的时间较短，平均为18小时，变动范围为12～30小时。奶牛的排卵时间出现在发情结束后10～15小时。持续1～2天。

7. 抓好秋膘

为确保平安过冬，秋后须抓好秋膘。利用秋天不冷不热牛食欲好，放牧时应利用好青草，蹓好秋茬，牛吃得好，吸收养料多，就能积蓄一些油脂，就可以抵御严寒，保持健康。

经验之二十：冬季养奶牛需要注意哪些问题？

1. 提高舍温

奶牛的适宜环境温度为8～16℃，在此范围内，奶牛代谢率和产热量均处于最低水平。表现为：饲料消耗少，发病率低。如果牛舍的温度在0℃以下时，牛体就散发大量能量以维持体温。因此，应将牛舍西面和北面的门窗、墙缝堵严，防止贼风侵袭；向阳面的门窗要挂帘。

2. 控制牛舍湿度

奶牛全部进入圈舍后，要注意保持牛舍内通风良好，湿度不能过大。相对湿度不宜超过55%。湿度过大，会对奶牛产生强烈的外界刺激，影响其产奶量，严重者还会感染一些真菌类疾病。同时，要及时清除粪尿，保持圈舍清洁干燥和空气新鲜。

降低牛舍湿度以保证牛舍通风，防止牛舍湿气过重和屋面滴水、地下结冰现象发生。进入牛舍，迎面而来的是大片的雾气，雾气在屋顶遇冷变成水滴，落在屋内或奶牛的身上，容易造成奶牛冬季真菌病的发生，同时奶牛身上潮湿，热量损失更大。在严寒的冬季，保持牛舍的干燥与通风比保持牛舍温度更重要。冬季牛舍尽可能少用水冲洗地面，要及时清理粪便，定期用干锯末等将牛舍地面吸干并清扫，保持圈舍干燥。通风换气时间可在11：00～14：00进行，注意不要让冷空气直吹牛体，通风换气时尽量降低气流速度。

3. 饲料应多样化

及时调整饲料配比，力求多样化。适量增加奶牛维持和生产的营养物质，一般比正常饲养标准增加10%～20%。在精饲料的供给方面，蛋白质饲料不变，玉米的供给量要增加20%～50%；在粗饲料方面，最好饲喂青贮、微贮饲料或啤酒糟等，以此代替夏、秋季奶牛采食的青绿多汁饲料。由于气温下降，会造成青贮饲料结冰，一定要等到冰冻的青贮饲料融化之后再行饲喂。禁止喂给奶牛带有雪块或冰块的饲料。

4. 饮水必须加温

不要给奶牛饮用过冷的水，最好是10℃左右的温水。用温水拌料保温效果更好。未经加温处理的自来水和井水，在冬季容易结冰，奶牛饮用后常导致消化不良，从而诱发消化道疾病。据报道，冬季奶牛饮8.5℃的水比饮1.5℃的水产奶量提高8%左右。奶牛冬季饮水的适宜温度是：成母牛12～14℃；产奶、怀孕牛15～16℃；犊牛35～38℃。

5. 适量补饲钙磷和食盐

可在奶牛饲料中加入适量的钙和磷，一般每天可喂5～15克。尿素是补充蛋白质的有效措施，可酌量饲喂。一般6月龄以上的犊牛日喂30～60克，架子牛日喂70～90克，成年母牛日喂150克左右。但是，尿素适口性差，可按1%与精料混合后拌草饲喂，喂后半小时内不宜饮水。此外，还应视奶牛体重大小和产奶量高低，每日供给食盐50～100克。

6. 刷拭牛体

刷拭牛体不仅可以使奶牛保持体表清洁，而且能促进其皮肤血液循环和新陈代谢，有助于调节体温和增强抗病能力，并使奶牛养成温驯近人的习惯。因此，每天应早、晚两次刷拭，每次3～6分钟，须周密刷拭牛体各部位。牛体过脏部分、已结成粪垢的，可用温水擦洗，然后用毛巾擦干。

7. 加强运动

奶牛冬季长期在空气不新鲜的舍内，得不到运动，这样不仅会使产奶量下降，还会导致一些疾病的发生。多运动能减少奶牛在冰冷地面上躺卧时间，增强新陈代谢、提高其御寒能力。每天中午前后阳光充足的时候，将奶牛放到舍外活动1～2小时，进行日光浴及呼吸新鲜空气。

注意勤清理运动场的粪便，防止在运动场形成像小山一样的馒头包，并铺设一定面积的褥草，使奶牛能够躺卧休息，奶牛喜欢站或卧在有草的地面。要防止奶牛卧在冰上、冰水或雪地里。

8. 增加光照时间

应尽量延长光照时间，擦净牛舍玻璃，以保证充分采光保温。自然光不足时可用日光灯照明，以促进奶牛的新陈代谢，增加产奶量。冬季昼短夜长，采取人工光照特别关键。因为光照可促进血液循环，增加产奶量。在冬季，采用白色荧光灯（每 3 立方米 1 只），在黑夜照明 16～18 小时，就能提高产奶量 10%以上，还可增加牛舍温度。在中午阳光充足、气温高时，可以把牛赶出牛舍，让其在运动场运动、休息，享受冬天的太阳。奶牛晒太阳有三大好处：一是可以增加其活动量，二是太阳的紫外线可以杀死奶牛体表上的病原菌，三是晒太阳可以促进维生素 D 的产生，增加钙的吸收和骨骼的强壮。

9. 搞好牛舍卫生

要定期对牛舍、运动场进行消毒，每天打扫完牛舍之后，必须用生石灰水喷洒牛舍过道、走廊，进行彻底消毒，防止病原微生物滋生。每周对牛舍用 10%～20%的漂白粉全面消毒一次，禁止外来人员出入。圈内要保持清洁干燥，奶牛躺卧的地方最好垫上软草，潮湿的地方应经常撒些草木灰，既可消毒防病，又能吸潮除臭。牛舍内的粪便应勤清除，打扫干净，勤垫干碎草、土，保持干燥卫生，防止牛蹄患病。

10. 做好配种工作

奶牛通常是“夏配春生，冬配秋生”，冬季配种怀胎，可避开炎热夏季产犊，并有利于奶牛获得高产。因此，奶牛养殖户应抓住冬季的大好时机，做好奶牛的配种工作，提高准胎率，为新生犊牛顺利降生和健康生长打下良好基础。

11. 免疫驱虫

入冬后对牛群必须接种口蹄疫疫苗以及其他预防奶牛传染病的疫苗，要求免疫率达到 100%。奶牛经过夏秋季节的饲养，最容易感染寄生虫病，特别是消化道疾病最多，而且危害较大，既影响奶牛健康，又影响产奶量，因此在奶牛入冬后要采取驱虫措施。一般驱虫可选用广谱、高效、低毒的阿维菌素或噻苯咪唑等药物，拌料给牛空腹一次喂给。

12. 加强奶牛乳房保护

如果外界温度低于－20℃，在外过夜的奶牛一定要在其躺卧区铺设褥草，有条件的话，可以给奶牛乳房戴上乳罩，避免乳房因寒冷造成冻伤，还可起到清洁乳房、提高奶质和产奶量的效果。

寒冷冰冻季节乳房容易冻伤和乳头皲裂，可在药浴液中添加防冻的润肤剂，并减少湿润乳房在寒冷冰冻空气中暴露的时间。擦洗或药浴时，只触及乳头即可；药浴后让牛只在舍内滞留至乳头干燥后离开；外界温度太低时，可暂时停止药浴。给奶牛乳房戴上乳罩保护乳房。

13. 怀孕母牛和犊牛的特殊护理

冬季奶牛保胎要注意两点：一是满足孕牛的营养需要，尤其是保证蛋白质、矿物质和维生素的供给，防止奶牛采食腐败或冰冻的饲料；二是进行精细化管理，严禁惊吓、滑跌及挤撞。

犊牛由于保温措施不当容易发生犊牛感冒、消化不良性腹泻以及其他并发症的发生，严重者导致死亡。犊牛出生后立即用干燥的锯末或干布将犊牛擦干，然后放在火堆旁慢慢使其被毛干燥。犊牛栏的垫料最好采用双层的，即最底层用干锯末以便吸湿，上层用干麦秸、稻草等以便保温。

经验之二十一：应重视奶牛的卧床

卧床是为奶牛提供清洁、干燥、舒适的独立休息区域，可以避免奶牛休息时互相干扰，保障牛体特别是乳房卫生，降低乳房炎发病率。使用设计合理的卧床可以提高产奶量、原奶质量以及生产效率（图 4-4、图 4-5）。

奶牛的休息极其重要，国外将其称之为维生素 R，休息可增加血流量、增加反刍、提高消化率、减少蹄部压力和跛行、减少疲劳、增加采食量。据资料介绍，奶牛站立时流经乳房的血液是 200 升/小时，而躺卧时是 350 升/小时。易杰夫博士认为，奶牛躺卧休息时比站立时流经乳房的血液多 25%。而泌乳速度躺卧比站立高近一倍。每天

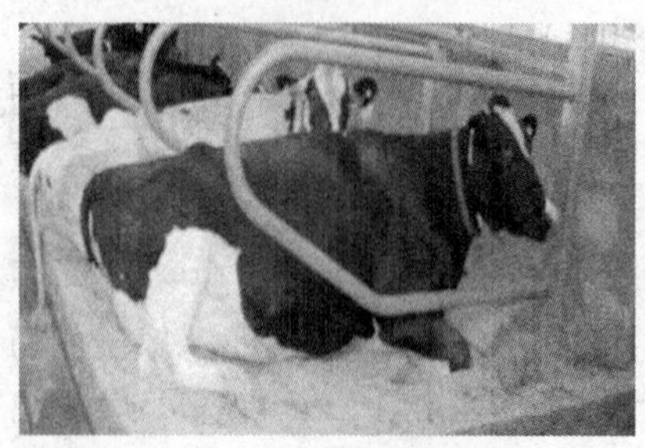

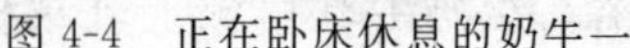

图 4-4 正在卧床休息的奶牛一

图 4-5 正在卧床休息的奶牛二

休息时间在 7 小时的基础上，每增加 1 小时，奶产量增加 0.9～1 千克。所以，应保证奶牛一天有 12～14 小时的休息。

研究证明，卧床牛舍可以提高奶牛采食量。比较研究显示，每 2.5 厘米深的泥泞能够降低奶牛干物质进食量 2.5%。若以此计算，在 30 厘米深的泥泞中奶牛饲料进食量要比在非泥泞地面的奶牛下降 30%。奶牛随着饲料进食量的减少产奶量也会下降，在泥泞环境中饲养的干奶牛也面临很大的健康风险。

好的牛床还有利于发情鉴定。试验表明，与混凝土地面相比，大部分时间在软质地面活动的母牛其爬跨率提高 3～15 倍。因此，卧栏式牛舍可以提高母牛的发情检出率。

可见要想养好奶牛，就要有好的卧床作保障。奶牛卧床应该有一个光洁的表面，以便为奶牛铺设一个适于躺卧休息的垫层。铺设垫层的区域应当是与牛的膝盖、臀部、胸部和肩部隆起等突出部位接触的地方。除了避免奶牛受伤和使奶牛感到舒适外，还要求床体所需的日常维护工作最少。

卧床垫料要求柔软、干燥、吸水性强、不能有乳房炎病原菌滋生条件，不会引起关节磨损，成本低、容易维护，同时要考虑粪便处理时不能因其混入而增加处理费用。卧床垫料可就地取材，如用稻壳、木屑、发酵牛粪等加工副产品，也可以垫细沙或铺橡胶垫等。据报道，以无机的细沙垫料对牛最有利，沙子对于牛体是很舒适的，其极高的渗水性和极低的有机物含量可以大大降低乳房炎的发病率。北方夏季发酵牛粪也可以收集晒干用来垫卧床。但两者缺点是垫料容易流失浪费，需要经常进行补充，卧床维护费用较高，垫料易污染引发乳房炎。专门制作的牛床橡胶垫，因含有新型高分子材料，多层结构，一方面易于清除粪尿，另一方面又能够隔热防潮，是国外研究较多、种类多样的成型商业产品。橡胶床垫的主要缺点就是相对投资较高。北方散栏式牛舍建设应尽量选择橡胶垫牛床，虽然前期一次性投入较大，但便于维护，减轻饲养人员卧床清理、赶牛、开关门等劳动强度，同时冬季易于牛舍保温。

经验之二十二：母牛产后什么时间受孕最适宜?

母牛产后的受孕时间要根据母牛产后体况和生殖系统恢复情况以及合理利用奶牛产奶的规律，这两个方面综合考虑决定。

母牛产后何时适宜受孕，主要取决于其产后子宫复旧和卵巢机能活动恢复情况。若母牛产后子宫复旧状况良好，卵巢很快恢复发情、排卵正常机能，则母牛易于发情受孕；反之，若母牛子宫复旧时间延长，卵巢的排卵机能未能恢复，则母牛发情受孕要相应推迟。因此，产后母牛的第一次配种时间过早或过迟都不合适。配种过早，由于母牛子宫尚未完全康复，不易受孕。配种过迟，则相应拉长了母牛的产犊间距，既少生了牛，又少产了奶，降低了母牛的经济利用效率。

奶牛的产奶规律是，中高产奶牛的一个泌乳期通常是 305 天，临产前干奶期一般是 2 个月，一年 365 天，一个周年产一个牛犊，挤 305 天的这样最好。一个泌乳期内产奶有个高峰期，一般从产犊后第二周上升。到七周达到高峰，然后可持续 100 天或逐渐下降，一般 100 天以后每周下降明显。这是指产犊后 100 天内没怀孕的母牛。如果说在产犊后 60 天内配种怀孕了就不符合上述规律了。由于怀孕后营养用到了胎儿和孕激素的作用，产奶量就减小了，当 220 天时就得干奶准备下一个泌乳期，这个泌乳期只产了 250 天，比 305 天少产了 55 天，两个月配种受孕了就少产了 25 天的奶。通俗地讲一个怀孕期 280 天，从中减去了 60 天的干奶时间，产奶的时间就是 220 天。305 天产奶时间减去 220 天，就剩下 83 天了。如果 85 天左右配种受孕，恰好是 305 天的泌乳期。所以每当在 80 天之内提前多少天配种就缩短了此胎的多少天的泌乳时间。更值得注意的是缩短了产奶高峰期，损失的大家自己可以算出来。

根据以上两种情况分析，母牛产后的最佳受孕时间是产后 85 天左右。此时受孕母牛的体况和生殖系统恢复好了，还可使奶牛的整个泌乳期产奶达到最大化。

经验之二十三：充分利用奶牛的泌乳规律提高产奶量

母牛在产犊、受孕、泌乳的过程中，生理发生一系列变化。在怀孕后期，奶牛受雌激素、生长激素和催乳素的作用，乳腺迅速发育，乳腺小泡和输乳导管积蓄的初乳不断增多，乳房膨胀起来；分娩时，母牛因催乳素和促肾上腺皮质激素含量不断增多，孕酮下降，刺激泌乳，所以母牛随分娩分泌大量乳汁，达到一定高峰期后开始下降，直至干奶。泌乳奶牛从产犊、泌乳、受孕到干奶再产犊的全过程称为一个泌乳期。

根据产犊、妊娠、产奶等情况，将一个泌乳期分为 5 个阶段：第一阶段围产期（分娩前后各 15 天）、第二阶段泌乳早期（分娩后 2～3 周至 100 天）、第三阶段泌乳中期（产犊后 101～200 天）、第四阶段泌乳后期（产犊后 201 天至干奶开始）、第五阶段干奶期（干奶开始至产犊前 15 天）。

1. 泌乳规律

一般低产奶牛在产后第 20～30 天产奶量达到最高峰，而高产奶牛在产后的 40～60 天才达到最高峰。低产奶牛维持时间较短，高产奶牛维持时间较长，多数为 20～60 天。高产奶牛的产奶峰值较高，一般高峰期多产 1 千克奶，整个泌乳期多产 400 千克奶。高峰期之后，产奶量开始下降。下降的速度依母牛的营养状况、饲养水平、妊娠期、品种及其生产性能而不同。高产奶牛一般每月下降 4%～5%，低产奶牛下降 9%～10%；最初数月下降速度较慢，到泌乳末期（妊娠 5～6 个月以后），由于胎儿的迅速生长，胎盘激素和黄体激素分泌加强，抑制脑垂体分泌催乳激素，因此泌乳量迅速下降。牛奶中乳脂的含量与泌乳量相反，在泌乳期的最初 2～3 个月内，乳脂率略有下降，以后随着泌乳期的进展，产奶量下降，而乳脂率则逐渐升高。与成母牛相比，头胎牛产量应达到成年牛的75%，如果比例低于75%，说明头胎牛没有达到产奶高峰；如果比例高于75%，说明头胎牛达到了产奶高峰（由于品种、健康和青年牛培育得好）或成年牛没有达到应有的高峰。高产奶牛干物质采食量产后逐渐增加，但增加的速度较平缓，其高峰出现在产后90～100天，之后再缓慢平稳地下降。

2. 母牛不同泌乳月的泌乳规律

母牛在同一泌乳期内不同泌乳月的产奶量，常随其品种、个体、健康和年龄状况以及饲养管理不同而异。通常是奶牛分娩后，产奶量逐步上升，约在第2个或第3个泌乳月时达到高峰阶段，然后逐步下降，一般高产牛上升幅度大，曲线在高峰期平稳，下降缓慢，所以牛产后泌乳量能很快上升并在高峰期维持较长时间，总产奶量较高。而那些即使具有最高产奶量但下降速度快、幅度大的牛总产奶量低。

3. 不同年龄和胎次的奶牛泌乳规律

母牛的产奶量随年龄和胎次的变化而不同。一般初产母牛，由于身体尚未成熟，泌乳能力较差，产奶量低于高峰胎次产奶量的80%～85%，随着年龄、胎次的增加及身体的成熟，第三或第四胎便可达到最高产奶胎次，有些牛在饲养管理较好、饲料全价的情况下，产奶高峰胎次可持续至8胎，但多数母牛在5～6胎时产奶量已下降。

4. 不同挤奶时间和挤奶间隔时间的泌乳规律

挤奶时间的不同也会影响母牛的产奶量。母牛乳腺在夜间活动频繁，乳汁生成和分泌较多，所以早晨产奶量高于其他时间，而且早餐前挤奶（早上5～6时）较好。挤奶间隔时间对产奶量也有一定影响。实验证明，挤奶间隔时间相等，产奶最多，如每隔8小时挤奶一次，或每隔12小时挤奶一次。

奶牛产后体重开始下降，产后2个月左右体重降到最低，最低体重出现的时间比高产奶牛泌乳高峰出现得稍迟些或者同时发生，以后体重又渐增，至产后100天左右，体重可恢复到产后半个月时的水平。一般高产奶牛在泌乳盛期失重35～45千克是比较普遍的，若超过此限，就会对产奶性能、繁殖性能及母牛健康产生不利的影响。

由此可见，高产奶牛由于其干物质采食量高峰的出现比其泌乳高峰的出现迟6～8周，因而高产奶牛在泌乳盛期往往会陷入营养不足的困境，奶牛不得不分解体组织来满足产奶所需的营养物质。这时，需要提高日粮营养浓度，即增加精料比例。由于干物质采食量达到高峰以后下降的速度较平稳，因而盛期过后要注意调整日粮结构，降低营养浓度，防止过肥。

经验之二十四：奶牛补充维生素繁殖率高

维生素A能保持各种器官系统的黏膜上皮组织的健康及其正常生理机能，维持牛的正常视力与繁殖机能。它的缺乏会引起一系列黏膜上皮组织疾病和妊娠方面的疾病，如流产、死胎等。维生素E可以提高细胞和体液的免疫反应。在饲草以秸秆为主、单纯玉米青贮，精料中玉米等品种占的比重很低，以及热应激时补充维生素A，饲料长期贮存其维生素E的含量会随贮存时间的延长而减少，要补充维生素E。及时给孕牛注射维生素A、维生素E，可起到增强胚胎在子宫内的活力、促进胚胎及胎儿发育、提升繁殖率的作用，也是降低奶牛胚胎早期死亡的有效途径。

补充方法如下。

① 分别于受精的当天和受精后5～6天给孕牛注射50万国际单位维生素A，可使受精奶牛的怀胎率比不注射的提高19.5%。即使第一次受精没有成功，在没有受精成功的母牛中也有超过80%的母牛在18～25天后重新发情，而在不注射维生素A的未怀胎母牛中仅有30%的母牛在这个时期重新发情。可见，给怀孕奶牛注射维生素A，不单可改善并提高奶牛的繁殖率，而且对以后的性周期也有良好的作用。

② 分别于受精后的第2天、第6天和第12天各注射一次维生素E（每次剂量为250毫克），可使第一次受精怀胎率比不注射的母牛提高10.5%。

③ 在奶牛受精后15～20分钟注射一次维生素E（剂量为500毫克），可使初次受精的母牛怀胎率比不注射的提高14.5%。维生素E除可用于调节性机能、提高繁殖率外，还可用于治疗习惯性流产、先

兆性流产及不育症等疾病，可减少孕牛子宫的兴奋性，保护胎牛安全生长。

经验之二十五：犊牛早期断奶的技巧

早期断奶技术可促进犊牛消化系统的生长发育，节约犊牛培育期的牛奶消耗，增加商品奶的上市量，降低犊牛的培育成本，获得较大的经济效益，还有利于后备奶牛的成长和成母牛生产性能的发挥，同时还能为奶公牛犊的肥育创造条件。犊牛早期断奶技术是当前奶牛养殖常用的先进技术之一。

犊牛断奶的日龄早晚，要以犊牛能够独立采食饲草和精料来获得营养，保证犊牛的正常生长发育为准。在此前提下，尽可能提早断奶日龄。通常犊牛早期断奶从出生后 60 天开始断奶。

犊牛第 1 天喂初乳 2.0～2.8 千克，或按出生犊牛体重的 6%～8%计算给量；第 2～4 天，每天喂 3 次，每次 2 千克，喂奶 6 千克；第 5～52 天，每天喂 3 次，每次 2.5 千克，喂奶 7.5 千克；从第 7 天开始喂给犊牛料，第 1 次犊牛料的给量为 100 克，以后逐渐增加，当犊牛料每天喂到 2 千克以后，至 60 日龄就可断奶。犊牛 4～7 日龄喂给优质干草，每天每头犊牛给 2 千克左右，任其自由采食。每次犊牛饮奶后会剩下一部分，把犊牛料加到剩下的这部分奶里并搅匀，让犊牛吃完。

为了顺利实施早期断奶，需要注意以下方面。

（1）初乳的及早给予使犊牛尽早适应外界环境，迅速生长，为早期断奶创造条件。犊牛出生后要让犊牛尽早吃上初乳，初乳具有许多特殊的生物学特性，是初生犊牛不可缺少和替代的营养品。第一次可喂 1～2 千克，切记第一次喂量不宜太大，以防消化功能紊乱。由于每头母牛所产初乳量为 110～140 千克，而出生犊牛 3 天内仅吃 20～24 千克，余下的制成发酵初乳保存供 4 天以后犊牛食用。发酵初乳一般在 25～30℃条件下自然发酵而成，其 pH 值为 4～5，在 0～5℃条件下可保存 40～50 天。饲喂犊牛时按 1∶1 比例加水拌匀，再加等量优质干草或 4～5 倍青贮料后拌匀喂给，直至进食量保持在每日每头 2 千克。

（2）加强饲喂管理是犊牛早期断奶的关键。饲喂上应注意以下问题：一是使用带奶嘴的奶瓶饲喂。在吸吮反射条件下，牛奶或代乳液通过食道沟直接进入皱胃，此时如哺乳方式不当或暴饮暴食，奶液溢出食道沟被挤入瘤网胃间隙，则易引起异常发酵或消化不良。使用带奶嘴的奶瓶饲喂可以迫使小牛比较慢地吸奶。出生几天后即可训练小牛直接从奶桶吸奶。二是控制好奶的温度。温度不能忽高忽低，奶温应控制在 35～38℃。三是喂奶用具应严格消毒，喂完后用清洁的毛巾将犊牛嘴边擦拭干净。四是固定饲养员，由专人饲喂。五是在犊牛断奶过程中，为了预防犊牛下痢，可在补饲过程中加以适当的抗生素，换料要逐渐进行，其间干草供自由采食，饮水量应逐渐增加。

（3）早期补料是实现犊牛早期断奶的重要措施

① 补料宜采用颗粒料：颗粒料是根据犊牛饲养标准和犊牛的生理特点来选择的原料经制粒加工而成。颗粒料具有营养全面、消化率高、使用方便、减少下痢等优点，还可以促进犊牛瘤胃发育和早期断奶。一般来说，犊牛出生后 15～20 天即可训练其采食颗粒料。先涂抹在口角、鼻端任其舔食，每天喂量为 10～20 克，数日后可增加至 80～100 克，1 月龄日采食量达 250～300 克，2 月龄时达 500 克。但在饲喂中应严格注意饲喂量，以免饲喂过量引起消化不良或瘤胃臌气。

② 给予优质干草：及时喂给优质干草一方面能够促进瘤网胃的发育；另一方面可避免犊牛采食垫草，从而减少下痢的发生。犊牛 4～7 日龄就可以在草架上放置优质青干草，1 月龄后任其自由采食。

（4）精心管理，保证犊牛顺利度过换料难关。每天细心观察犊牛采食、饮水、粪便及精神状况，发现问题及时解决。初生犊牛应单独关养在清洁、干燥、采光良好、空气清新且无穿堂风、室温 0～15℃并避免受细菌污染的栏中，要注意定期消毒，冬季防寒，夏季防暑。

在由牛奶到代乳粉的替换及精料的补饲过程中，由于饲料营养成分及状态的改变，犊牛可能会出现一些异常表现，如精神不振、喜卧、嗜睡等，主要是因为犊牛消化功能不健全，胃肠吸收能力差，暂时性营养吸收不足所致。此时要严格掌握饲料质量和饲喂标准，让犊牛在这种过渡性营养饥饿中稳定耐受，安全度过。

经验之二十六：夜间管理好奶牛产量高

实践证明，凡是夜间管理较好的奶牛，产奶量可明显提高（能提高产奶量15%～25%）。因此，养牛户应积极采取夜管措施，以促进奶牛产奶量的提高。

（1）适时加喂夜食　除白天给奶牛喂足草料外，夜间10时左右应投喂适量的草料，然后让奶牛饮足清洁水（饮水要冬温夏凉）或粥料。这样可满足其产奶等体能消耗的需要，使产奶量大大提高。

（2）关注夜间冷暖　奶牛最适宜的环境温度一般为8～21℃，冬季夜间应做好防寒保暖。

（3）延长光照时间　夜间可采用白色荧光灯照明，使光照由原来的9～10小时延长到13～14小时，这样奶牛的代谢能力就会加强，可以提高消化率和饲料利用率，产奶量也会随之增加。

（4）夜间刷拭牛体　每天晚上10时左右或挤奶之前用刷子把牛体细致周到地刷拭一遍，既保持牛的皮毛光顺清洁，又促进血液循环，调节体温，使奶牛舒适过夜，从而提高奶牛的泌乳量。

（5）保持夜间安静　奶牛喜欢安静的环境，尤其是在夜间害怕惊扰，所以要避免夜间在牛舍附近燃放鞭炮、开动机器、鸣喇叭或大声呼叫等。

（6）增加夜间运动　有条件的养牛户，在夜间12时左右可把奶牛赶到运动场活动1小时左右，这样能提高奶牛的消化能力，增强食欲，提高产奶量。

（7）注意夜间观察　观察并发现母牛发情是饲养人员的一项重要任务，这对提高奶牛的产奶量至关重要。多数母牛都是在夜间开始发情，饲养人员应抓住夜间（尤其是后半夜）这一关键时刻，认真检查和观察母牛的发情，以免因检查不力而造成奶牛空怀期延长，影响产奶量。同时，要注意观察奶牛在夜间的休息、反刍、精神状况等，以及时发现问题、及时处理，确保牛体健康多产奶。

经验之二十七：奶牛发情有哪些特征？

准确掌握母牛发情规律是做到适时提高受胎率的关键。

1. 正常发情症状

母牛发情时表现四种特征，即外阴部变化、性兴奋、性欲、排卵。在外表能看到的是前三种变化，称为发情症状。

（1）发情早期　母牛刚开始发情，症状是鸣叫、离群，沿运动场内行走，试图接近其他牛；爬跨其他牛；发情母牛眼睛充血；阴门由微肿而逐渐肿大饱满，柔软而松弛，阴唇黏膜充血、潮红，有光泽；嗅闻其他牛后驱；不愿接受其他牛爬跨；产奶量减少。

（2）发情盛期（持续约 18 小时）　特征是站立接受其他牛爬跨，爬跨其他牛；鸣叫频繁；兴奋不安、食欲不振或拒食；产奶量下降。

（3）发情即将结束期　母牛表现拒绝接受其他牛爬跨，嗅闻其他牛；试图爬跨其他牛；食欲正常，产奶量回升；阴户排出黏液，并逐渐增多，最初清亮像鸡蛋清，可拉成细长丝，并逐渐变白而浓厚，个别牛流出少量带血的分泌物，到排卵后，阴户肿胀消退，并缩小而显出皱纹，阴唇黏膜的充血和潮红现象消退。

整个发情期的症状变化是一个渐进性的过程，发情的持续期具有个体差异性。适宜的配种时间应在母牛转入发情末期不久。根据经验，排卵在性欲结束后（俗称稳栏）18 小时之内发生，排卵的时间以深夜 10 时左右至次日清晨 3～4 时的比较多。一般早上发情，下午配种；或下午发情，次日早晨配种。夏季天气炎热时配种时间应适当提早，冬季略推迟。老龄体弱母牛发情持续时间较短，排卵早，应早配；青年母牛发情持续时间较长，排卵晚，应晚配。

发情鉴定的最佳方法是直肠检查法，把手伸到母牛直肠内，隔着直肠壁触摸卵巢和卵泡发育程度，用以判断母牛的发情，同时判断输精时间，检查生殖器官有无异常。

2. 异常发情症状

母牛的异常发情多见于初情期后、性成熟前以及繁殖季节的开始阶段，营养不良、内分泌失调、使役过重、泌乳过多以及环境温度突然变化等原因，也都可引起母牛的异常发情。常见的异常发情有下列几种。

（1）安静发情　安静发情又称为安静排卵，是指母牛发情时缺乏发情的外部表现，但其卵巢内有卵泡发育而排卵。母牛分娩后第一次发情以及带仔的母牛或每日挤奶次数多、产奶量高、体质衰弱的母牛，都易发生安静发情。引起母牛安静发情的主要原因是由于体内生殖激素分泌比例失调。例如，雌激素分泌不足，发情表现就不明显；促乳素分泌不足或缺乏，促使黄体早期萎缩退化，于是孕酮分泌不足，降低了丘脑中枢对雌激素的敏感性。产后能量负平衡是造成奶牛体内激素分泌比例失调的重要原因。对安静发情的母牛可以通过直肠检查卵泡发育情况来发现，对此母牛如能及时配种也可受胎。

此类母牛应减少使役，加强饲养管理，饲喂维生素、微量元素、矿物质含量较高的全价料，注意观察，提早配种或输精。

（2）断续发情　断续发情是指母牛发情时间延长（有时可延长达30～90天），且发情时断时续。此种现象常发生于早春及营养不良的母牛。其原因可能是卵巢机能不全引起卵泡交替发育的结果。开始卵巢内有卵泡发育，产生雌激素使母牛发情，但卵泡发育到一定程度后又萎缩退化，而另一新的卵泡又开始发育，因而又产生雌激素，母牛又出现发情，由此形成断续发情现象。当此母牛一旦转入正常发情时，就有可能发生排卵，配种也可受胎。

对此类母牛除加强饲养管理外，可注射促排卵2号、3号，在注射激素的同时进行配种或输精，可有效提高发情期受胎率。

（3）持续发情　持续发情是慕雄狂的一种症状，表现为持续强烈地发情，而且发情周期不正常，发情期长短不规则。患慕雄狂的母牛，表现极度不安，大声哞叫，频频排尿，经常追逐爬跨其他母牛，产乳量下降，食欲减退，身体消瘦，背毛粗乱而失去光泽，两侧臀部肌肉塌陷，尾根抬高。母牛往往有雄性特征，如颈部肌肉发达，短而粗壮似公牛，其阴门肿胀、松弛增大，阴门外常排出黏液。

持续发情的原因与卵泡囊肿有关，是卵泡囊肿的一种表现。但不是所有的卵泡囊肿都表现为持续发情，有的也表现为乏情或间断持续发情；也不仅只有卵泡囊肿才引起持续发情表现，卵巢炎、卵巢肿瘤及下丘脑、垂体、肾上腺等内分泌器官的机能紊乱，也可引起持续发情。通过直肠检查可以诊断。

(4) 短促发情　短促发情是指母牛的发情期非常短促，如不注意观察，极易错过配种时机。其原因可能是发育的卵泡迅速成熟排卵；但也可能是因卵泡停止发育或发育受阻，而缩短了发情期。究竟是哪种情况引起的发情短促，需进行多次直检才能确诊。

(5) 孕期发情　孕期发情指母牛在怀孕期时仍有发情表现，称为怀孕期发情或假发情。据报道，母牛在怀孕最初的 3 个月内，有3%～5%的母牛出现发情。其原因主要是由于生殖激素分泌比例失调，即黄体分泌孕酮机能不足，而胎盘分泌雌激素亢进所致。有时也可因母牛在怀孕初期卵巢中尚有卵泡发育，以至雌激素含量过高，所以仍会发情，并常会造成怀孕早期流产。有人称之为“激素性流产”。

对于此类母牛发情，要采用看黏液、子宫颈变化，配合直检方法综合判定。直检时要慎重，尤其是怀孕 25～40 天的母牛。对孕期发情的母牛，应该采取适当的保胎措施。

(6) 发情不排卵　顾名思义，就是表现发情症状但不排卵。这种现象多见于初情期，但经产牛也时有发生。前者可能是由于垂体尚未受到促性腺激素释放激素足够的影响，不能对雌激素发生反应释出促黄体素所致；后者则可能是“丘脑下部-垂体-性腺”轴的调节机制发生紊乱，最终未形成促黄体素的释放高峰所致。

经验之二十八：高产奶牛干奶的技术要点

干奶期是指泌乳牛产犊前 2 个月左右人为地控制不让奶牛产奶的时期。干奶期是奶牛饲养的一个重要环节。高产奶牛在临产前虽然还有较高的产奶量，但是为了保证胎儿的正常生长和奶牛乳腺组织的周期调整，必须让奶牛在产犊前休息一段时间，使奶牛减轻负担，恢复体质，为下一个泌乳期高产打下基础。奶牛干奶还有防止和减少产后代谢疾病发生的作用。干奶方法的好坏、干奶期的长短以及干奶期规范化的饲养管理对于胎儿的发育、母牛的健康以及下一个泌乳期的产奶量有着直接的关系。

1. 干奶期的时间

干奶期的长短可根据饲养管理条件、牛的体况、生产性能而定。体况好、产奶少的，干奶期可短，体况差的、高产牛、初产牛干奶期可适当延长。干奶期一般为 60 天（50～75 天），短于 40 天会降低下一个及以后泌乳期的奶产量，有损母牛健康；同时所产犊牛体重小，患病率高。值得强调的是，对高产奶牛，无论日产量有多高，都应采取果断措施断奶，以免影响下一胎次生产。

2. 干奶的方法

干奶的方法一般可分为逐渐干奶法、快速干奶法和骤然干奶法三种。注意要干的奶牛在干奶时不能患乳房炎，如有乳房炎需治愈后再干奶。

（1）逐渐干奶法　逐渐干法一般需要 10～15 天时间。此种方法对于高产奶牛以及有乳房炎病史的牛，是一种安全、稳妥的办法。从干奶的第 1 天开始，逐渐减少精料喂量，停喂多汁料和糟渣料，多喂干草，同时改变饲喂时间，控制饮水量，加强运动；打乱奶牛生活和泌乳规律，变更挤奶时间，逐渐减少挤奶次数，停止运动和乳房按摩，改 3 次为 2 次、2 次为 1 次乃至隔日挤奶，此时，每次挤奶应完全挤净，到最后一次挤 2～3 千克奶时停挤，以后随时注意乳房情况。

（2）快速干奶法　快速干奶是在 4～7 天内停奶。一般多适用于中低产奶牛。快速干奶法的具体做法是从干奶的第 1 天开始，适当减少精料，停喂青绿多汁饲料，控制饮水量，减少挤奶的次数和打乱挤奶时间。开始干奶的第一天由日挤奶 3 次改为日挤奶 1 次，第 2 天挤 1 次，以后隔日挤 1 次。由于上述操作会使奶牛的生活规律发生突然变化，使产奶量显著下降，一般经 5～7 天后，日产奶量下降到 8～10 千克时，就可以停止挤奶。最后一次挤奶应将奶完全挤净，然后用杀菌液蘸洗乳头，再用青霉素软膏注入乳头内，并对乳头表面进行全面消毒。待完全干奶后用木棉胶涂抹于乳头孔处封闭乳头孔，以减少感染机会。乳头经封口后即不再动乳房，即使洗刷时也防止触摸它，但应经常注意乳房的变化。

（3）骤然干奶法　在确定的奶牛干奶日突然停止挤奶，乳房内存留的乳汁经4～10天可以吸收完全。对于产奶量过高的奶牛，待突然停奶后7天再挤奶1次，但挤奶前不按摩，同时注入抑菌的药物（干奶膏），将乳头封闭。

3. 干奶期日粮

干奶期奶牛的饲养原则是根据奶牛体况而定，对于营养状况较差的高产母牛应提高营养水平，使其在干奶前期的体重比泌乳盛期时增加10%左右，从而达到中上等膘情，这样才能保证在下一个泌乳期能达到较高的泌乳量；对于营养状况良好的干奶母牛，整个干奶前期一般只给予优质牧草，补充少量精料即可；而对于营养不良的干奶母牛，除充足供应优质粗饲料外，还应饲喂一定量的精料，精料的喂量视粗饲料的质量和奶牛膘情而定，一般可以按日产10千克、15千克牛奶的标准饲养，大约供应8千克、10千克的优质干草、15～20千克的青绿饲料和3～4千克配合精料。干奶牛的配合精料中应补充矿物质微量元素和维生素预混料。

4. 干奶期的管理

（1）做好保胎工作　加强饲养管理是保胎工作的关键，保持饲料的新鲜和质量，绝对不能供给冰冻、腐败变质的饲草饲料，冬季不应饮过冷的水，及时防治一些生殖系统的疾病，防止拥挤、摔倒等事件的发生。防止母牛出现疾病，造成干奶失败或母牛流产。

（2）注意观察母牛反应　在正常情况下，干奶过程中，大多数母牛都无不良反应。干奶后2～3天乳房会出现充胀现象，3～5天后积奶逐渐被吸收，7～10天乳房体积明显变小，变得松软，说明奶牛泌乳活动已经停止。但也有个别奶牛可能出现乳房肿胀，并伴有发热、烦躁不安、食欲下降等应激反应。因此，在干奶时，要注意观察奶牛乳房的变化，发现红肿、疼痛、发热、发亮等不良现象的，则应暂停干奶，将奶汁挤出，同时搞好乳房按摩和消毒处理，等炎症消失后再行干奶。对反应剧烈的母牛可采用肌注镇静剂配合广谱抗生素对症治疗。

（3）适当运动　运动不仅可促进血液循环，有利于奶牛健康，而且可减少（或防止）肢蹄病及难产。同时还应增加日照时间，以便维生素D的形成，防止产后瘫痪。没有运动场的干奶期奶牛，每天应定时由饲养员牵引运动。产前停止运动。

（4）保持皮肤的卫生　母牛在妊娠期内，皮肤代谢旺盛，容易产生皮垢，因此每天应加强刷试，以促进血液循环，使牛变得更加温驯易管。应特别注意保持乳房清洁卫生。保持牛舍清洁干燥，勤换垫草，防止母牛躺卧在泥污和粪尿上。

（5）乳房按摩　为了促进乳腺发育，经产母牛在干奶10天后开始按摩，每天一次，但产前出现水肿的牛应停止按摩。初产牛的乳房按摩可以从犊牛1岁左右开始，也可以在青年母牛交配受胎后进行，即使在妊娠后期开始，也有效果。对于初产母牛最初5天可以每天按摩一次，以后5天内每天1～2次，再后1个月内每天可按摩3次，每次按摩的时间均以5分钟左右为宜。经过这样的按摩，初产母牛产后一般均可顺利地接受挤奶，乳房的形状和容量显著增大，分娩后也不会引发乳房炎和乳房肿胀。

经验之二十九：判断母牛是否已经怀孕的方法

母牛妊娠检查的方法很多，主要有外部检查法、直肠检查法和阴道检查法。这些方法既有其自身的优点，又都存在一定的局限性。在临床实践中应根据畜种、妊娠阶段及饲养管理方式等来决定采用哪种诊断方法。不能仅仅单独采用某一种方法，而是要采取以一种方法为主，同时采用其他几种方法作为辅助判断方法综合诊断判定。

1. 外部检查法

外部检查法是生产中常用的广泛应用的一种方法。根据母牛的外表变化进行判断。首先是母牛不再表现周期性的发情，性情变得温驯，行动稳重，放牧或赶出运动时常落在牛群之后。怀孕3个月后，食欲增强，食量加大，膘情变好，体重增加，毛色光润，初产牛能在乳房内触摸到硬块，有的母牛会表现异嗜。到5个月后，腹围迅速增大，泌乳量显著下降，脉搏、呼吸频率也明显增加；初产牛这时乳房迅速膨大，乳头变粗，能挤出牵缕性很强的黏性分泌物（未妊娠牛为水样物）。

妊娠期到6～7个月时，用听诊器可以听到胎牛心跳（妊娠期母牛心跳为75～85次/分，而胎牛则为112～150次/分），并可在腹部看到胎牛在母体内运转的情况，特别是在清晨喂料饮水前及运动后。妊娠8个月时，母牛腹围更大，更易看到胎牛在母牛腹部、脐部撞动。

外部检查法还有以下几种方法。

（1）看牛奶　用手挤出的牛奶，是蜜糖色并呈糊状、不流动的则多为怀孕母牛，如果是白色稀的，而且一挤会自然流出的则为空胎母牛。

（2）看乳房　乳房膨胀，乳头硬直，是怀孕母牛。乳房不膨胀，乳头不硬直者则没有怀孕。

（3）看牛眼　怀孕母牛瞳孔的正上方虹膜上出现3条特别显露的竖立血管，即所谓的妊娠血管，它充盈突起于虹膜表面，呈紫红色。而没有怀孕的母牛虹膜上血管细小而不显露。

（4）看口腔　打开母牛的口腔，看嘴两边的舌下肉阜，如果呈鲜红色，则为怀孕母牛，如果是粉红色或是淡红色，则母牛没有怀孕。

（5）用压腹　人站于牛的左侧面向后方，左手扶牛背，右手轻压左边肚膛上，如有东西触动并撞到手的，或看到有东西在肚膛腹下触动，则说明母牛已怀孕。

（6）看尾巴　牛的尾巴在不甩动下垂时，如果遮盖阴户而向左或向右斜放者，说明牛已怀孕。如果尾巴正垂直遮盖当中者，说明没有怀孕。

2. 直肠检查法

直肠检查法是应用较多的一种检查法。直肠检查判定母牛是否怀孕的主要依据是母牛怀孕后生殖器官的一些主要变化。这些变化要随怀孕时间的不同而有所侧重，如在怀孕初期，要以子宫角的形态和质地变化为主；30天以后以胎胞的大小为主；当胎胞形成以后，即以胎胞的发育为主；当胎胞下沉不易摸到时可以卵巢位置及子宫动脉的妊娠脉搏为主。依此变化来判断母牛是否怀孕。

直肠检查法的方法和步骤：先摸到子宫颈，再将中指向前滑动，寻找角间沟；然后将手向前、向后、再向后，试把 2 个子宫角都掌握在手内，分别触摸。经产牛子宫角有时不呈现绵羊状而垂入腹腔，不易全部摸到；这时可先握住子宫角向后拉，然后手带着肠管迅速向前滑动，握住子宫角，这样逐渐向前移，就能摸清整个子宫角。摸过子宫角后，在其尖端外侧或下侧寻找卵巢。通常用一只手进行触诊即可。

寻找子宫动脉的方法是将手掌贴着骨盆顶向前移；超过峡部以后，可以清楚地摸到腹主动脉粗大的两条分支，它们是髂内动脉。子宫动脉从髂外动脉分出后不远即进入阔韧带内，所以追踪它时感觉它是游离的。触诊阴道动脉的子宫支的方法，是将指甲伸至相当于荐骨末端处，并且贴在骨盆侧壁的坐骨上棘附近，前后滑动手指。阴道动脉是骨盆腔内比较游离的一条动脉，由上向下行，而且很短，不太容易识别。

注意牛直肠黏膜受到刺激容易渗出血液，手在直肠内操作时，只能用手指肚，手指尖不要触黏膜。手应随肠道的收缩波而稍向后退，不可强向前伸，只能在肠道疲软松弛时触摸。

（1）未孕现象　子宫颈、体、角及卵巢均位于骨盆腔内；经产多次的牛，子宫角可垂入入口前缘腹腔内。两角大小相等，形状亦相似，弯曲如绵羊角状；经产牛有时右角略于左角、迟缓、肥厚。能够清楚地提到子宫角间沟。子宫角经触摸即收缩，变得有弹性，几乎有确实感，能将子宫握在手中，卵巢大小因其中有无黄体和卵泡而定。

（2）怀孕现象　20～25 天，一侧卵巢上有发育良好的黄体，80％即可肯定。隔肠抚摸子宫无反应，或右子宫角有收缩，孕角略大于空角，这是母牛已怀孕 1 个月，如子宫角变为短粗，象电筒头粗，柔软如水袋，卵巢内存有明显的黄体，这是怀孕 40～50 天，若子宫角如一个儿头大的液囊，已怀孕 3 个月。

3. 阴道检查法

阴道检查是在母牛配种后 1 个月，当开膣器插入阴道时，阻力明显，有干涩感，阴道黏膜苍白，无光泽，子宫口偏向一侧，呈闭锁状态，上面为灰暗浓稠的黏液塞所封固，即为怀孕。

经验之三十：要精心呵护怀孕母牛

精心饲养怀孕母牛和科学地管理好怀孕母牛，以保证胎儿在母牛体内得到正常生长发育，防止流产和死胎，产出身体健康、大小匀称和初生重的犊牛，并保持母牛有良好的体型，为产后泌乳打下良好的基础。

1. 做好怀孕母牛的营养供给

怀孕母牛所取得的营养物质，首先满足胎牛的生长发育，然后再用来供本身的需要，并为将来泌乳储备部分营养物质。怀孕母牛饲养有两个关键时间，一是配种后第3周前后的时间，这几天受精卵处于游离状，不牢固。二是怀孕后期，胎牛迅速发育阶段，尤其在最后20天内，胎儿的增重最重要，母牛食欲旺盛。如果在怀孕期营养不足，胎牛得不到良好的发育，连母牛本身的发育也受到影响，以后加强饲养也难以补偿，产出的犊牛体质差，发育迟缓，多病。在日粮中要根据各阶段的营养需要而供给适当的能量、蛋白质、矿物质、维生素、常量元素和微量元素。特别是蛋白质（饼类和鱼粉等），要保证供应，要补充维生素A和维生素E；冬春季节缺乏青绿饲料，可补喂麦芽或青贮饲料；还要补喂骨粉，防止母牛和犊牛软骨症。

（1）怀孕前期　胎牛增长不快，发育较慢，营养需要不多，但要喂给含蛋白质、维生素丰富的饲料，适当搭配青绿饲料，使饲料多样化、适口性好，以满足母牛的营养需要。但断奶后体瘦的经产母牛，初期要加强营养，使其迅速恢复繁殖体况，应加喂精料，特别是含蛋白质的饲料，待体况恢复后再以原有的饲养标准饲喂；而体况过肥的母牛要进行适当的限饲，使胚胎能够顺利着床。初产母牛和哺乳期配种的母牛，以精料和青粗饲料按比例混合，并且增加蛋白质和矿物质的饲料；体况比较好的经产母牛，应按照配种前的营养需要在日粮中多喂给青粗饲料。粗饲料品种要多样化，防止单一化。做到定时、定量饲喂，避免浪费。要按照先精饲料后粗饲料的顺序饲喂。

（2）怀孕中期　此时胎牛发育较快，母牛胸围逐渐增大。营养除维持母牛自身需要外，全部供给胎儿，因此应提高日粮的营养水平，满足胎牛生长发育的营养需要，为培育出优良健壮的犊牛提供物质基础。精饲料参考配方为玉米63%、豆粕18%、麦麸15%、食盐1%、磷酸氢钙2%、预混料添加剂1%，每头每天饲喂1.4～1.5千克，每天饲喂3次。日粮中必须具有一定的体积，使母牛感到有饱感，也不觉得压迫胎儿；且应带有轻泻性，防止便秘，因为便秘可以引起流产。

(3) 怀孕后期　胎牛增长快，绝对增重也比较快，这个时期供应充足营养物质，保证胎儿正常发育，因此，这时需要的营养物质较多，适当增加精料，减少粗料并补足钙磷。怀孕后期的饲养方法要有灵活性，由于胎儿迅速发育，占据一定的容积，使胃的容积变小，限制采食量，有时营养不足，势必会动用前期贮积的脂肪。因此，必须注意饲料的质量，要以精料为主，保证营养水平，不使其消瘦，少食多餐。

2. 做好怀孕母牛的管理

日常主要做好保胎工作，促进胎牛正常发育，避免机械性损伤，防止流产和死胎。创造优良的环境卫生，为产后减少疾病，使母牛顺利生产做好一切产前准备工作。

① 牛舍和牛体经常保持清洁、健康，牛舍及周围环境定期消毒，保持空气新鲜，冬季要注意防寒保温，夏季要注意防暑。

② 日常避免人为惊吓造成人为不良的应激反应。此外，怀孕母牛不宜长途运输。对怀孕母牛不得追赶、鞭打、惊吓、冲冷水浴、滑跌、挤撞，减轻使役，产前1个月要停止使役，单厩饲养，随时准备接产。

③ 孕牛要适当运动，增强体质，促进消化，防止难产，但分娩前几天应减少运动，在放牧运动时禁止与发情母牛、公牛混合。

④ 为了提高母牛产后的泌乳能力，有条件时常按摩乳房，训练母牛两侧卧的习惯，这有利于母牛产后对犊牛的哺乳，同时使牛有机会多接近人，便于分娩时接产和护理工作。

⑤ 对牛体每天上下午各刷拭1次，以便清除母牛皮肤上的皮垢，促进牛体血液循环。

⑥ 怀孕母牛禁喂菜籽饼、棉籽饼、酒糟等饲料，禁喂发霉、变质、冰冻、带有毒性和强烈刺激性的饲料，防止流产。饮水应事先加温，温度要求不低于 10℃。

经验之三十一：哪些征兆说明孕牛要分娩了？

正常情况下，母牛经过 280 天左右的妊娠期就会分娩。分娩前期母牛的生殖器官及其骨盆部位会发生一系列变化，母牛的精神状态和全身状况也会发生改变，以适应排出胎儿和哺育新生犊牛的需要。掌握母牛分娩预兆，可以预测分娩的时间，以便做好接产和产后护理工作。母牛分娩的预兆主要表现在以下几个方面。

（1）乳房膨大　母牛乳房在产前 15 天左右开始膨大，乳房发育迅速，差不多比原来大一倍，在临产前 2～3 天，乳房肿胀，皮肤紧绷，乳头基部红肿，乳头变粗，临产前可以从前两个乳头中挤出黏稠、淡黄色的液汁。当能挤出乳白色的乳汁时，再等 1～2 天就会产犊了。

（2）外阴部肿胀　怀孕后期，母牛的阴唇逐渐肿胀，变得柔软且皱褶展平，产犊前 1～2 天，透明的黏液流出阴门。

（3）骨盆变化　分娩前 10 天左右，母牛骨盆部的韧带变得松弛、柔软，尾根两边塌陷，以适于胎牛通过。分娩前 1～2 天，骨盆韧带充分软化，尾根两侧肌肉明显塌陷，触摸骨盆两侧很柔软。用手握住尾根上下运动时，会明显感到尾根与腱骨容易上下活动。

（4）母牛表现不安　母牛产前，时起时卧，不断回头顾腹，来回走动，频频排尿。此时应做好接产准备。

经验之三十二：母牛分娩前后的管理要点

母牛分娩前后 15 天也称围产期，围产期对母牛、胎犊和犊牛的健康都非常重要，因为围产期母牛发病率高，死亡率也高，所以应加强母牛分娩前后的管理。

1. 准备好圈舍

临产母牛应准备产房和产栏，产房要求宽敞、清洁、保暖和干燥。环境安静，并预先用10%石灰水粉刷消毒，干后在地面不能光滑，防止母牛滑倒。铺以清洁干燥、日光晒过的柔软垫草。产房内建立产栏，一牛一栏。

2. 母牛提前进入产房

母牛应在临产前1～2周进入产房，单栏饲喂，不系绳，让牛自由运动。使其习惯产房环境。母牛后躯及四肢用2%～3%来苏儿溶液洗刷消毒，并做好转群记录登记工作。要对母牛的乳房进行仔细检查、严密监视，如发现有乳房炎征兆时必须抓紧治疗。临产前要观察母牛的状况，同时要准备好接产、助产的用具、器具和药品，以免发生难产时手忙脚乱。

冬季要让奶牛饮温水，水温最好是37℃左右。这时牛体代谢旺盛，容易生皮垢，因此要保持牛体皮肤清洁，每天应用毛刷轻轻刷拭牛蹄，并刷净牛的四肢、尾部、乳房和臀部。

3. 做好接产工作

临产当天，应时时看顾，分娩时要细心照顾，需要时做好助产。母牛分娩后，用0.1%～0.2%的高锰酸钾水洗净母牛的生殖器官和乳房，产后2小时内挤母牛的初乳喂犊牛。同时做好犊牛的护理。

分娩后要尽早驱使母牛站起，以减少出血，也有利于生殖器官的复位，为防子宫脱出，可牵引母牛缓行15分钟左右，以后逐渐增加运动量。母牛分娩后8小时内，胎衣一般可自行脱落，胎衣脱落后，要检查母牛胎衣是否正常，而且要立即拿走胎衣，以防母牛吃掉。若超过24小时仍不脱落时，应按胎衣滞留处理。注意恶露的排出情况，如有恶露闭塞现象，即产后几天内仅见稠密透明分泌物而不见暗红色液态恶露，应及时处理，以防发生产后败血症或子宫炎等疾病。

4. 饲喂管理

从产前21天起可采用引导饲养法，即从此时起开始增加精饲料的喂量，逐日增加，至分娩时精饲料量占到体重的0.8%～1%或粗饲料供应量与精饲料供应量相等，保持1∶1的比例。粗饲料应以优质干草为主，青贮饲料以每头日喂15千克左右为宜，过多饲喂会导致母牛过肥。对于常年饲喂青贮饲料很少喂青绿饲料的母牛，补充维生素A可降低母牛产后胎衣不下的发生率，或在围产期注射硒和维生素E均可获得满意的效果。临产前绝对不能喂冰冻、腐败变质和酸性大的饲料。冬季不饮冰水、冷水（水温不低于10℃），以防早产、流产、臌气及风湿病等疾病。亚麻饼、啤酒糟尽量少喂或不喂。

母牛产后因失水较多，所以应在胎儿产出后喂给其温热、足量的麸皮、盐、钙稀粥15千克左右（麸皮1～2千克、食盐100～150克、碳酸钙50克），可起到暖腹、充饥、增腹压的作用，有利于胎衣的排出和母牛恢复体力。注意食盐喂量不可过大，否则会增加乳房浮肿的程度，同时喂给母牛优质、软嫩的干草1～2千克。

为了使母牛恶露排净和产后子宫早日恢复，还可以喂饮热益母草红糖水（益母草250克，水1500克，煎成水剂后，加红糖1千克和水3千克）和少量以麸皮为主的混合料，同时补以容易消化的玉米，并适当增加喂钙量（占日粮干物质的0.6%），精饲料量可达到4千克，青贮10～15千克。产后4天可根据牛食欲状况逐步增加精料、多汁料、青贮和干草的给量。围产后期的日粮应以高能、高蛋白为特点，日粮组成：青贮20千克，干草4千克，精饲料20千克，块根茎类5～10千克。同时可补加过瘤胃脂肪（蛋白）添加物，减少负平衡。

5. 乳房护理

产犊的最初几天，母牛乳房内的血液循环及乳腺泡的活动控制与调节均未达到正常状态，乳房肿胀得很厉害，内压也很高，所以，如果是高产奶牛，此时绝对不能把乳房中的奶全部挤净，否则会因乳房内压的显著下降，引起微血管渗漏现象加剧，血钙、血糖大量流失，进一步加剧乳房水肿，引起高产奶牛的产后瘫痪，重者甚至可造成死亡。一般原则是产后第1天只挤2千克左右，够牛犊哺乳即可，第2天每次挤泌乳量的1/3，第3天每次挤泌乳量的1/2，第4天后可挤净。对于低产母牛和产后乳房没有水肿的母牛则无须如此，产犊后的第1天就可将奶挤净。

对产后乳房水肿严重的母牛，每次挤奶后应充分按摩乳房，并热敷乳房5～10分钟（用温热硫酸镁、硫酸钠混合溶液最好），以促进乳房水肿早日消失。母牛产后若同时喂饮温热益母草红糖水（益母草500克，加水10千克，煎成水剂加红糖500克），每日1～2次，连服2～3日，对牛恶露排净和产后子宫复原有促进作用。

经验之三十三：要定期给奶牛修蹄

牛的蹄角质每日以0.6厘米的平均速度不断生长，目前养牛业又以舍饲为主，蹄角质合理磨灭不足，养殖者如果忽视修蹄，会导致奶牛的蹄发病率升高。奶牛得了蹄病后会出现运动障碍，严重者引起软组织病变而疼痛。这些不良刺激将导致奶牛产奶量下降，消化紊乱，而且蹄病本身又降低了奶牛的利用年限。90%以上的牛跛行是由蹄匣异常而引起的，修蹄的目的是包括去除过度生长的角质、复原蹄趾间的均匀负重和去除蹄趾损伤。可见定期对牛修蹄可以大幅度降低牛跛行现象的发生。因此，每年应定期进行2次的修蹄工作，有效预防牛蹄变形，使牛蹄处于自然良好的形态，蹄的构造机能得到充分发挥，非常有利于奶牛全身的血液循环和代谢。奶牛的运动良好，采食量大，消化功能增强，是增强奶牛体质、延长奶牛生产利用年限、提高产奶量、增强繁殖力的一项重要措施。

1. 修蹄的时机

① 每年的春、秋季节，春季具体时间安排在土地返浆之后、雨季到来之前。过早修蹄气温低，蹄角质坚硬修蹄困难；过晚修蹄，天热雨水多，修后不易护理，易于感染。

② 全群普查或干乳后和产犊后。

③ 平时观察发现牛腿站立不直、膝盖弯曲、换蹄不利索、与平时站立姿势不同等现象，可以判断牛蹄有问题，此时就要立即进行修蹄。

2. 修蹄工具准备

修剪牛蹄的准备工具有角磨机、蹄锉、修蹄钳、L 刀、钩刀和专用的修蹄固定架或修蹄车（图 4-6）等。还有清洗创伤的药品和消毒的药品等。

3. 牛的保定

牛的保定方法很多，如简易奶牛床位保定（图 4-7）、柱栏保定和“8”字形保定等，适合于养牛数量不多的小规模养殖者户。对于规模较大的牧场，建议采用修牛蹄车，修蹄车操作简单，保定效果好，效率高。奶牛胆小，操作时不可粗暴、吆喝，保持牛群安静，消除牛对人的警惕心理，这样为将来的保定打下良好的基础，使牛有适应性。

图 4-6 修蹄车

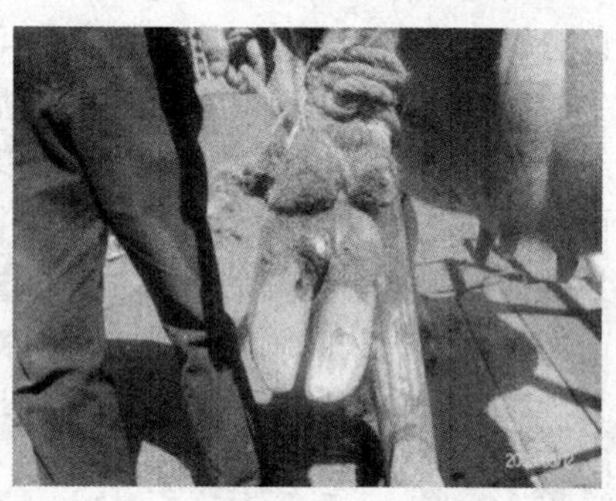

图 4-7 人工简易固定修蹄

奶牛保定需要注意的问题如下。

① 首先保证工作人员安全，先问清奶牛有无顶撞、踢踏人的恶癖。保定时要赶走旁边牛群，以防止惊群引起的不良后果。

② 简易保定适用于性情温顺、体躯相对较小、无恶癖的奶牛。简单易行，省时省力；柱栏保定适用于体躯大、性情暴躁、人不易接近的奶牛，从而克服了体重过大不易提举肢蹄的困难，在使用吊带和压带的情况下，还可避免奶牛的保定不适造成的踢蹴和骚动。另外由于牛和马相比，牛悬韧带为骨中间肌，马则为腱质的悬韧带，牛站立时易疲劳，不能长期站立，因而可以用吊带帮助奶牛减轻体重，使它有一种舒适感；“8”字形保定是用一结实软绳在两后肢跗关节胫部作

“8”形缠绕，将两后肢固定在一起，该方法被挤奶工人和临床广泛使用；修蹄车则适用于任何修蹄的奶牛。

③ 在固定牛时须注意保护牛，注意腹带固定的位置，后腹带应固定在牛的髋骨后上方，同时，要注意避开乳房，防止腹带损伤胎儿和乳头。

④ 修蹄切勿拖延时间，以防牛被绑定在修蹄架时间过长，牛腿麻痹，无法承受身体重量导致瘫痪。如果牛暂时无法站立，可以使用适度刺激，协助牛站立。

4. 修剪牛蹄

牛被绑定之后，修剪牛蹄前应先要对蹄部和趾缝间认真清洁，这样有利于对趾缝的检查和修剪牛蹄。然后给牛蹄做检查，主要是测量蹄甲的长度。蹄甲是指从脚趾变硬的部位开始到脚趾末端。判断蹄甲长度的标准是：正常牛前蹄甲长为7.5～8.5厘米，后蹄甲长为8～9厘米，蹄底厚度为5～7厘米。修剪牛蹄工作可归纳为五大步骤。

第一步：去除过长的硬蹄甲。蹄甲前端过长的硬蹄甲需要使用专业的修蹄钳去除。修蹄钳要沿着垂直蹄底的方向进行操作，随着去除过程向蹄踵的推进，钳子的使用角度应逐渐变浅。

第二步：削去蹄趾间多余角质层。牛蹄如果长期不进行修整，蹄底趾缝间有可能堆积起过多的角质层，影响牛蹄的健康。可以用修蹄刀削去多余的角质。

第三步：平衡蹄底。牛蹄的负重面包括蹄底部和蹄甲，两蹄瓣的负重面应保持平整，并处在同一水平面上，可以借助打磨机将蹄底修平。

第四步：修蹄弓。修整出正确的蹄弓是重新建立牛肢蹄平衡系统的基础。同时，正常的蹄弓可以减少粪便、污物附着在蹄部。用钩刀沿蹄甲内侧修出蹄弓，使其内侧趾和外侧趾保持在同一平面上。修出蹄弓后可以使用修蹄刀的刀柄横在两蹄瓣间或贴在蹄甲侧壁上检查蹄弓表面的平整程度。

第五步：治疗

① 去除疏松和有暗道的角质层：修蹄经常需要使用钩刀去除蹄

踵部分的角质层，这样就可以在不影响和不减少负重面的条件下去除蹄踵部位疏松的角质层。应将趾后方尽量削低，除去蹄底球部和蹄壁的松脱角质，削薄角质缘，并使平缓过渡。

② 淤血面：修蹄时要注意，在蹄底经常会遇到有小块出血面，就是所谓的淤血面。如果牛蹄出现淤血面，这表明蹄瓣已受损伤，这种情况一般与过度负重或蹄底溃疡有关，可用钩刀前端的卷曲部位抠挖去除。

③ 粉蹄：粉蹄是由于钙磷比例失衡等原因引起角质疏松，蹄底变质呈粉末状。用抠挖的方法去除粉末角质。使用修蹄刀前端的卷曲部位进行抠挖。

④ 漏蹄：如果粉蹄没有得到及时修理，尿液进入蹄匣和新生角质部分之间，就会导致内部感染，产生腐败物，从蹄底渗漏出来，这就是漏蹄。可以用抠挖的方法去除漏蹄中的腐败物。用修蹄刀前端的卷曲部分进行抠挖。

⑤ 发生角质病灶：创内真皮因受到刺激而增生，如果突出明显而基部狭小，可用锋刀将肉芽组织整个切除。

5. 注意事项

① 修牛蹄时，对奶牛必须保定，怀孕前 3 个月或怀孕后期的母牛不适宜修蹄，以免发生流产。

② 跛行病牛修蹄时应先修病蹄，由于一肢跛行，健肢的外侧趾必然过度负重，因患趾常呈减负或免负体重，健肢的负重将会持续。为保证健肢的良好功能，应对其进行功能性修蹄。如跛行严重，健肢不能提起，置病牛于清洁、干燥、松软地面的舍饲环境，加速病愈，等到跛行减轻，再尽快给健肢修蹄。若修蹄后数日或 1 周，跛行无明显改善反而加剧，应对有关趾详细检查。

③ 尽量少削内侧趾。使内侧趾尽量高，使两趾等高。在奶牛站立时，蹄面要与趾骨、长轴的角度合适。

④ 蹄底应向轴侧倾斜，即轴侧较为凹陷，在趾的后半部，越靠近趾间隙，倾斜度也应越大。

⑤ 完成修蹄后的牛，应将其置于清洁、干燥的圈舍内，从而保证牛蹄部的清洁，防止感染。刚修过蹄的牛由于蹄部角质脆弱，所以

在最初的 2 周内不应长时间在水泥地面上走动。

经验之三十四：给牛做标记常用的方法

1. 耳标法

分圆形和长形 2 种耳标。后者是先在金属的耳标上打上号码，再用耳标钳把耳标夹在牛耳上缘的适当地方。夹耳标时，应注意不要使耳标压住牛耳朵的边缘，以免被压部分发生坏死，而使耳标脱落。给小牛戴耳标时，应留适当的空隙，以备生长。

2. 截耳法

用特制的耳号钳，在牛的左、右两耳边缘打上缺口，以表示号码。例如，右耳上缘的 1 个缺口代表 1，左耳与此相对的缺口代表 10；右耳下缘的 1 个缺口代表 3，左耳与此相对的缺口代表 30；右耳尖端的缺口代表 100，左耳与此相对的缺口代表 200；右耳中央的一个圆圈代表 400，左耳与此相对的圆圈代表 800，等等。

3. 角部烙字法

用特制的烙印烧红后，在角上烙号。牛在 2～2.5 个月时，就可在角上烙号。如果烙得均匀平坦，而牛角又不脱皮，则角上号码可永不磨灭。

4. 刺墨法

此法在犊牛生后就可进行。在犊牛耳朵内部用针刺上号码，作为标记。先将犊牛右耳里边用热水洗净，擦干后取适当的数字号码（由针组成），嵌入特制的黥耳钳内，在右耳内部进行穿刺，在穿刺处涂以黑色的墨汁，或煤烟酒精溶液，伤口长好后即可显出明显的号码。

5. 冷冻烙号法

冷冻烙号是给牛做永久标记的一项新技术。它是利用液态氮在牛皮肤上进行超低温烙号，能破坏皮肤中生产色素的色素细胞，而不至于损伤毛囊。以后烙号部位长出来的新毛是白色的，清晰明显，极易识别，永不消失；操作简便，对皮肤损伤少，牛体无痛感。在当前养牛业广泛开展冻精配种的情况下，液态氮经常使用，为推行冷冻烙号法创造了有利条件。

经验之三十五：采用美国初乳灌服法争取犊牛零发病、零死亡

1. 美国初乳灌服法

① 灌服初乳必须经初乳计测定合格后方能使用。阅读初乳计应在20℃左右的环境。过冷太浓，过热太稀，同时注意不要出现气泡。

② 为避免破坏免疫球蛋白，低温贮存的合格初乳需用温水缓慢解冻至20～25℃才可灌服。合格初乳低温贮存时应该一母一存（6千克）。合格新鲜初乳其免疫球蛋白保持生物活性的时间随贮存温度的不同而长短相异：20℃——2日；4℃——7日；－20℃——1年。

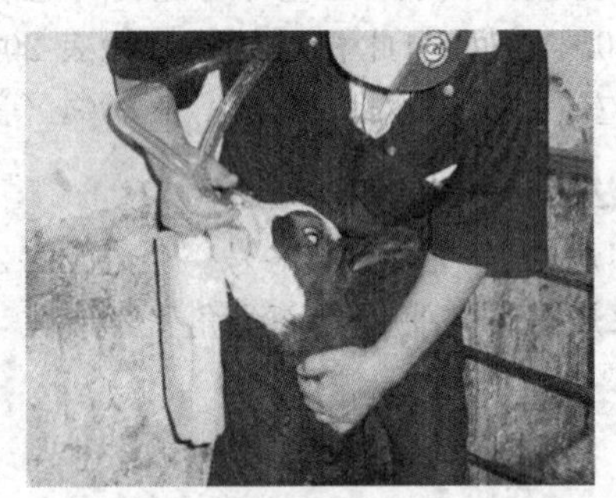

图4-8 初乳灌服操作

③ 使用专门的初乳瓶强行直接将初乳灌入真胃（图4-8），应避免灌入肺中。

④ 生后半小时以内即刻强行灌服4千克，越早越快越好。

⑤ 生后12小时再强行灌服2千克。

⑥ 停喂12～18小时，结束初乳灌服程序。

⑦ 此后即照常规饲喂普通乳或犊牛代乳粉。

该法简单易行，效果可靠，在美国奶牛场早已广泛使用。笔者在美国大型奶牛场担任技术场长和派驻俄罗斯期间亦长期应用该法对成千上万初生犊牛强行灌服初乳，取得了在灌服后 45～60 日内犊牛零发病率和零死亡率的良好结果。

2. 注意事项

毫无疑问，应用该法能使初生犊牛迅速可靠地建立起被动免疫系统，但并非一劳永逸，仍需努力保持犊牛周围环境的卫生和喂奶饮水器具的洁净。否则，极度肮脏和恶劣的饲养条件亦会使犊牛业已建立的强大被动免疫系统完全失效，犊牛还有可能发病和死亡。另外，因初乳所含母源性抗体与母亲生存环境密切相关，所以饲养新生犊牛的场所应类似其母亲产前的环境，不要有太突然的变动。此外，还需注意以下细节。

① 灌服初乳需使用专门器具，硬质胃导管头端是特别设计的，任何人稍经训练都可顺利轻易插入牛食道而不会误入气管，但也偶有例外，造成异物性肺炎而致犊牛当场死亡。因此，于每次插入后都要用右手往复轻送和回抽胃导管，同时以左手手指在犊牛脖颈下方食道沟处触摸胃导管头端，以确保其在食道沟内。

② 灌服后应将犊牛留置原地至少 4 小时以上，如果立即搬移，特别是用肩背法、倒拖法或倒抬法均可能使真胃中的初乳倒流入气管而呛死犊牛。

理解了上述内容，也就很容易解释为什么胚胎移植黄牛产下的新生犊牛总是有这样或那样的问题，如腹泻、肺炎、脓毒败血症、脐带炎等。显而易见，在自然状况下，黄牛的初乳只能满足其黄牛初生牛犊的需要量，并不能满足其经胚胎移植而产下的纯种荷斯坦牛犊的需要量；两类初生牛犊的出生重至少相差 10 千克以上。及时增喂高质量的奶牛初乳（产后第一次挤的奶）或静脉输入同群中成年牛全血均能解决问题。如采取输血，一般情况下不必做配血试验；每 1000 毫升血添加 35 毫升 20％柠檬酸钠溶液作抗凝剂；每次输入 500～1000 毫升，连续 3～5 次即可。

经验之三十六：奶牛产奶量科学测算三法

1. 个体产奶量的测算

一种方法是逐头牛记录汇总逐日逐次挤奶量，而后统计出各月和全泌乳期的总奶量。此法的长处是统计出的数据准确，但耗工费事，有时还有疏漏的可能，在规模奶牛场执行起来有一定难度。

另一种方法是中国奶牛协会建议，采取每月记录3次，将每次所得数据（即月内3次测定的日全天奶量，分别用M1、M2、M3表示）乘以相隔天数（分别用D1、D2、D3表示），先计算出各月的泌乳量，然后按全泌期月份，总加出全泌乳期的产奶量。用计算公式表示时，则月产奶量（千克）＝M1×D1＋M2×D2＋M3×D3。实践证明，应用此法计算的个体产奶量，简便易行，同每日实测相比差异很小。

2. 群体平均产奶量的测算

为了客观地反映本饲养场内泌乳牛的产奶量水平，宜采取统计泌乳牛的平均产奶量为上策。其计算公式为：泌乳牛年平均产奶量（千克/头）＝全群年产奶总量（千克）÷全年平均每天饲养泌乳牛头数（头）。式中的分母数为全群泌乳牛在群总天数除以365（天/头）所得的值（头）。

3. 奶牛305天产奶量与校正方法

按理想效益设计，母牛年产1胎，其中干乳期60天，挤奶时间只有305天，但实际中泌乳期有长有短，为了便于比较，统一以每头牛每一泌乳期中的305天泌乳量计算，具体计算时，实际挤奶天数不足305天的，以实际奶量作为350天的奶量，而超过305天的，则从305天后的奶量不计在内。对个别特高产的母牛，要统计在365天或365天以下的产奶量。

在生产实践中，奶牛的泌乳天数通常不可能正好是305天，为此中国奶牛协会又制定了统一的产奶天数校正系数表，使用240～370天产奶量记录的奶牛可统乘以相应系数，便可得到接近于实际的305天的产奶量。

第五章　防病与治病

经验之一：养牛场怎样做能防止传染病传入?

1. 牛场布局要利于防疫

牛场的位置要远离交通要道和工厂、居民区，周围应筑围墙，甚至挖一定深度和宽度的围沟。和平区与办公区和生活区分开。生产区和牛舍入口处应设置消毒池。贮粪场和兽医室、病牛舍应设在距牛舍200米以外的下风向。

2. 坚持自繁自养

牛场或养牛户应有计划地实行本场繁殖、本场饲养，避免从外地引进病畜带入传染病。

3. 引进牛时要检疫

必须买牛时，一定要从非疫区购买。购买前须经当地兽医部门检疫，签发检疫证明书。对购入的牛，进行全身消毒和驱虫后，方可引入场内，进场后，仍应隔离于200～300米以外的地方单独饲养，观察1个月，确认健康无疾病后再并群饲养。引入牛时，对口蹄疫、结核病、布氏杆菌病、副结核病和牛传染性胸膜肺炎进行检疫。

4. 建立系统的防疫制度

① 谢绝外来人员进入牛场。必须进入者须换鞋和穿戴工作服、帽。场外车辆、用具等不准进入场内。

② 不从疫区和市场上购买草料。

③ 本场工作人员进入生产区，也得更换工作服和鞋、帽。

④ 场内职工不得饲养任何自留牲畜或鸡鸭鹅猫狗等动物。

⑤ 牛场全体员工每年必须进行一次健康检查，发现结核病、布氏杆菌病及其他传染病的患病的患者，应及时调离生产区，不得饲养

牲畜。新来员必须进行健康检查，证实无结核病与其他传染病时才能上岗工作。

⑥ 不允许在生产区内宰杀或解剖牛，不把生肉带入生产区或牛舍。不得用未经煮沸的残羹剩饭喂牛。

⑦ 消毒池的消毒药水要定期更换，保持有效浓度，一切人员进出门口时，必须从消毒池上通过。

⑧ 结合本地实际情况，合理适时地进行驱虫，一般春、秋两季进行一次全群驱虫，常用驱虫药应用阿维菌素或伊维菌素粉针剂，按说明进行喂服或注射。

⑨ 按照奶牛的免疫程序，合理准确地进行免疫。

⑩ 粪便、污物进行无害化处理。粪便与污物含有大量病菌及虫卵，是各种传染病与寄生虫病发生的主要原因，所以，粪便与污物应集中并加入消毒剂堆积发酵，经过高温杀灭病原微生物及虫卵，以有效地防止各种传染病、寄生虫病的发生。

5. 消灭老鼠和蚊蝇等吸血昆虫

蚊、蝇等吸血性昆虫是传染病的媒介，因此，每周应用卫害净药物对牛舍进行喷洒，消灭蚊蝇，消灭老鼠，切断传播途径，保证牛群正常生长。

经验之二：别小看中药在防病中的作用

中草药是我国中医药中的宝，有几千年的历史。中草药具有资源丰富、品种多、无耐药性、经济、实用、绿色、低毒和低残留等主要特点，具有促进动物生长发育、提高动物生产性能、增强动物体质、防病和治病等作用。畜禽用中草药制剂有单方和复方制剂，复方中有多味草药配伍，也有中西药配伍。通过加工或提取有效部分，制成散剂、丸剂、水剂、冲剂、酊剂、针剂等剂型。

科学研究证明，中草药防治牛疾病的优势主要表现在以下几个方面。一是中草药具有抗感染作用，许多清热药对多种病毒、细菌、真菌、螺旋体及原虫等有不同程度的抗生作用，若配伍或组成复方，其抗生范围可以互补、扩大并显恭协同增效作用。二是中西药能相互取长补短，兼顾整体与局部，起到立体化协同治疗，减轻西药的毒副作用。三是增强免疫作用，许多中药对免疫器官的发育、白细胞及单核-巨噬细胞系统细胞免疫、体液免疫、细胞因子的产生等有促进作用，由此提高机体的非特异性和特异性免疫力。四是抗应激和使机体在恶劣环境中的生理功能得到调节，并使之朝着有利方向发展，增强适应能力。五是可起到一定的营养作用和可成为动物机体所需的物质。六是激素样作用和调节新陈代谢等。

中草药取自天然植物，所含成分保持了天然性及生物活性，经精制和科学配伍可长期使用，可起到防治疾病和改善生长的效果。中草药没有传统所用抗生素和化学合成类药物引起耐药性和药物残留等弊病，非常适合我国养殖业饲养模式和生产发展水平的需要。在我国养牛的历史上，中草药在防治牛病上也起到了重要的作用。

中草药在牛疾病防治中的应用非常广泛，治疗各种牛病，效果非常好。如乳炎康（复方蒲公英散），主要成分有丹参、蒲公英、夏枯草、柴胡、鱼腥草等，具有清热解毒、消肿散结、疏肝解郁、活血、祛瘀生新等功效，主治急慢性乳腺炎、乳房肿胀、急慢性子宫炎、化脓性子宫炎及子宫内膜炎等。穿甲乳肿消（通乳散）主要成分为天花粉、青半夏、王不留行、香附、肉桂、蒲公英、甲珠等数味中草药，临床使用对奶牛慢性顽固性乳房炎，尤其对急慢性乳房炎引起的乳房肿块，及口蹄疮病继发引起的乳肿，有显著的消肿效果；对慢性乳房炎引起的乳腺萎缩、肉变等有良好的治疗及预防效果；对衰老乳腺细胞具有激活的作用，在乳房炎治愈后能同时提高产奶量。消食平胃散主要成分为神曲、麦芽、山楂、厚朴、枳壳、陈皮、青皮、苍术、甘草，具有理气、行滞、消坚、促进反刍动物的胃肠活动等功能，主治牛羊前胃弛缓、瘤胃积食、瘤胃鼓气。胃病舒（健胃散）主要成分为黄芩、陈皮、青皮、槟榔、六神曲等，可理气消食、清热通便，主治家畜消化不良、食欲减退、便秘等症。在全混合日粮中添加胃病舒（健胃散）、瘤胃优化素，可预防奶牛瘤胃疾病，促进瘤胃发育和健康。四胃康复散（消积散）主要成分为玄明粉、石膏、滑石、山楂、麦芽、神曲等，通过舒张四胃幽门括约肌，迅速排空四胃，使位置变化的四胃容易回到原来的位置，对四胃积食、鼓气、积液、溃疡疗效显著。宫炎净（益母生化散）主要成分为益母草、当归、川芎、桃仁、甘草等，可活血祛瘀、温经止痛，专治奶牛气血不足、产后胎衣滞留、恶露不尽、难孕、低热、产后子宫疾病等。催衣排露散（扶正解毒散）主要成分为板蓝根、黄芪、淫羊藿、益母草等，应用于运动不足、营养不良、胎儿过大、难产、子宫炎症、胎盘炎等造成的胎衣不下、恶露不净和产后感染。促卵生情（催情散）主要成分为淫羊藿、阳起石、当归、香附、益母草、菟丝子等十几味中草药，主治不发情、发情不明显、持久黄体、久配不孕、卵巢机能减退、卵巢囊肿、卵巢静止、卵泡发育不全以及体虚受寒等症状，如配合对症使用生殖激素和营养添加剂，效果更好。气血宝（补中益气散）主要成分为党参、白术、甘草、当归、黄芪等，可补肾益气、扶元固肾、补脾健胃，主治奶牛等因肾亏、久病、消化不良、年老多产等导致气虚劳伤、气血不调、脱肛、子宫脱垂等症，也适用于不孕症、体虚盗汗、消化不良、长期瘦弱等。母牛产后缺乳用中药党参 18～24 克，川芎、炮穿山甲各 15～45 克，熟地黄 30～90 克，黄芪、当归、白芍、阿胶、甘草各 15～60 克，加水煎熬，待温凉后取汁灌服。每天 1～2 剂，连服 3 天即可见效。一些具有清热解毒、凉血解暑作用的中草药兼有药物和营养物质的双重作用，能够协调生理机能，减轻热应激造成的机能紊乱，增强对高温的适应性，增加营养物质的消化吸收利用，调整免疫机能。据报道，采用石膏、板蓝根、苍术、白芍、黄芪、党参、淡竹叶、甘草等，按一定比例配合粉碎添加于奶牛饲料，热天奶牛平均产奶量增加 1.5 千克/头，血糖浓度显著提高（$P<0.05$），对乳成分无显著影响。

养牛的实践证明，在兽医临床上使用中草药防治牛病可以取得非常好的效果，对牛病的防控起到了非常重要的作用。尤其是实行绿色无公害奶牛的养殖场不妨一试。

经验之三：奶牛场消毒的绝不是可有可无的

消毒是养牛场最常见的工作之一。保证养牛场消毒效果可以节省大量用于疾病免疫、治疗方面的费用。随着养牛业发展趋于集约化、规模化，养牛人必须充分认识到养牛场消毒的重要性。

但是很多养牛场经营者，还对此认识不足，主要存在以下几个方面的问题。一是认为消毒可有可无。有的人认为牛是大型食草家畜，抗病力强，不像鸡那样易受疫病的威胁。消毒措施不全或根本没有。有的做消毒时应付了事，牛舍没有彻底清扫、冲洗干净，就急忙喷洒消毒剂，使消毒剂先与环境中存在的有机物结合，以致对微生物的杀灭作用大为降低，很难达到消毒效果；有的嫌麻烦不愿意做，有的隔三差五做一次。听说周围养牛场有疫情了，就做一做，没有疫情就不做。本场发生传染病了，就集中做几次，时间一长又不坚持做了；有的干脆就不做。有的虽然做了消毒，但结果牛还是得病了，所以就认为消毒没什么作用。二是不知道消毒方法。在消毒方法上，不懂得消毒程序，不知道怎样消毒，以为水冲干净、粪清干净就是消毒。有的养牛场配制消毒剂时任意增减浓度。消毒剂的配比浓度过低，不能杀灭病原微生物。虽然浓度越大对病原微生物杀灭作用越强，但是浓度增大的范围是有限的，不是所有的消毒剂超出限度就能提高消毒效力。因为各种化学消毒剂的化学特性和化学结构不同，对病原微生物的作用也是各不相同。三是不会选择消毒剂。消毒剂单一，不知道根据消毒对象选择合适的消毒剂。有的养牛场长期使用1～2种消毒剂，没有定期更换，致使病原体产生耐药性，影响消毒效果。有的贪图便宜，哪个便宜买哪个，从市场上购进无生产批号、无生产厂家、无生产日期的“三无”消毒剂，使用后不但没达到消毒目的，反而影响生产，造成经济损失。

随着养牛业的发展，牛群的扩大，牛的疾病也逐渐增多，且复杂多样。牛也有易发的常见病和传染病如流行性感冒、口蹄疫、牛结核等。特别是牛的传染病，如果控制不当不仅会对牛场和专业户的生产带来严重损失，而且直接威胁着人们的健康。尤其是在病菌病毒大量生长繁殖的夏、秋季节，更有传染病发生流行的可能性。而做好消毒工作是控制传染病的关键措施之一，绝对不能忽视。因此，切实做好消毒工作是减少经济损失，快速发展牛业的重要环节。

消毒的目的是消灭病原微生物，如果存在病原微生物就有传播的可能，最常见的疾病传播方式是牛与牛之间的直接接触，引入疾病的最大风险总是来自于感染的牛。其他能够传播疾病的方式包括：空气传播，例如来自相邻牛场的风媒传播；机械传播，例如通过车辆、机械和设备传播；人员，通过鞋和衣物；鸟、鼠、昆虫以及其他动物（家养、农场和野生）；污染的饲料、水、垫料等。

疾病要想传播，首先必须有足够的活体病原微生物接触到牛。生物安全就是要尽可能减少或稀释这种风险。因此，卫生、清洗消毒就成了生物安全计划不可分割的部分。

因此，一贯的、高水准的清洗消毒是打破某些传染性疾病在场内再度感染的循环周期的有效方式。所以，养牛场必须高度重视消毒工作。

经验之四：养牛场怎样合理确定消毒方式？

消毒的目的是消灭被传染源散播于外界环境中的病原体，以切断传播途径，阻止疫病继续蔓延。这是预防和控制疫病的重要手段。消毒要做到根据养牛场的不同时期和情况确定合理消毒方法，既有长期性的消毒，又有临时性的消毒，做到重点突出、兼顾全面。

1. 传播途径不同，采取不同消毒措施

① 通过消化道传播的疫病：对饲料、饮水及饲养管理用具进行消毒。

② 通过呼吸道传播的疫病：空气消毒。

③ 通过节肢动物或啮齿动物传播的疫病：杀虫、灭鼠。

2. 预防性消毒

每年春秋结合转饲、转场，对牛舍、场地和用具各进行一次全面大清扫、大消毒；以后牛舍每月消毒一次，厩床每天用清水冲洗，土面厩床要勤清粪、勤垫圈。产房每次产犊前都要彻底进行消毒。预防性消毒可达到预防一般传染病的目的。

3. 随时消毒

在发生传染病时，为及时消灭刚从病畜体内排出的病原体而采取的消毒措施。对病牛和疑似病牛的分泌物、排泄物以及污染的土壤、场地、圈舍、用具和饲养人员的衣服、鞋帽都要进行彻底消毒，而且要多次、反复地进行。

4. 终末消毒

在病畜解除隔离、痊愈或死亡后，或者传染病扑灭后及疫区解除封锁前，为了消灭疫区内可能残留的病原体所进行的全面彻底的大消毒。必须进行终末大消毒。消毒剂可以使用10%～20%石灰乳、2%～5%火碱、0.5%～1%过氧乙酸、1/300菌毒敌等。

牛粪内常含有大量的病原体和虫卵，应集中做无害化处理。

经验之五：怎样具体搞好牛场消毒？

牛场消毒的目的是消灭传染源散播于外界环境中的病原微生物，切断传播途径，阻止疫病继续蔓延。牛场应建立切实可行的消毒制度，定期对牛舍地面土壤、粪便、污水、皮毛等进行消毒。

1. 牛舍消毒方法

牛舍除保持干燥、通风、冬暖、夏凉以外，平时还应做好消毒。一般分两个步骤进行：第一步先进行机械清扫；第二步用消毒液。牛舍及运动场应每周消毒一次，整个牛舍用2%～4%氢氧化钠消毒或用1∶(1800～3000）的百毒杀带牛消毒。

2. 进入场区之前的消毒方法

牛场应设有消毒室，室内两侧、顶壁设紫外线灯，地面设消毒池，用麻袋片或草垫浸4%氢氧化钠溶液，入场人员要更换鞋，穿专用工作服，做好登记。

牛场大门设消毒池（图5-1），经常喷4%氢氧化钠溶液或3%过氧乙酸等。消毒方法是将消毒液盛于喷雾器，喷洒天花板、墙壁、地面，然后再开门窗通风，用清水刷洗饲槽、用具，将消毒剂的药味除去。如牛舍有密闭条件，舍内无牛时，可关闭门窗，用福尔马林熏蒸消毒12～24小时，然后开窗通风24小时，福尔马林的用量为每立方米空间25～50毫升，加等量水，加热蒸发。一般情况下，牛舍消毒每周1次，每年再进行2次大消毒。产房的消毒，在产羔前进行1

图 5-1 养牛场消毒通道

次，产羔高峰时进行多次，产羔结束后再进行 1 次。在病牛舍、隔离舍的出入口处应放置浸有 4%氢氧化钠溶液的麻袋片或草垫，以免病原扩散。

3. 地面及粪尿沟的消毒方法

土壤表面可用 10%漂白粉溶液、4%福尔马林或 10%氢氧化钠溶液消毒。停放过芽孢杆菌所致传染病（如炭疽）病牛尸体的场所，应严格加以消毒。首先用上述漂白粉溶液喷洒地面，然后将表层土壤掘起 30 厘米左右，撒上干漂白粉与土混合，将此表土妥善运出并掩埋。

4. 牛舍墙壁和用具消毒方法

牛舍墙壁、牛栏等间隔 15～20 天定期用 15%的石灰乳或 20%的热草木灰水进行粉刷消毒。牛槽和用具用 3%的来苏儿溶液定期进行消毒。

5. 运动场消毒方法

清扫运动场，除净杂草后，用 5%～10%热碱水或撒布生石灰进行消毒。

6. 粪便无害化处理

牛的粪便要做无害化处理。无害化处理最实用的方法是生物热消毒法，发酵产生的热量能杀死病原体及寄生虫卵，从而达到消毒的目的。即在距牛场 100～200 米以外的地方设一堆粪场，将牛粪堆积起来，喷少量水，上面覆盖湿泥封严，堆放发酵 30 天以上，即可作肥料。

也可以实行生化处理，如沼化后发电，产生的沼液、沼渣等副产品经过稀释后还可用于养鱼。

7. 污水

最常用的方法是将污水引入处理池，加入化学药品（如漂白粉或其他氯制剂）进行消毒，用量视污水量而定，一般 1 升污水用 2～5 克漂白粉。

经验之六：影响消毒效果的主要因素

1. 消毒剂的选择是否正确

要选择对重点预防的疫病有高效消毒作用的消毒剂，而且要适合消毒的对象，不同的部位适合不同的消毒剂，地面和金属笼具最适合氢氧化钠，空间消毒最适合甲醛和高锰酸钾。

不同的消毒液对不同的病原体敏感性是不一样的，一般病毒对含碘、溴、过氧乙酸的消毒液比较敏感，细菌对含双链季铵盐类的消毒液比较敏感。所以，在病毒多发的季节或牛生长阶段（如冬春）应多用含碘、含溴的消毒液，而细菌病高发时（如夏季）应多用含双链季铵盐类的消毒液。对于球虫类的卵囊，则用杀卵囊药剂。

各种病原体只用一种消毒剂消毒不行，总用一种消毒液容易使病菌产生耐药性，同一批牛应交替使用 2～3 种消毒液。消毒液选择还要注意应选择不同成分而不是不同商品名的消毒液。因为市面上销售的消毒液很多是同药异名。

2. 稀释浓度是否合适

药液浓度是决定消毒剂对病原体杀伤力的第一要素，浓度过大或者过小都达不到消毒的效果，消毒液浓度并不是越高越好，浓度过高一是浪费，二会腐蚀设备，三还可能对牛造成危害。另外，有些消毒剂浓度过高反而会使消毒效果下降，如酒精在 75%时消毒效果最好。对黏度大、难溶于水的药剂要充分稀释，做到浓度均匀。

3. 药液量是否足够

要达到消毒效果，不用一定量的药液将消毒对象充分湿润是不行的，通常每立方米至少需要配制200～300毫升的药液。太大会导致舍内过湿，用量小又达不到消毒效果。一般应灵活掌握，在牛发病期、温暖天气等情况下应适当加大用量，而天气冷、育肥后期用量应减少。只有浓度正确才能充分发挥其消毒作用。

4. 消毒前的清洁是否彻底

有机物的存在会降低消毒效果。对欲消毒的地面、门窗、用具、设备、屋顶等均须事先彻底消除有机物，不留死角，并冲洗干净。污物或残料如灰尘、残料（如蛋白质）等都会影响消毒液的消毒效果，尤其消毒用具时，一定要先清洗再消毒，不能清洗消毒一步完成，否则污物或残料会严重影响消毒效果，使消毒不彻底。用高压加高温水，容易使床面黏附的脏物和油污脱落，而且干得快，从而缩短了工作时间。此外，在水洗前喷洗净剂，不仅容易使床面黏附的牛粪剥落，同时也能防止尘埃飞散。再则，在洗净时用铁刷擦洗，能有效地减少细菌数。

5. 消毒的时间是否足够

任何消毒剂都需要同病原体接触一定的时间，才能将其杀死，一般为30分钟。

6. 消毒的环境温度和湿度是否满足

消毒剂的消毒效果与温度和湿度都有关。一般情况下，消毒液温度高，消毒效果可加大，温度低则杀毒作用弱、速度慢。实验证明，消毒液温度每提高10℃，杀菌效力增加1倍，但配制消毒液的水温不超过45℃为好。另外，在熏蒸消毒时，需将舍温提高到20℃以上，才有较好的效果，否则效果不佳（舍温低于16℃时无效）；很多消毒措施对湿度的要求较高，如熏蒸消毒时需将舍内湿度提高到60%～70%，才有效果；生石灰单独用于消毒是无效的，须洒上水或制成石灰乳等。所以消毒时应尽可能提高药液或环境的温度，以及满足消毒剂对湿度的要求。

7. pH值是否吻合

由于冲洗不干净，牛舍内的pH值偏高（8～9）呈碱性，而在酸性条件下才能有效的消毒剂此时其效果将受到影响。

8. 水的质量是否达标

所有的消毒剂性能在硬水中都会受到不同程度的影响，如苯制剂、煤酚制剂会发生分解，降低其消毒效力。

9. 消毒是否全面

一般情况下对牛的消毒方法有三种，即牛体（喷雾或药浴）消毒、饮水消毒和环境消毒。这三种消毒方法可分别切断不同病原的传播途径，相互不能代替。喷雾消毒可杀灭空气中、牛体表、地面及屋顶墙壁等处的病原体；饮水消毒可杀灭牛饮用水中的病原体并净化肠道，对预防牛肠道病很有意义；环境消毒包括对牛场地面、门口过道及运输车（料车、粪车）等的消毒。因此，只有用上述三种方法共同给牛消毒，才能达到消毒目的。

经验之七：养牛场常用的消毒方法

1. 紫外线消毒

紫外线杀菌消毒是利用适当波长的紫外线能够破坏微生物机体细胞中的DNA（脱氧核糖核酸）或RNA（核糖核酸）的分子结构，造成生长性细胞死亡和（或）再生性细胞死亡，达到杀菌消毒的效果。牛场的大门、人行通道可安装紫外线灯消毒，工作服、鞋、帽也可用紫外线灯照射消毒（图5-2）。紫外线对人的眼睛有损害，要注意保护。

图5-2 养殖人员更衣室紫外线消毒

图 5-3 地面火焰消毒操作

2. 火焰消毒

地面火焰消毒（图 5-3）直接用火焰杀死微生物，适用于一些耐高温的器械（金属、搪瓷类）及不易燃的圈舍地面、墙壁和金属笼具的消毒。在急用或无条件用其他方法消毒时可采用此法，将器械放在火焰上烧灼 1～2 分钟。烧灼效果可靠，但对消毒对象有一定的破坏性。应用火焰消毒时必须注意房舍物品和周围环境的安全。对金属笼具、地面、墙面可用喷灯进行火焰消毒。

3. 煮沸消毒

煮沸消毒（图 5-4）是一种简单消毒方法。将水煮沸至 100℃，保持 5～15 分钟可杀灭一般细菌的繁殖体，许多芽孢需经煮沸 5～6 小时才死亡。在水中加入碳酸氢钠至 1%～2%浓度时，沸点可达 105℃，既可促进芽孢的杀灭，又能防止金属器皿生锈。在高原地区气压低、沸点低的情况下，要延长消毒时间（海拔每增高 300 米，需延长消毒时间 2 分钟）。此法适用于饮水和不怕潮湿耐高温的搪瓷、金属、玻璃、橡胶类物品的消毒。

煮沸前应将物品刷洗干净，打开轴节或盖子，将其全部浸入水中。锐利、细小、易损物品用纱布包裹，以免撞击或散落。玻璃、搪瓷类放入冷水或温水中煮；金属橡胶类则待水沸后放入。消毒时间均从水沸后开始计时。若中途再加入物品，则重新计时，消毒后及时取出物品。

4. 喷洒消毒

喷洒消毒法最常用，将消毒剂配制成一定浓度的溶液，用喷

图 5-4 煮沸消毒器

雾器对消毒对象表面进行喷洒，要求喷洒消毒之前应把污物清除干净，因为有机物特别是蛋白质的存在，能减弱消毒剂的作用。顺序为从上至下、从里至外。适用于牛舍、场地等环境（图 5-5、图 5-6）。

图 5-5 喷洒消毒操作一

图 5-6 喷洒消毒操作二

5. 生物热消毒

生物热消毒（图 5-7）指利用嗜热微生物生长繁殖过程中产生的高热来杀灭或清除病原微生物的消毒方法。将收集的粪便堆积起来后，粪便中便形成了缺氧环境，粪中的嗜热厌氧微生物在缺氧环境中大量生长并产生热量，能使粪中温度达 60～75℃，这样就可以杀死粪便中病毒、细菌（不能杀死芽孢）、寄生虫卵等病原体。适用于污染的粪便、饲料及污水、污染场地的消毒净化。

6. 焚烧法

焚烧法是一种简单、迅速、彻底的消毒方法，是消灭一切病原微

图 5-7 堆肥发酵

生物最有效的方法，因对物品的破坏性大，故只限于处理传染病动物尸体、污染的垫料、垃圾等。焚烧应在深坑焚烧后填埋（图 5-8）或在专用的焚烧炉（图 5-9）内进行。焚烧时要注意安全，须远离易燃易爆物品，如氧气、汽油、乙醇等。燃烧过程中不得添加乙醇，以免引起火焰上窜而致灼伤或火灾。对牛舍垫料、病牛死尸可进行焚烧处理。

图 5-8 深坑焚烧后填埋

图 5-9 焚烧炉焚烧

7. 深埋法

深埋法（图 5-10、图 5-11）是将病死禽、污染物、粪便等与漂白粉或新鲜的生石灰混合，然后深埋在地下 2 米左右之处。

8. 高压蒸汽灭菌法

高压蒸汽灭菌（图 5-12）是在专门的高压蒸汽灭菌器中进行的，是利用高压和高热释放的潜热进行灭菌，是热力灭菌中使用最普遍、效果最可靠边的一种方法。其优点是穿透力强、灭菌效果可靠、能杀灭所有微生物。高压蒸汽灭菌法适用于敷料、手术器械、药品、玻璃

图 5-10　深埋操作一

图 5-11　深埋操作二

图 5-12　高压蒸汽灭菌器

器皿、橡胶制品及细菌培养基等的灭菌。

9. 发泡消毒

发泡消毒法是把高浓度的消毒剂用专用发泡机制成泡沫散布牛舍内面及设施表面。主要用于水资源贫乏地区或为了避免消毒后的污水进入污水处理系统破坏活性污泥的活性以及自动环境控制牛舍，一般用水量仅为常规消毒法的 1/10。

经验之八：养殖场常用消毒剂及选用注意事项

消毒剂是指用于杀灭传播媒介上的微生物使其达消毒或灭菌要求的制剂。人们在消毒实践中，总要选择比较理想的化学消毒剂来使用。作为一个理想的化学消毒剂，应具备：能广谱地杀灭微生物，对畜禽无毒、无腐蚀性，对设备无污染、无腐蚀性，对设备无污染，具有洗涤剂作用，具有稳定性，作用迅速，不会因为有机物的存在而失去活性，能产生所期望的后效作用和廉价等。目前的化学消毒剂中，没有一种能够完全符合上述要求的。因此在使用中，只能根据被消毒物品性质、工作需要及化学消毒剂的性能来选择使用某种消毒剂。

一、常用化学消毒剂

根据化学结构可分为碱类、过氧化剂类、卤素类、醇类、酚类、醛类、季铵盐等。

1. 碱类

主要包括氢氧化钠、生石灰等，一般具有较高消毒效果，适用于潮湿和阳光照不到的环境消毒，也用于排水沟和粪尿的消毒，但有一定的刺激性及腐蚀性，价格较低。

(1) 氢氧化钠　俗称烧碱、火碱、片碱、苛性钠，为一种具有高腐蚀性的强碱，一般为片状或颗粒形态，易溶于水并形成碱性溶液，另有潮解性，易吸取空气中的水蒸气。能使蛋白质溶解，并形成蛋白化合物。可杀灭病毒、细菌和芽孢，加温为热溶液杀菌作用增加。但对皮肤、纺织品和铝制品腐蚀作用很大。配成2%热溶液，可喷洒消毒圈舍、场所、用具及车辆等。配成3%～5%热溶液，可喷洒消毒被炭疽芽孢污染的地面。消毒圈舍时，应先将畜禽超（牵）出圈外，以半天时间消毒后，将消毒过的饲槽、水槽、水泥或木板圈地用清水冲洗后，再让畜禽进入。

(2) 生石灰　又称氧化钙，为白色或灰白色块状或粉末，无臭，主要成分为氧化钙，易吸水，遇水生成氢氧化钙起消毒作用。氢氧根离子对微生物蛋白质具有破坏作用，钙离子也使细菌蛋白质变性而起到抑制或杀灭病原微生物的作用。生石灰加水生成的氢氧化钙对大多数细菌的繁殖体有效，但对细菌的芽孢和抵抗力较强的细菌如结核杆菌无效。因此常用于地面、墙壁、粪池和粪堆以及人行通道或污水沟的消毒。10%～20%石灰乳可用于涂刷墙壁、消毒地面。10%～20%的石灰乳配制方法是：取生石灰 5 千克加水 5 千克，待其化为糊状后，再加入 40～45 千克水搅拌均匀后使用。需现配现用。

2. 过氧化剂类

主要有双氧水、高锰酸钾、过氧化氢等。

(1) 双氧水 也称过氧化氢溶液，在接触创面时，因分解迅速而产生大量气泡，机械松动脓块、血块、坏死组织及组织粘连的敷料，有利于清除创面，去除痂皮，尤其对厌氧菌感染的创面更有效。同时还具有除臭和止血作用。冲洗口腔或阴道黏膜用0.3%～1%溶液；冲洗化脓创、恶臭面、溃疡和烧伤等用1%～3%溶液。

(2) 高锰酸钾 为紫红色结晶体，易溶于水，溶液呈紫红色。由于容易氧化，不能久置不用，最好临用前配制成1∶5000溶液。它是一种强氧化剂，对有机物的氧化作用、抗菌作用均是表浅而短暂的。低浓度高锰酸钾溶液（0.1%）可杀死多数细菌的繁殖体，高浓度时（2%～5%）在24小时内可杀死细菌芽孢。在酸性条件下可明显提高杀菌作用，如在1%的高锰酸钾溶液中加入1%盐酸，30秒钟即可杀死许多细菌芽孢。常用于饮水消毒（0.1%）、与甲醛配合熏蒸消毒、化脓性皮肤病、慢性溃疡、浸泡或湿敷。注意如果配制的溶液太浓，呈深紫色，或未充分溶解，仍有小颗粒状的高锰酸钾，用在皮肤或创面上，常造成皮肤灼伤，呈点状坏死性棕黑色点状斑。因此应用时，必须稀释至浅紫色，且不能久存。

预防感染用0.05%～0.2%的高锰酸钾溶液冲洗鹅体表面的啄伤、扎伤、溃疡的伤口，可促进愈合；鹅在断喙前后饮用0.01%～0.02%的高锰酸钾液，可以消炎、止血。

饲具消毒用0.05%的高锰酸钾溶液，既可对饮水器、食槽等饲具进行浸泡消毒，也可用作青绿饲料、入孵种蛋的浸泡消毒。

(3) 过氧乙酸 又名过醋酸，无色透明，有强烈的刺激性醋酸气味的液体。溶于水、乙醇、甘油、乙醚。水溶液呈弱酸性。加热至110℃强烈爆炸。产品通常为32%～40%乙酸溶液。过氧乙酸是强氧化剂，易挥发，并有强腐蚀性。

为高效、速效、低毒、广谱杀菌剂，对细菌繁殖体、芽孢、病毒、霉菌均有杀灭作用。作为消毒防腐剂，其作用范围广，使用方便，对畜禽刺激性小，除金属外，可用于大多数器具和物品的消毒，常用作带畜禽消毒，也可用于饲养人员手臂的消毒。市售消毒用过氧乙酸多为20%浓度的制剂。

① 浸泡消毒：0.04%～0.2%溶液用于饲养用具和饲养人员手臂消毒。

② 空气消毒：可直接用20%成品，每立方米空间1～3毫升。最好将20%成品稀释成4%～5%溶液后，加热熏蒸。

③ 喷雾消毒：5%浓度，对室内和墙壁、地面、门窗、笼具等表面进行喷洒消毒。

④ 带牛消毒：0.3%浓度用于带牛消毒，每立方米30毫升。

⑤ 饮水消毒：每升水加20%过氧乙酸溶液1毫升，让畜禽饮服，30分钟用完。

3. 卤素类

氟化钠对真菌及芽孢有强大的杀菌力，1%～2%的碘酊常用作皮肤消毒，碘甘油常用于黏膜的消毒。细菌芽孢比繁殖体对碘还要敏感2～8倍。还有漂白粉、碘酊、氯胺等。

（1）漂白粉　漂白粉是氢氧化钙、氯化钙和次氯酸钙的混合物，其主要成分是次氯酸钙，有效氯含量为30%～38%。漂白粉为白色或灰白色粉末或颗粒，有显著的氯臭味，很不稳定，吸湿性强，易受光、热、水和乙醇等作用而分解。漂白粉溶解于水，其水溶液可以使石蕊试纸变蓝，随后逐渐褪色而变白。遇空气中的二氧化碳可游离出次氯酸，遇稀盐酸则产生大量的氯气。国家规定漂白粉中有效氯的含量不得少于25%。

广泛使用漂白粉作为杀菌消毒剂，价格低廉、杀菌力强、消毒效果好。如用于饮用水和果蔬的杀菌消毒，还常用于游泳池、浴室、家具等设施及物品的消毒，还可用于废水脱臭、脱色处理上。在畜禽生产上一般用于饮水、用具、墙壁、地面、运输车辆、工作胶鞋等消毒。

（2）碘伏　别名强力碘。碘伏是单质碘与聚乙烯吡咯烷酮的不定型结合物。聚乙烯吡咯烷酮可溶解分散9%～12%的碘，此时呈现紫黑色液体。但医用碘伏通常浓度较低（1%或以下），呈现浅棕色。碘伏具有广谱杀菌作用，可杀灭细菌繁殖体、真菌、原虫和部分病毒。可用于畜禽舍、饲槽、饮水等的消毒。也可用于手术前和其他皮肤的消毒、各种注射部位皮肤消毒、器械浸泡消毒等。

4. 醇类

75%乙醇常用于皮肤、工具、设备、容器的消毒。

酒精又称乙醇，为无色透明的液体，易挥发、易燃烧，应在冷暗处避火保存。乙醇主要通过使细菌菌体蛋白质凝固并脱水而发挥杀菌或抑菌作用。以70%～75%乙醇杀菌力最强，可杀死一般病原菌的繁殖体，但对细菌芽孢无效。浓度超过75%时，由于菌体表层蛋白迅速凝固而妨碍乙醇向内渗透，杀菌作用反而降低。

乙醇对组织有刺激作用，浓度越大刺激性越强。因此，用本品涂擦皮肤，能扩张局部毛细血管，增强血液循环，促进炎性渗出物的吸收，减轻疼痛。常用70%～75%乙醇，用于皮肤、手臂、注射部位、注射针头及小件医疗器械的消毒，不仅能迅速杀灭细菌，还具有清洁局部皮肤、溶解皮脂的作用。

5. 酚类

酚类有苯酚、鱼石脂、甲酚等，消毒能力较强，但具有一定的毒性、腐蚀性，污染环境，价格也较高。

(1) 复合酚　本品为深红褐色黏稠液，有特臭。消毒防腐药，能有效杀灭口蹄疫病毒、猪水泡病毒及其他多种细菌、真菌、病毒等致病微生物。用于畜禽养殖专用，用于畜禽圈舍、器具、场地排泄物等消毒。对皮肤、黏膜有刺激性和腐蚀性；不可与碘制剂合用；碱性环境、脂类、皂类等能减弱其杀菌作用。

苯酚为原浆毒。0.1%～1%溶液有抑菌作用；1%～2%溶液有杀灭细菌和真菌作用，5%溶液可在48小时内杀死炭疽芽孢。该品一般配成2%～5%溶液用于用具、器械和环境等的消毒。

(2) 鱼石脂　内服为胃肠制酵药。外用对局部有消炎、消肿和促进肉芽生长等功效。用于慢性皮炎、蜂窝织炎等。

(3) 来苏儿　又称煤酚皂液、甲酚皂液。为黄棕色至红棕色的黏稠澄清液体，有甲酚的臭味，能溶于水和甲醇中，含甲酚50%。甲酚是邻、间、对甲苯酚的混合物。杀菌力强于苯酚2倍，对大多数病原菌有强大的杀灭作用，也能杀死某些病毒及寄生虫，但对细菌的芽孢无效。对机体毒性比苯酚小。与苯酚相比，甲酚杀菌作用较强，毒性较低，价格便宜，应用广泛。但来苏儿有特异臭味，不宜用于肉、蛋或肉库、蛋库的消毒；有颜色，不宜用于棉毛织品的消毒。

可用于畜禽舍、用具与排泄物及饲养人员手臂的消毒。用于畜禽舍、用具的喷洒或擦抹污染物体表面，使用浓度为3%～5%，作用时间为30～60分钟。用于手臂皮肤的消毒浓度为1%～2%。消毒敷料、器械及处理排泄物用5%～10%水溶液。

6. 醛类

可消毒排泄物、金属器械，也可用于栏舍的熏蒸，可杀菌并使毒素下降。具有刺激性、毒性，长期会致癌。有甲醛、戊二醛等。

（1）甲醛　又称福尔马林，无色水溶液或气体。有刺激性气味。能与水、乙醇、丙酮等有机溶剂按任意比例混溶。液体在较冷时久贮易混浊，在低温时则形成三聚甲醛沉淀。蒸发时有一部分甲醛逸出，但多数变成三聚甲醛。该品为强还原剂，在微量碱性时还原性更强。在空气中能缓慢氧化成甲酸。甲醛能使菌体蛋白质变性凝固和溶解菌体类脂，可以杀灭物体表面和空气中的细菌繁殖体、芽孢下真菌和病毒。杀菌谱广泛且作用强，主要用于畜禽舍、孵化器、种蛋、仓库及器械的消毒。应用上主要与高锰酸钾配合做熏蒸消毒。

（2）戊二醛　消毒作用比甲醛强2～10倍。可熏蒸消毒房间。喷洒、浸泡消毒体温计、橡胶与塑料制品等用2%溶液，消毒15～20分钟。熏蒸消毒密闭空间用10%甲醛溶液1.06毫升/立方米，密闭过夜。

7. 季铵盐

季铵盐如新洁尔灭、百毒杀、洗必泰等，既为表面活性剂，又为卤素类消毒剂，主要用于皮肤、黏膜、手术器械、污染的工作服的消毒。

（1）新洁尔灭　新洁尔灭也称溴苄烷铵，为无色或淡黄色澄清液体，易溶于水，水溶液稳定，耐热，可长期保存而效力不变，对金属、橡胶和塑料制品无腐蚀作用。抗菌谱较广，对多种革兰氏阳性和阴性细菌有杀灭作用。但对阳性细菌的杀菌效果显著强于阴性菌，对多种真菌也有一定作用，但对芽孢作用很弱，也不能杀死结核杆菌。本品杀菌作用快而强，毒性低，对组织刺激性小，较广泛地用于皮肤、黏膜的消毒，也可用于鹅用具和种蛋的消毒。

0.1%水溶液用于蛋的喷雾消毒和种蛋的浸涤消毒（浸涤时间不超过3分钟）。0.1%水溶液还可用于皮肤黏膜消毒。0.15%～2%水溶液可用于鹅舍内空间喷雾消毒。

避免使用铝制器皿，以防降低本品的抗菌活性，忌与肥皂、洗衣粉等正离子表面活性剂同用，以防对抗或减弱本品的抗菌效力。由于本品有脱脂作用，故也不适用于饮水的消毒。

（2）百毒杀　主要成分为双链季铵盐化合物，通常含量为10%，是一种高效表面活性剂。无色、无味液体，性质稳定。本品无毒、无刺激性，低浓度瞬间能杀灭各种病毒、细菌、真菌等致病微生物，具有除臭和清洁作用。主要用于舍、用具及环境的消毒。也用于孵化室、饮水槽及饮水消毒。

疾病感染消毒时，通常用0.05%溶液进行浸泡、洗涤、喷洒等。平时定期消毒及环境、器具、种蛋消毒，通常按1∶600稀释；进行喷雾、洗涤、浸泡。饮水消毒，改善水质时，通常按1∶(2000～4000)稀释。

（3）洗必泰　也称氯己定，作用强于苯扎溴铵，作用迅速且持久，毒性低，无局部刺激作用。与苯扎溴铵联用呈相加效力。常用于皮肤、黏膜、术野、创面、器械、器具的消毒。黏膜及创面消毒用0.5%溶液；栏舍喷雾消毒、手术用具擦拭消毒用0.5%溶液；器械消毒用0.1%溶液浸泡消毒3分钟；手的消毒用0.02%溶液浸泡3分钟。

二、在选择消毒剂时通常遵循的原则

常用消毒剂的选择与其他药物一样，化学消毒剂对微生物有一定选择性，即使是广谱消毒剂也存在这方面问题。因为不同种类的微生物（如细菌、病毒、真菌、霉形体等），或同类微生物中的不同菌株（毒株），或同种微生物的不同生物状态（如芽孢和繁殖体等），对同种消毒剂的敏感性并不完全相同。如细菌芽孢对各种消毒措施的耐受力最强，必须用杀菌力强的灭菌剂、热力或辐射处理，才能取得较好效果。故一般将其作为最难消毒的代表。其他如结核杆菌对热力消毒敏感，而对一般消毒剂的耐受力却比其他细菌为强。真菌孢子对紫外线抵抗力很强，但较易被电离辐射所杀灭。肠道病毒对过氧乙酸的耐受力与细菌繁殖体相近，但季铵盐类对之无效。肉毒杆菌素易为碱破坏，但对酸耐受力强。至于其他细菌繁殖体和病毒、螺旋体、支原体、衣原体、立克次体对一般消毒处理耐受力均差。常见消毒方法一般均能取得较好效果。所以，在选择消毒剂时应根据消毒对象和具体情况而定。

选用的原则是首先要考虑该药对病原微生物的杀灭效力，在有效抗菌浓度时，易溶或混溶于水，与其他消毒剂无配伍禁忌。对大幅度温度变化显示长效稳定性，贮存过程中稳定。其次是对牛和人的安全性，在使用条件下高效、低毒、无腐蚀性，无特殊的臭味和颜色，不对设备、物料、产品产生污染。同时还应具有来源广泛、价格低廉和使用方便等优点，才能选择使用。

三、使用消毒剂时的注意事项

① 将需要消毒的环境或物品清理干净，去掉灰尘和覆盖物，有利于消毒剂发挥作用。

② 养殖场应多备几种消毒剂，定期交替使用，以免产生耐药性。

③ 密切注意消毒剂市场的发展动态，及时选用和更换最佳的消毒新产品，以达最佳消毒效果。

经验之九：治疗牛病的常用药物

规模化养牛场在奶牛饲养过程中，不可避免地面对各种牛病，需要采用相应的药物进行对症治疗。以下所列的药物，就是根据奶牛饲养中常出现的一些病症所常用的药物而应准备的。

1. 常用抗生素

（1）青霉素G　对链球菌、肺炎球菌、面蓟球菌、脑膜炎球菌、钩端螺旋体、白喉杆菌、破伤风梭菌、炭疽杆菌和放线菌高度敏感。对结核杆菌、立克次体无效，对繁殖期细菌作用强；用量为0.5万～1万单位/千克体重，2～3次/天。牛乳房灌注，挤奶后每个乳室10万单位，1～2次。不宜口服，适宜肌肉注射，若静脉注射时，只用钠盐。

（2）氨苄青霉素　用于牛严重感染肺炎、肠炎、败血症、泌尿道感染、犊牛白痢。片剂 0.25 毫克/片，每次内服量为 12 毫克/天，2～3 次/天；肌肉注射或静脉注射量为 4～15 毫克/千克体重，2～4 次/天。

(3) 土霉素　对多种病原微生物和原虫都有效，用于治疗牛副伤寒、牛出血性败血症、牛布氏杆菌病、牛炭疽、牛子宫内膜炎等，对放线菌病、钩端螺旋体病、气肿疽病有一定疗效。内服用量为 10～20 毫克/千克体重，分 2～3 次；肌肉或静脉注射量为 2.5～5 毫克/千克体重。

(4) 头孢菌素类　头孢菌素除用于青霉素的适应证外，也适用于耐药金色葡萄球菌、革兰氏阴性菌所致的严重呼吸道、泌尿道和乳腺的炎症。有时还用于铜绿假单胞菌的感染及敏感菌所致的中枢神经系统感染如脑炎等。肌肉注射用量为 25 毫克/千克体重，3 次/天。

(5) 红霉素　用于治疗耐青霉素的葡萄球菌感染、溶血性链球菌引起的肺炎、子宫内膜炎、败血症。内服用量为 2.2 毫克/千克体重，每天 3～4 次；深层肌肉或静脉注射为 2～4 毫克/千克体重。

(6) 两性霉素 B　用于治疗胃肠道细菌感染，内服不易吸收；静脉注射治疗全身性真菌感染。本品不宜肌肉注射，配合阿司匹林、抗组胺药可减少不良反应。静注每次用量为 0.125～0.5 毫克/千克体重，隔日 1 次，或每周 2 次，总量不能超过 8 毫克/千克体重。

(7) 卡那霉素　主要应用于革兰氏阴性菌如大肠杆菌、沙门菌、布氏杆菌引起的败血症、呼吸道感染、泌尿系统感染及乳腺炎。内服用量为 3～6 毫克/千克体重，3 次/天；肌肉注射为 10～15 毫克/千克体重，2 次/天。

(8) 泰乐菌素　主要应用于胸膜肺炎、肠炎、子宫炎等。肌肉注射为 1.5～2 毫克/千克体重，2 次/天。

2. 化学合成抗菌药

(1) 磺胺间甲氧嘧啶　各种全身或局部感染疗效良好，对弓形虫病效果更好。内服首次量为 0.2 克/千克体重，维持量每次用量为 0.1 克/千克体重。

(2) 磺胺二甲氧嘧啶　要用于呼吸道、泌尿道、消化道及局部感染，对球虫病、弓形虫病疗效较高。内服用量为 0.1 克/千克体重，1 次/天。

（3）磺胺对甲氧嘧啶　用于泌尿道、皮肤及软组织感染。内服首次量为 0.2 克/千克体重，维持量减半；肌肉注射用量为每次 0.1～0.2 毫克/千克体重，2 次/天。

（4）磺胺嘧啶　治疗脑部细菌感染的首选药物。常用于霍乱、伤寒、出血性败血症、弓形虫病的治疗。内服首次量为 0.14～0.2 克/千克体重，维持量为 0.07～0.1 克/千克体重，每天 2 次。

（5）磺胺脒　适用于肺炎、腹泻等肠道细菌感染疾病，内服用量为 0.1～0.3 克/千克体重，分 2～3 次服用。

（6）磺胺醋酰　主要用于眼部感染如结膜炎、角膜化脓性溃疡，常用 10％溶液或 30％软膏。

（7）诺氟沙星　用于敏感菌引起的泌尿道、呼吸道、消化道等感染及支原体疾病。内服用量为 10 毫克/千克体重，2 次/天；肌肉注射用量为 5 毫克/千克体重，2 次/天。

（8）环丙沙星　对革兰氏阳性菌和阴性菌都有较强的作用；对铜绿假单胞菌、厌氧菌有较强的抗菌活性，用于敏感菌引起的全身感染及霉形体感染。内服用量为 2.5～5 毫克/千克体重，2 次/天；肌肉注射用量为 2.5～5 毫克/千克体重；静脉注射每次用量为 2.5 毫克/千克体重，2 次/天。

（9）恩诺沙星　主要用于犊牛大肠杆菌、沙门菌、霉形体病感染。内服一次量为 2.5 毫克/千克体重，2 次/天，连用 3～5 天。

3. 驱虫药

（1）敌百虫　临床用于治疗各种线虫病，外用治疗牛皮蝇蛆和体虱等外寄生虫病，内服用量为 10～50 毫克/千克体重；配成 2％溶液外用杀螨、蚊、蝇及虱、吸血昆虫。本品安全范围小，易引起中寿，可用阿托品解救。

（2）左旋咪唑　主要用于驱除蛔虫、线虫；还可用于治疗奶牛乳房炎。无蓄积作用，超量会中毒，可用阿托品解救。内服用量为 7.5 毫克/千克体重。

（3）阿维菌素　对多种线虫如血茅线虫、毛团属线虫、哥伦比亚结节虫及 4 期幼虫、副丝虫等都有良好的驱除作用；对螨、虱、蝇等也有较好效果；对吸虫和绦虫无效。内服用量为 0.2 毫克/千克体重，皮下注射用量为每次 0.2 毫克/千克体重。

(4) 硝氯酚 对肝片吸虫成虫有良效，对童虫仅部分有效。内服用量为 3～7 毫克/千克体重，深层肌肉注射为 0.5～1 毫克/千克体重，1 次/2 天，连用 2 次。

(5) 吡喹酮 理想的广谱灭绦、抗吸虫及血吸虫用药，用于动物血吸虫病、绦虫病和囊尾蚴病。用量为 10～35 毫克/千克体重，1 次/天，连用 3 天；静脉注射或肌肉注射 10～20 毫克/千克体重，1 次/天，连用 2～4 天。

(6) 氯硝柳胺 主要驱除肠内绦虫，如莫尼茨绦虫。临床上给药前空腹一夜。对前后盘吸虫、双门吸虫及具幼虫也有驱杀作用，也可用于灭钉螺。内服用量为 60～70 毫克/千克体重。

(7) 氯苯胍 对多种球虫及弓形虫有效，内服量为 40 毫克/千克体重，1 次/4 天，4 天为 1 疗程，隔 5～6 天再用 1 疗程。

(8) 盐酸氨丙啉 主要对柔嫩和毒害艾美尔球虫有高效抗杀作用；内服或混饲给药 25～66 毫克/千克体重，1～2 次/天。

(9) 盐雷素 抗革兰氏阳性菌和梭菌，对厌氧菌高效。用于球虫病防治，盐霉素饲料拌药用量为犊牛 20～50 毫克/千克饲料。

(10) 贝尼尔 治疗焦虫、锥虫都有作用，特别适合对其他药物耐药的虫株。肌肉注射用量为 3.5 毫克/千克体重。

4. 作用于消化系统的药物

(1) 龙胆及制剂 用于食欲减少、消化不良等症。龙胆末口服用量为 20～50 克；龙胆酊内服用量为 50～100 毫升。

(2) 大黄及制剂 大黄小剂量时健胃，中剂量时收敛止泻，大剂量时泻下。临床主要用于健胃。大黄末内服健胃用量为 20～40 克；复方大黄酊内服用量为 30～100 毫升。

(3) 陈皮酊 用于食欲不振、消化不良、积食臌气、咳嗽痰多等症。内服用量为 30～100 毫升。

(4) 人工盐 小剂量可健胃、中和胃酸，用于消化不良、胃肠弛缓；大剂量缓泻，用于便秘。健胃内服用量为 50～150 克。

(5) 鱼石脂 用于瘤胃膨胀、急性胃扩张、前胃弛缓、胃肠臌气、消化不良和腹泻；配合泻药治疗便秘；外用治疗各种慢性炎症。

内服用量为10～30克/次。

（6）胃复安　用于治疗牛前胃弛缓、胃肠活动减弱、消化不良、肠膨胀及止吐。内服用量为犊牛0.1～0.3毫克/千克体重，牛0.1毫克/千克体重，2～3次/天；肌肉或静脉注射用量同片剂。

（7）芒硝　小剂量内服有健胃作用，大剂量可使肠内渗透压提高，保持大量水分，增加肠内容积，稀释肠内容物软化粪便，促进排粪。临床常用于治疗大肠便秘（用6%～8%溶液），排除肠内毒物或辅助驱虫药排出虫体、治疗牛第三胃阻塞（用25%～30%溶液）、冲洗化脓创和瘘管，促进淋巴外渗，排除细菌和毒素，清洁创面，促进愈合。内服用量健胃时15～50克，泻下时400～800克。

（8）液体石蜡　适用于小肠便秘，作用缓和，安全性大，孕牛可用，不宜反复多次使用。内服用量为500～1000毫升/次。

（9）食用植物油　适用于瘤胃积食、小肠便秘、大肠阻塞。内服用量为500～1000毫升/次。

（10）鞣酸蛋白　主要用于急性肠炎和非细菌性腹泻。内服用量为10～20克。

5. 呼吸系统用药

（1）氯化氨　主要用于呼吸道炎症初期、痰液黏稠而不易排出的病牛，也可用于纠正碱中毒。禁止与磺胺药物合用，不可与碱及重金属盐配合使用。内服用量为10～25克/次。

（2）复方甘草合剂　主要作为祛痰、镇咳药，具有镇咳、祛痰、解毒、抗炎、平喘的作用，用于一般性咳嗽。内服用量为50～100毫升/次。

（3）氨茶碱　用于痉挛性支气管炎、急慢性支气管哮喘、心衰气喘；可辅助治疗心性水肿；用于利尿，宜深部肌肉或静脉注射，不宜与维生素、盐酸四环素等酸性药物配伍使用。肌肉或静脉注射用量为1～2克/次。

6. 生殖系统用药

（1）黄体酮　使子宫内膜及腺体生长，抑制子宫肌收缩，以利受精卵及胎儿生长发育；在雌激素共同作用下，使乳腺发育；用于先兆性流产的保胎药和同期发情药。肌肉注射，15～25毫克/次，必要时间隔5～10天可重复应用。泌乳奶牛禁用。

（2）醋酸甲地孕酮　为高效黄体激素。用于母畜同期发情、早期流产和先兆性流产等。内服，15～20毫克/次。

（3）促卵泡素　促进卵泡的生长和发育，在小剂量黄体生成素的协同作用下，可促使卵泡分泌雌激素，引起母牛发情。静脉、肌肉或皮下注射用量为10～50毫克。

（4）马促性腺激素　用于促进母畜发情和排卵；在牛胚胎移植技术中促使母牛超数排卵。皮下注射或静脉注射1000～2000单位。

（5）注射用绒促性素　具有促促卵泡素和黄体激素的作用。用于促进母畜卵成熟、排卵（或超数排卵）和形成黄体；增强同期发情的同期排卵效果，治疗性机能减退。肌肉注射1000～1500单位。

（6）催产素　用于子宫颈已开放但娩出无力的难产排除死胎或胎衣、产后止血和促进产后子宫复原。还可促进生乳素分泌，引起排乳。肌肉注射、静脉注射或皮下注射。缩宫用75～100单位；催乳用10～20单位。催产素20单位＋维生素E 100毫克，混入10%葡萄糖注射液500毫升，静滴后按摩母畜乳房，可治产后缺乳症。

7. 解热镇痛抗炎药

（1）扑热息痛　主要用于解热镇痛。内服用量为10～20毫克/千克体重。

（2）阿司匹林　有较强的解热镇痛、抗炎抗风湿作用，用于发热、风湿症和神经、肌肉、关节疼痛。内服用量为15～30毫克/千克体重。

（3）消炎痛　用于治疗风湿性关节炎、神经痛、腱鞘炎、肌肉损伤等。内服用量为1毫克/千克体重。

（4）安乃近　解热镇痛，抗炎抗风湿，解除胃肠道平滑肌痉挛。皮下或肌肉注射3～10克/次。

8. 解毒药

（1）阿托品　对有机磷和拟胆碱药中毒有解毒作用。用于缓解胃肠平滑肌的痉挛性疼痛，解救有机磷和拟胆碱药中毒；亦可于麻醉前给药，减少呼吸道腺体分泌，还可用于缓慢型心律失常。皮下或肌肉注射用量为15～30毫克。抢救休克和有机磷农药中毒，用量酌情加大。

（2）碘解磷定　有机磷中毒的解毒药，用于有机磷杀虫剂中毒的解救。静脉注射用量为15～30毫克/千克体重。

（3）双解磷　作用与碘解磷定相似，肌肉注射或静脉注射用量为3～6克/千克体重。

（4）解氟灵　有机氟杀虫药和毒鼠药氟乙酰胺、氟乙酸钠的解毒药。肌肉注射用量为0.1～0.3毫克/千克体重。

（5）亚甲蓝　小剂量可用于亚硝酸盐中毒的解救，大剂量可用于氰化物中毒的解救。静脉用量为亚硝酸盐中毒牛1～2毫克/千克体重，氰化物中毒牛25～10毫克/千克体重。

（6）亚硝酸钠　用于氰化物中毒的解救。静脉用量：2克/次。

（7）二巯基丁二酸钠　主要用于锑、汞、铅、砷等中毒的解救。静脉注射用量为20毫克/千克体重，临用前用生理盐水稀释成5%～10%溶液，急性中毒，4次/天，连用4天；对于慢性中毒，1次/天，5～7天为一个疗程。

经验之十：养殖场苍蝇的解决办法

① 及时清除舍内粪便污水，应特别注意死角中的粪便和污水，尽可能保持粪便干燥，尽可能做到每天清理一次。搞好舍内外的清洁卫生，定期消毒。妥善处理清除的粪便，及时拉走并进行无害化处理。场内的废旧垫料和病死畜禽也要妥善处理。

② 对墙面、过道、天花板、门窗、料位、饲料桶、饮水器等所有苍蝇可能栖身的地方用左旋氯菊酯喷施，可有效杀灭外来苍蝇，有效期长达45～60天。

③ 定期进行环境消毒。使用含氯的消毒剂，利用苍蝇不喜欢氯的特殊气味从而起到趋散的作用。

④ 在饲料中添加环丙氨嗪5～10毫克/千克，按说明使用，隔周饲喂或连续饲喂4～6周。环丙氨嗪通过饲料途径饲喂动物，进入动物体内基本不被吸收，绝大部分都以药物原型的形式随粪便排出体外，分布于动物的粪便中，直接阻断幼虫（蛆）的神经系统的发育，

使得幼虫（蛆）不能蜕皮而直接死亡，从而使蝇蛆不能蜕变成苍蝇，在粪便中发挥彻底的杀蝇蛆作用，能够从根本上控制苍蝇的产生，达到彻底控制苍蝇的目的。环丙氨嗪必须采用逐级混合的办法搅拌均匀后使用；在 4 月中旬苍蝇季节开始前应及时使用。

经验之十一：奶牛正常的粪便是什么样的?

健康牛的粪便具有一定的形状（环圆形、扁圆形、馒头形）和硬度（软硬适中），无异臭。牛粪表面无黏液，更无血液，光滑，有光泽，褐黄色，一次排粪落在一起。

亚健康牛和病牛的牛粪表现如下。

① 粪干如球状，牛采食量少，或发热，或严重缺水，或日粮为干硬粗饲料。

② 粪稀不成形的原因有气候突变引起消化不良的肠胃病；饲料霉变引起病菌侵犯的肠道病；精饲料过多引起的酸中毒症。

③ 牛粪表面有黏液或血液，缺乏运动或发热引起便秘。育肥牛的年龄、饲料饲养条件、饮水量、病态等因素都会影响牛粪便的形状，尤其是疾病。

牛粪形状是牛健康状态的晴雨表，因此可根据牛粪的形状判断牛是否健康强壮，患的是什么病。饲养管理人员应早、中、晚三次观察牛粪，发现粪便异常时要及时采取诊断和治疗。

经验之十二：治疗牛病的注射方法

注射是治疗牛病和对牛进行免疫接种的最主要方式，常用的注射方法有肌肉注射、静脉注射、皮下注射、皮内注射、瓣胃注射、瘤胃穿刺和气管内注射等。

1. 肌肉注射

由于肌肉内血管丰富，注入药液后吸收很快，另外，肌肉内的感觉神经分布较少，注射引起的疼痛较轻。一般药品都可肌肉注射。肌肉注射（图 5-13、图 5-14）是将药液注于肌肉组织中，一般选择在肌肉丰富的臀部和颈侧。注射前，调好注射器，抽取所需药液，对拟注射部位剪毛消毒，然后将针头垂直刺入肌肉适当深度，待牛安静之后，接上注射器，回抽活塞无回血即可注入药液。注射后拔出针头，注射部位涂以碘酊或酒精。注意，在注射时不要把针头全部刺入肌肉内，一般为 3～5 厘米，以免针头折断时不易取出。过强的刺激药，如水合氯醛、氯化钙、水杨酸钠等，不能进行肌肉注射。

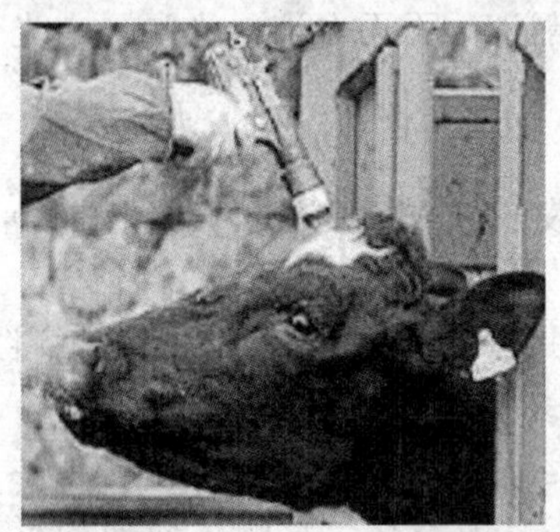
图 5-13 肌肉注射操作一

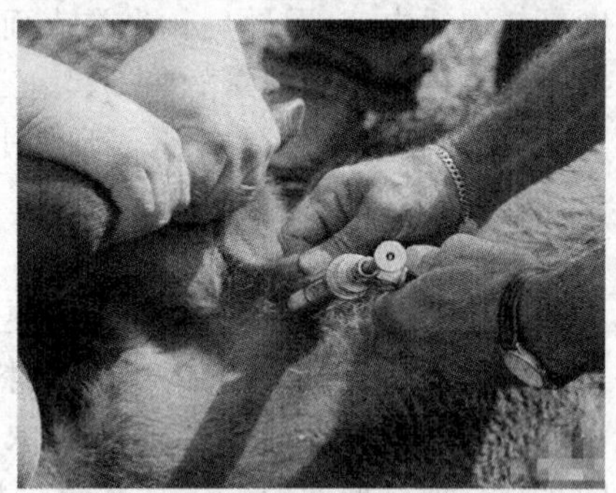
图 5-14 肌肉注射操作二

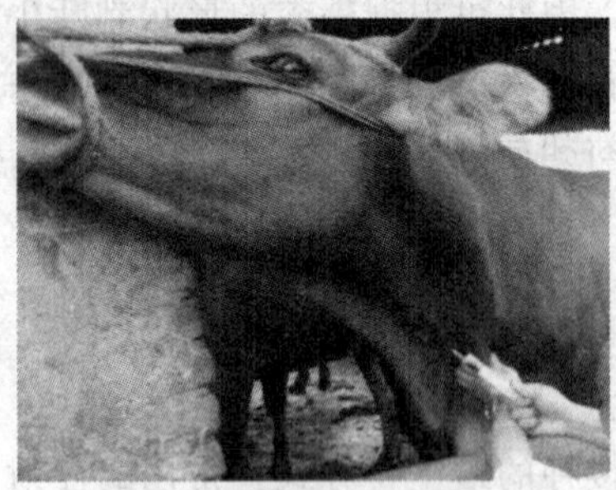
图 5-15 静脉注射操作一

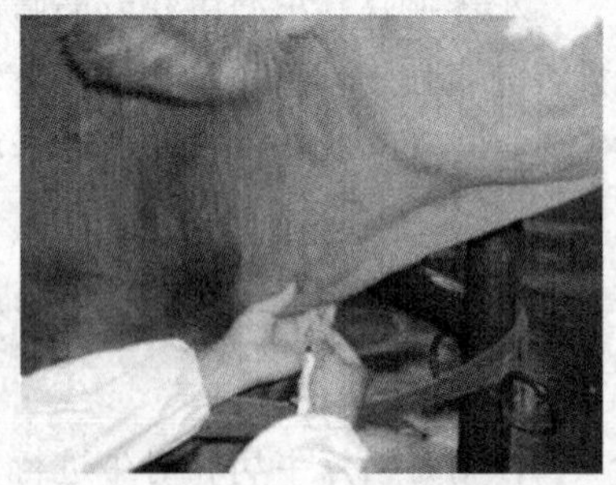
图 5-16 静脉注射操作二

2. 静脉注射

静脉注射（图 5-15～图 5-17）是利用药品注入血管后随血流迅速遍布全身、药效迅速、药物排泄快的特点，常用于急救、输血、输

图 5-17　静脉输液操作

液及不能肌肉注射的药品。静脉注射的部位为左侧或右侧颈静脉沟的上 1/3 和中 1/3 交界处的颈静脉血管。注射前切实固定好牛头，并使颈部稍偏向一侧。局部剪毛消毒，注射针头为 12 号或 16 号，针柄套上 6 厘米左右长的乳胶管，消毒备用。注射时术者右手持针，左手紧压颈静脉沟的中 1/3 处，确认静脉充分鼓起后，在按压点上方约 2 厘米处，立即于进针部消毒，然后右手迅速将针垂直或呈 45°角刺入静脉内，如准确无误，血液呈线状流出，将针头继续顺血管推进 1～2 厘米。术者放开左手，接上盛有药液的注射器或输液管。用输液管输液时，可用手持或夹子将输液管前端固定在颈部皮肤上。缓缓注入药液。注射完毕，迅速拔出针头，用酒精棉球压住针孔，按压片刻，最后涂以碘酒。

注射过程中如发现推不动药液、药液不流或出现注射部位肿胀时，采取如下措施：①针头贴到血管壁上，轻轻转动针头，即可恢复正常；②针头移出血管外，轻轻转动注射器稍微后拉或前推，出现回血再继续注射；③拔出后重新刺入。

注射时，对牛要确实保定，针刺部位要准确，动作要利索，避免多次刺扎。注入大量药液时速度要慢，以每分钟 30～60 滴、每分钟 20～30 毫升为宜，药液应加温至 35～38℃即接近体温。一定要排净注射器或胶管中的空气。注射刺激性的药液时不能漏到血管外。油类制剂不能静脉注射。

3. 皮下注射

皮下注射（图 5-18、图 5-19）就是将药物注入皮下结缔组织

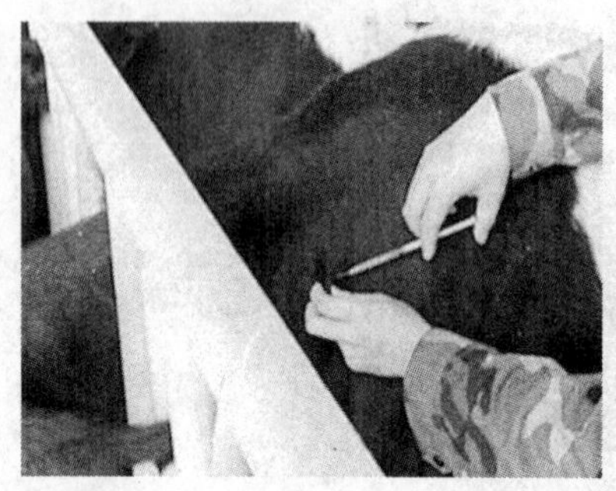

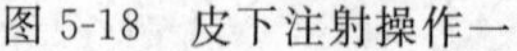

图 5-18 皮下注射操作一

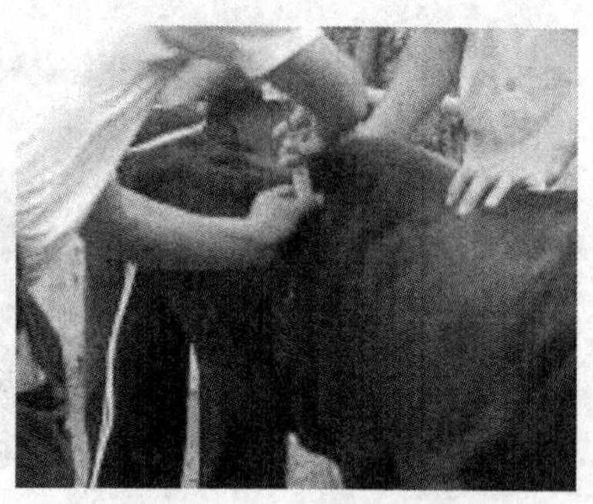

图 5-19 皮下注射操作二

中，由于皮下有脂肪层，注入的药物吸收比较慢。注射部位一般在牛颈部侧面皮肤松弛的部位。用 5%碘酒消毒注射部位，注射时左手食指、拇指捏起皮肤使之成皱襞，右手持注射器，使针头和皮肤呈 45°角刺入皮下，顺皮下向里深入约 3 厘米注入药液，然后用碘酒消毒注射部位。常用于各种疫苗、菌苗等注射及肾上腺素和阿托品等。

4. 皮内注射

皮内注射方法为牛结核菌素试验等常用的方法，其部位为颈部皮肤或尾根两侧皮肤。左手将皮肤捏成皱襞，右手持 1 毫升注射器和 7 号左右针头。几乎使针头和注射皮面呈平行刺入，针进入皮内后，左手放松，右手推注（图 5-20）。进针准确时，注射后皮肤表面呈一小圆丘状（图 5-21）。

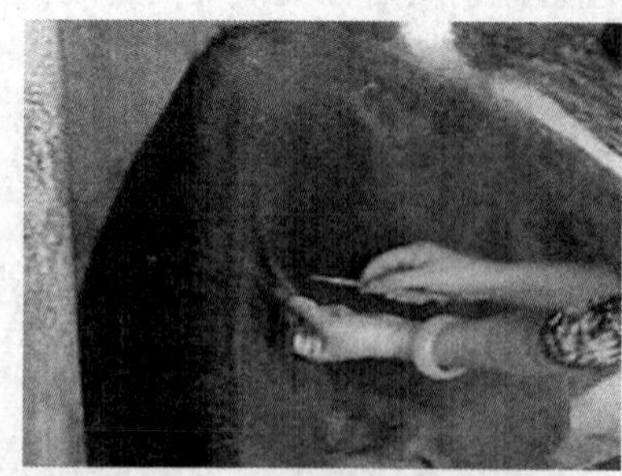

图 5-20 皮内注射

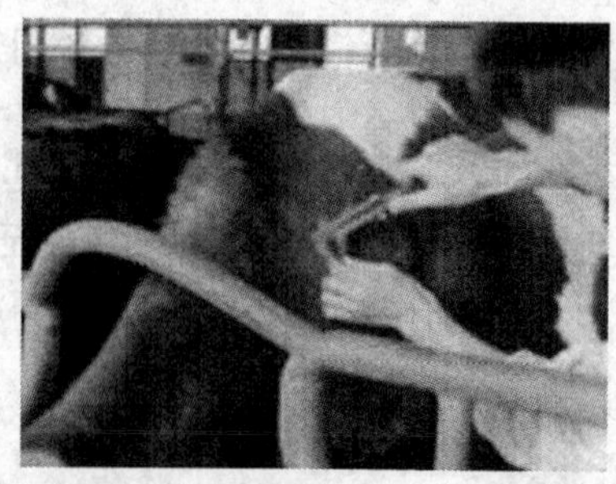

图 5-21 查看注射结核菌素结果

5. 瓣胃注射

此种注射的目的是治疗牛瓣胃阻塞。注射部位为牛右侧第 8～9 肋间的肩关节水平线上下各 2 厘米处（图 5-22）。用长约 15 厘米的 18 号针头在上述部位刺入（图 5-23），针头向左侧肘头方向进针，针刺破皮后，再用手辅依次刺入肋间肌、胸膜和瓣胃，深度一般为 8～12 厘米（视牛肥瘦和膘情而定），当感觉到有阻力和刺穿瓣胃内草团的“沙沙”音时，表明针已进入瓣胃内，然后安上盛有灭菌蒸馏水的注射器反复抽吸（注入吸出），针管内有浅绿色或淡黄色胃内容物时，证明针已插入第三胃，然后注入生理盐水 10～15 毫升，并倒抽所注液体 5 毫升左右，证明针头确实注入瓣胃内（液体中有混浊的食物沉渣时），将药物注入其中。注完后用手指堵住针尾慢慢拔出针头，术部涂碘酊。

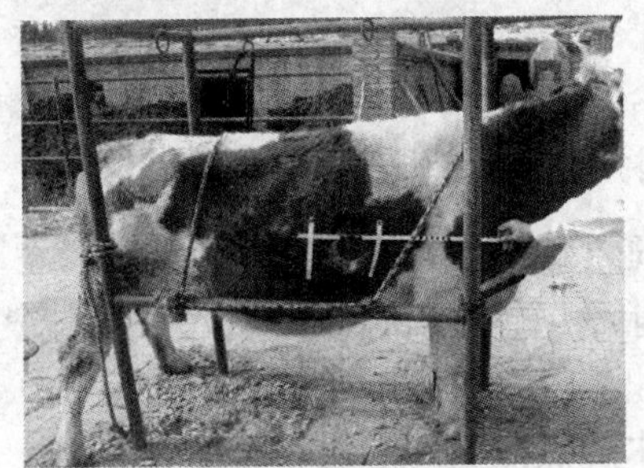

图 5-22 注射点定位

图 5-23 瓣胃注射操作

要求穿刺部位要正确，严格执行无菌操作，最好是几次穿刺用一个针眼，以防过多刺伤腹壁和胃壁，引起不良的后果；进针时宜张紧皮肤进针，这样注射后，皮肤针眼与内部肌肉针眼错位，可防止气胸出现。

6. 瘤胃穿刺术

瘤胃穿刺术主要用于瘤胃急性臌气时的放气。通常穿刺的部位是左肷部臌气最高处（图 5-24）。将欲进针处消毒，稍向上推动皮肤。右手持穿刺针、套管针或 16 号注射针头，向牛体内侧入即可放气（图 5-25）。放气时切勿太快。如针被阻塞，可用针芯或消毒后的细铁丝捅通。

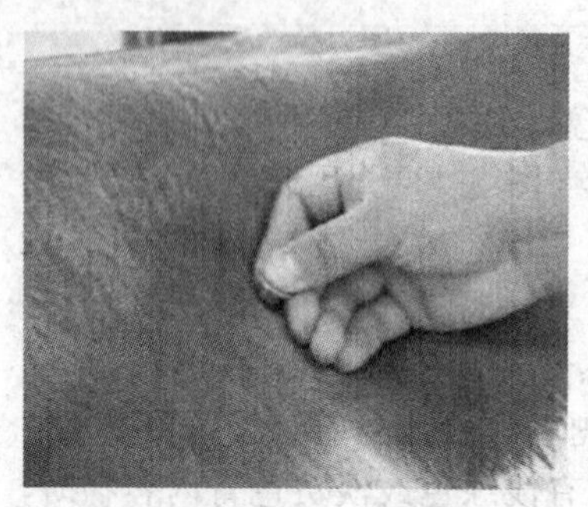
图 5-24 瘤胃穿刺操作一

图 5-25 瘤胃穿刺操作二

7. 气管内注射

气管内注射常用于肺部驱虫，治疗气管和肺部疾病。站立保定好动物，抬高头部，术部剪毛消毒，用手保定气管。治疗气管炎时，针头刺入第 3～4 软骨环之间。治疗肺炎时，在接近胸腔处的气管内注射。注射的药液加温至 38℃左右，以免冷药液刺激气管黏膜而将药液咳出。病畜咳嗽剧烈时，先注射 2%普鲁卡因 5～10 毫升，以减低气管敏感性。

8. 注射时易发生的问题和处理方法

（1）药液外漏　在进行静脉注射时针头移出血管，药液漏（流）入皮下。发现这种情况，要立即停止注射，用注射器尽量抽出漏出的药液。如果氯化钙、葡萄糖酸钙、水合氯醛、高渗盐水等强刺激类药物漏出时，向漏出部位注入 10%的硫代硫酸钠或 10%硫酸钠（或硫酸镁）10～20 毫升。也可用 5%的硫酸镁局部热敷，以促进漏液的吸收，缓解疼痛，并避免发生局部坏死。

（2）针头折断　一般在肌肉注射时发生。由于动物骚动不安，肌肉紧张或注射时用力不匀造成。一旦发生，尽快取出断针。当断针露出皮肤时，用止血钳等器械夹住断头拔出。断头在深部时，保定动物，局部麻醉后，在针眼处手术切开取出。

经验之十三：牛的投药方法

对牛进行预防性用药，多数都采取经口投服。如病牛尚有食欲，药量较少并且无特殊气味，可将其混入饲料或饮水中让其自由采食，但对于饮食欲废绝的病牛或投喂药量较大，并有特殊气味的情况，有必要采取人工强制投药方式。

1. 灌药法

灌药法多用橡皮瓶或长颈玻璃瓶和竹筒。一人牵住牛鼻绳，抬高牛头，必要时使用鼻钳。术者一手从牛的一侧口角伸入，打开口腔，另一手持盛满药液的药瓶从另一侧口角伸入，并送向舌背部，待吞咽后继续灌至药液完（图 5-26）。

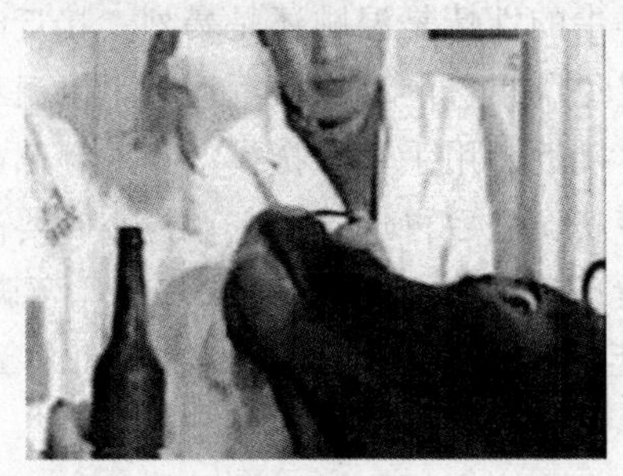

图 5-26　灌药操作

2. 片剂、丸剂、舔剂投药法

操作者用一只手从一侧口角伸入打开口腔，另一只手持药片，药丸或用竹片刮取舔剂自另一侧口角送入舌面，使口闭合，待其自行咽下。如有丸剂投药器，则先将药丸装入投药器内，操作者持投药器自牛一侧口角伸入并送至舌根部，随即将药丸打（推）出，抽出投药器，待其自行咽下。

3. 胃导管投药法

操作者立于牛头一侧，一只手握住鼻端，另一只手持胃导管从鼻腔一侧插入。胃导管前端到达咽喉部时，稍停或轻轻抽动胃导管（也可以从外面轻轻触摸咽喉部）以引起其吞咽，随即插入。插入时，如牛比较安静，在导管外端可听到不规则咕噜音，但无气流冲耳，在导管外端可嗅闻到有胃酸臭味，将导管外端放入盆内水中，随着牛的呼吸运动盆内的水无连续气泡等，可确定胃导管在食道内。之后接上漏斗，进行灌药。为保证灌药的安全，可先投入少量清水，证明无误后再行灌药。灌完药液后再灌少量的清水，并从胃导管外端用嘴吹入气体，然后慢慢抽出胃导管。

经验之十四：牛的一般临床检查

牛的临床检查是掌握牛健康状况和及时发现牛病的最直接方法，作为养殖者必须懂得检查方法，并坚持经常性地做好检查。

接近前要了解牛的性情是温顺还是暴烈；接近时由牛主人或饲养人员在旁协助，避免用粗鲁的动作接近动物，以温和的接近呼声从其侧前方慢慢接近；接近后用手轻轻抚摸动物的颈侧或背部，要仔细观察动物的反应，待其安静后再进行检查；检查时要注意其攻击人的习性，应将一只手置于动物的肩部或髋结节部，两脚呈“丁”字步或“稍息”姿势，一旦病畜剧烈骚动抵抗时，即可作为支点将其推向对侧并迅速离开。

按照先群体后个体、先整体后局部、从前到后、从左到右、从上到下、先静后动（先静止后牵溜）的原则进行检查。

一般检查主要包括整体检查、被毛检查、眼结膜检查、呼吸检查、体温检查、脉搏数检查、鼻液检查、口腔检查、嗳气检查、反刍检查、咳嗽检查、排粪检查和排尿检查等。

1. 整体检查

整体状态的检查主要在于观察动物的精神状态、营养及体格发育状况、姿势等。

2. 被毛检查

健康牛的被毛平顺而有光泽，每年春、秋两季脱换新毛。被毛粗乱、无光泽，易脱落，多见于营养不良、某些寄生虫病、慢性传染病。局部被毛脱落，可见于湿疹、疥癣等皮肤病。

3. 眼结膜检查

检查牛眼结膜，通常需检查牛的眼球结膜，即巩膜和眼睑结膜，巩膜检查是重点。检查眼结膜前首先应观察眼睑有无肿胀、损伤及分泌物的数量和性状，然后打开眼睑检查。检查时，检查者两手持牛角，使牛头转向侧方，巩膜自然露出（图 5-27）。或者检查者用大拇指将下眼睑压开。

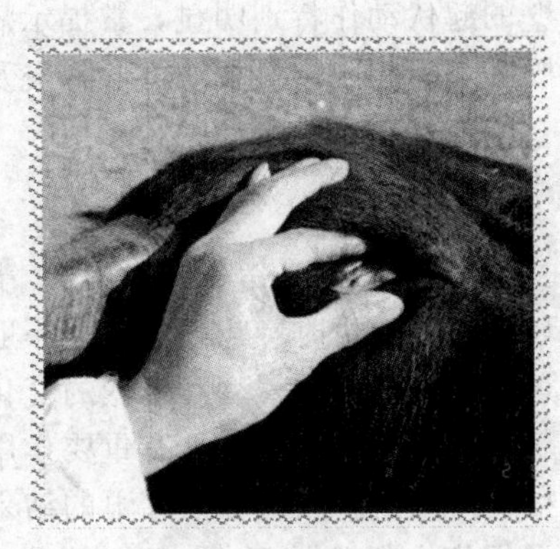

图 5-27 眼结膜检查

结膜苍白、结膜弥漫性潮红和结膜黄染等变化，均属疾病状态。一般来说，结膜潮红是充血的象征，结膜苍白是贫血的象征，结膜发绀是缺氧的象征，结膜黄染为血液中胆红素含量增高的表示。眼睑肿胀并伴有羞明流泪是眼炎和结膜炎，大量的浆液性分泌物是轻度结膜炎，黄色、黏稠性的分泌物是化脓性结膜炎的标志。

眼结膜检查注意事项：应在适宜光线下，最好在自然光线下检查；不宜反复检查，检查时要进行两侧对照，注意观察有无分泌物及分泌物特点。

4. 呼吸检查

牛的呼吸检查主要检查呼吸方式和呼吸数。

呼吸数的检查应在牛安静时进行。测定时检查者站在牛的前侧方或者是后侧方，观察牛胸腹部的起伏运动，胸腹壁的一起一伏，即是一次呼吸。计算 1 分钟的呼吸次数，健康犊牛为每分钟 20～50 次，成年牛每分钟为 15～35 次。在炎热季节、外界温度过高、日光直射、圈舍通风不良时，牛的呼吸数增多。也可将手放于鼻孔上，感知呼吸气流或放于腹部，感知起伏运动来测定牛每分钟的呼吸次数。

健康牛的呼吸方式呈胸腹式，即呼吸时胸壁和腹壁的运动强度基本相等。检查牛的呼吸方式，应注意牛的胸部和腹部起伏动作的协调和强度。如出现胸式呼吸，即胸壁的起伏动作特别明显，多见于急性瘤胃臌气、急性创伤性心包炎、急性腹膜炎、腹腔大量积液等。如出现腹式呼吸，即腹壁的起伏动作特别明显，常提示病变在胸壁，多见于急性胸膜炎、胸膜肺炎、胸腔大量积液、心包炎及肋骨骨折、慢性肺气肿等。

5. 体温检查

体温是评价牛生命活动的重要指标。在正常情况下，除外界气候、运动、使役等环境条件的暂时影响外，体温一般变化在较为恒定的范围内，但病理过程则发生不同程度和形式的变化。因此，临床上测定这些指标在诊断牛的疾病、检疫等上有重要作用。

牛属于恒温动物，体温是产热与散热守恒的结果，正常的生理功能依赖于相对的体温恒定。奶牛的正常体温为37.5～39.5℃，黄牛的正常体温为37.5～39.0℃。

影响牛体温的因素有年龄、性别、品种、营养及生产性能，牛在兴奋、运动与使役、采食、反刍活动之后，外界气候条件（温度、湿度、风力等）和地区性的影响、昼夜温差等。健康牛的正常体温昼夜内略有变动，一般从凌晨1:00～上午9:00体温较低，中午以后体温略高，相差0.5℃左右，当体温高于正常为发热，见于各种病原体所引起牛的全身感染，也见于某些变态反应性疾病和内分泌代谢障碍性疾病。牛发生疾病的过程中，连续的体温动态变化曲线称为热型。根据体温升高的程度，将发热分为低热（超过正常体温0.5～1.0℃）、中热（超过正常体温1～2℃）、高热（超过正常体温2～3℃）、超高热（超过正常体温3℃）等；也可根据热型曲线，将发热分为稽留热、弛张热、间歇热、波状热、不规则热等。

体温降低（体温低下）多因机体产热不足，或体热散失过多，致使体温低于常温。见于某些中枢神经系统的疾病与中毒，重度的衰竭、营养不良及贫血等；频繁下痢的病畜，其直肠温可能偏低。顽固的低体温多提示预后不良。

检查体温一般是检查牛直肠内的温度。测温时先将体温表的水银柱甩至35℃以下，用酒精棉球擦拭消毒，必要时涂以润滑剂。然后检查者站于牛的正后方，用一手将尾根提起，另一手将体温计经肛门稍向前方插入直肠，停留3～5分钟后取出，用消毒棉球擦拭干净后再读取水银柱上刻度数。测定好后，要把体温计擦洗干净，甩下水银柱，以备用。

6. 脉搏数检查

在安静状态下检查牛的脉搏数。通常是触摸牛的尾中动脉。检查人站立在牛的正后方，左手将牛的毛根略微抬起，用右手的食指和中指压在尾腹面的尾中动脉上进行计数（图5-28、图5-29）。计算1分钟的脉搏数。一般成年牛脉搏数为每分钟60～80次，青年牛70～90次，犊牛为90～110次。

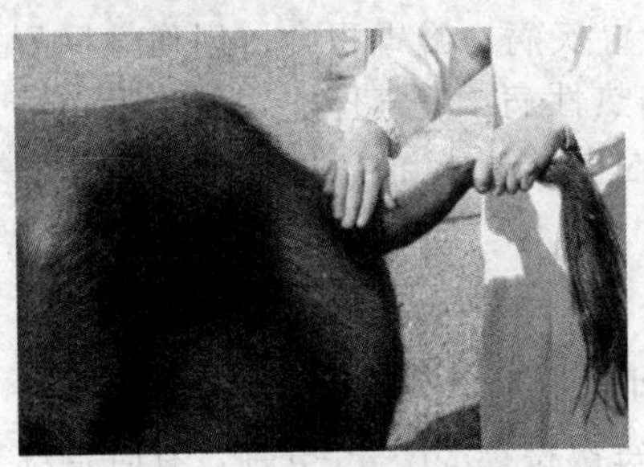

图5-28　脉搏的确定方法

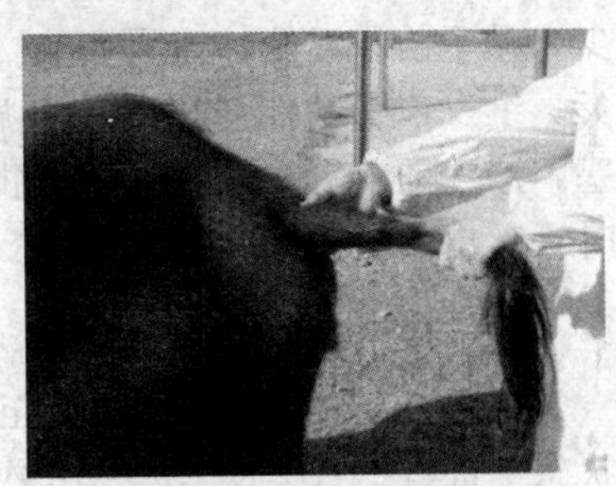

图5-29　脉搏的检查方法

脉搏增多（快脉）是心脏活动加快的结果。见于多数的发热性疾病，心脏病（如心衰、心肌炎、心包炎），呼吸器官疾病，各型贫血及失血性病，伴有剧烈疼痛性的疾病（如腹痛症、四肢带痛性疾病），以及某些中毒病等；脉搏减少（慢脉）是心动徐缓的结果，通常预后不良。见于某些脑病（如脑肿瘤、脑脊髓等）及中毒（如洋地黄），也可见于胆血症（胆道阻塞性疾病）以及垂危病畜等。

7. 鼻液检查

健康牛有少量的鼻液，并常用舌头舔掉。如见较多鼻液流出则可能为病态。通常可见黏液性鼻液、脓性鼻液、腐败性鼻液、鼻液中混有鲜血、鼻液呈粉红色、铁锈色鼻液。鼻液仅从一侧鼻孔流出，见于单侧的鼻炎、副鼻窦炎。

8. 口腔检查

进行牛的口腔检查，用一只手的拇指和食指从两侧鼻孔捏住鼻中隔并向上提，同时用另一只手握住舌并拉出口腔外，即可对牛的口腔全面观察。健康牛口黏膜为粉红色，有光泽。口黏膜有水疱，常见于水泡性口炎和口蹄疫。口腔过分湿润或大量流涎，常见于口炎、咽炎、食道梗塞、某些中毒性疾病和口蹄疫。口腔干燥，见于热性病、长期腹泻等。当牛食欲下降或废绝，或患有口腔疾病时，口内常发生异常的臭味。当患有热性病及胃肠炎时，舌苔常呈灰白或灰黄色。

9. 嗳气检查

健康牛一般每小时嗳气20～40次。嗳气时，可在牛的左侧颈静脉沟处看到由下而上的气体移动波，有时还可听到咕噜声。嗳气减少，见于前胃迟缓、瘤胃积食、真胃疾病、瓣胃积食、创伤性网胃炎、继发前胃功能障碍的传染病和热性病。嗳气停止，见于食道梗塞，严重的前胃功能障碍，常继发瘤胃臌气。当牛发生慢性瘤胃迟缓时，嗳出的气体常带有酸臭味。

10. 反刍检查

健康牛一般在喂后半小时至1小时开始反刍，通常在安静或休息状态下进行。每天反刍4～10次，每次持续20～40分钟，有时持续1小时，反刍时返回口腔的每个食团进行40～70次咀嚼，然后再咽下。

11. 咳嗽检查

健康牛通常不咳嗽，或仅发一两声咳嗽。如连续多次咳嗽，常为病态。通常将咳嗽分为干咳、湿咳和痛咳。干咳，声音清脆，短而干，疼痛比较明显。干咳常见于喉炎、气管异物、气管炎、慢性支气管炎、胸膜肺炎和肺结核病。温咳，声音湿而长、钝浊，随咳嗽从鼻孔流出大量鼻液。湿咳常见于咽喉炎、支气管炎、支气管肺炎。痛咳，咳嗽时声音短而弱，病牛伸颈摇头。痛咳见于呼吸道异物、异物性肺炎、急性喉炎、胸膜炎、创伤性网胃炎、创伤性心包炎等。此外，还可见经常性咳嗽，即咳嗽持续时间长，常见于肺结核病和慢性支气管炎。

12. 排粪检查

正常牛在排粪时，背部微弓起，后肢稍微开张并略往前伸。每天排粪 10～18 次。排粪带痛，在排粪时表现疼痛不安，弓腰努责，常见于腹膜炎、直肠损伤和创伤性网胃炎等。牛不断地做排粪动作，但排不出粪或仅排出很少量，见于直肠炎。病牛不采取排粪姿势，就不自主地排出粪便，见于持续性腹泻和腰荐部脊髓损伤。排粪次数增多，不断排出粥样或水样便，即为腹泻，见于肠炎、肠结核、副结核及犊牛副伤寒等。排粪次数减少、排粪量减少，粪便干硬、色暗，外表有黏液，见于便秘、前胃病和热性病等。

13. 排尿检查

观察牛在排尿过程中的行为与姿势是否异常。牛排尿异常有多尿、少尿、频尿、无尿、尿失禁、尿淋沥和排尿疼痛。

经验之十五：孕牛用药有讲究

母牛怀孕后，各器官发生一定的生理变化，对药物的反应与未孕母牛不完全相同，药物的分布和代谢也受妊娠的影响。因此，孕畜临床不合理用药将会导致胚胎死亡、流产、死胎和胎儿畸形，造成医源性疾病。

① 发生疾病时要考虑副作用与毒害作用。首先要考虑药物对胚胎和胎儿有无直接或间接的危害作用。其次是药物对母牛有无副作用与毒害作用。

② 早期用药要慎重。一切从保胎原则出发，当发生疾病必须用药时，可选用不会引起胚胎早期死亡和致畸作用的常用药物。

③ 用药剂量要准确。剂量不宜过大，时间不宜过长，以免药物蓄积作用而危害胚胎和胎儿。

④ 选准用药时间，一般在白天发作或白天转重的疾病，以及病在四肢、血脉的病牛，均应早上服药；若属于阴虚的疾病，如脾虚泄泻、阴虚盗汗、肺虚咳嗽，多在夜间发作或加重，均应在晚上给药；健脾理气药、涩肠止泻药，在饲喂前给药可提高疗效；治疗瘤胃疾病

可喂帮助消化的药物，如消化酶，在饲喂间给药效果最好；对一些刺激性强的药物，饲喂后给药可缓解对胃的刺激；慢性疾病，饲喂后服药，缓慢吸收，作用持久；当然，患疾病、重病及对服药时间无严格要求的一般疾病，可在任何时间服药。

⑤ 慎用全身麻醉药、驱虫药和利尿药。禁用直接或间接影响生殖机能的药物，如前列腺素、肾上腺皮质激素和促肾上腺皮质激素、雌激素。严禁使用子宫收缩的药物，如催产素及垂体后叶制剂、麦角制剂、氨甲酰胆碱和毛果芸香碱。使用中药时应禁用活血祛瘀、行气破滞、辛热、滑利中药，如桃红、红花、乌头等。对云南白药、地塞米松等也应慎重使用。

⑥ 如果不是十分严重的病，不要使用抗生素，如果非用抗生素不可，最好选用针剂注射方式给药。因为牛是多胃动物，口服给药时，抗生素会把奶牛瘤胃的部分有益微生物杀死，从而造成奶牛瘤胃中微生物群落失衡。小犊牛在瘤胃微生物群落还未建立起来之前，为了防病、促进生长，适量饲喂一些抗生素是可以的，但长到 7～8 个月时就不要再喂，以免影响瘤胃微生物，引起消化机能障碍。另外，给奶牛注射抗生素的次数也要尽量少，因为奶牛性情胆小，非常敏感，注射时的刺激会对奶牛产奶量产生影响。

有人认为，孕畜用药都是有害，这种观念要改变。延误孕牛的治疗，反而损害母牛的健康，造成母牛与胎儿双亡现象。因此，孕牛患病时应积极用药治疗，确保母体健康。

经验之十六：护理高热病牛“六多”

高热是牛患重病的表现，特别是高热过久时，牛体各系统器官的功能及代谢都会发生障碍，营养消耗增加，消化功能减弱，畜体消瘦，以致引起并发症。因此，对高热的病牛，除及时请兽医诊疗外，对病牛应加强护理，给予好的居住和饮食条件，帮助病牛与有害因子作斗争，迅速康复。

① 多休息：牛舍应保持清洁卫生和安静的良好环境，让病牛多休息，减少肌肉活动，降低病牛体力的消耗，减少热量的产生。病牛

睡眠时不要打扰，较好的睡眠可明显增强牛体的免疫力，提高抵抗力。

② 多饮水：病牛发热后，牛体营养物质消耗多，口干舌燥，食欲降低，以致厌食。所以，应满足水的供应，否则将加剧病情。要多饮水，以补充体液，促使肠道毒素排出，在饮水中加入适量的糖、盐更好。

③ 多通风：牛怕热，夏季气温高时，可打开前、后门窗通风，加速空气对流，有利于畜体散发热量。天太热的中午和下午 3 时前，可开机送风，以加大气流和通风量，有利于降低牛体温。环境温度过高或过低都对病牛不利。

④ 多冷敷：病牛体温过高时，除用药外，可用冰水、冷水冷敷头部，如果配合刷拭牛体效果更好。冷水要 5 分钟左右换一次，以保持冰凉，保护病牛脑细胞和下丘脑体温调节中枢的正常功能，防止丧失调节体温的能力。但胃寒或打寒战的病牛忌用。

⑤ 多喂料：病牛高热减食后，要多喂适口、易消化、有营养和有咸味的好饲料，再多喂些青饲料，以满足病畜的营养需要，增强抗病能力。必要时饲喂调理肠胃的药物，以增强食欲。一旦病牛吃料量有所增加，说明病情大有好转。

⑥ 多看护：对高热病牛要加强护理，要有专人看护，尤其是重症病牛，每天早晨和午后测 2 次体温，以掌握病牛的热型和体温的变化，并做好病历记录。退热后的病牛常伴有大量出汗，要用干净毛巾及时擦干。注意观察，防止病牛虚脱和体温骤降。特别是大风降温天气或夏秋季阴雨天气和气温下降的夜间，要做好保温措施，防止病牛因着凉感冒再次发热而加重病情，以避免一病没好又添一病。

经验之十七：免疫接种后出现免疫反应的处置经验

1. 观察免疫接种后动物的反应

免疫接种后，在免疫反应时间内，要观察免疫动物的饮食、精神状况等，并抽查检测体温，对有异常表现的动物应予登记，严重时应及时救治。

（1）正常反应　是指疫苗注射后出现的短时间精神不好或食欲稍减等症状，此类反应一般可不做任何处理，可自行消退。

（2）严重反应　主要表现在反应程度较严重或反应动物超过正常反应的比例。常见的反应有震颤、流涎、流产、瘙痒、皮肤丘疹、注射部位出现肿块、糜烂等，最为严重的可引起免疫动物的急性死亡。

（3）合并症　指个别动物发生的综合症状，反应比较严重，需要及时救治。

① 血清病：抗原抗体复合物产生的一种超敏反应，多发生于一次大剂量注射动物血清制品后，注射部位出现红肿、体温升高、荨麻疹、关节痛等，需精心护理和注射肾上腺素等。

② 过敏性休克：个别动物于注射疫苗后 30 分钟内出现不安、呼吸困难、四肢发冷、出汗、大小便失禁等，需立即救治。

③ 全身感染：指活疫苗接种后因机体防御机能较差或遭到破坏时发生的全身感染和诱发潜伏感染，或因免疫器具消毒不彻底致使注射部位或全身感染。

④ 变态反应：多为荨麻疹。

2. 处理动物免疫接种后的不良反应

① 免疫接种后如产生严重不良反应，应采用抗休克、抗过敏、抗炎症、抗感染、强心补液、镇静解痉等急救措施。

② 对局部出现的炎症反应，应采用消炎、消肿、止痒等处理措施；对神经、肌肉、血管损伤的病例，应采用理疗、药疗和手术等处理方法。

③ 对合并感染的病例用抗生素治疗。

3. 不良免疫反应的预防

为减少、避免动物在免疫过程中出现不良反应，应注意以下事项。

① 保持动物舍温度、湿度、光照适宜，通风良好；做好日常消毒工作。

② 制定科学的免疫程序，选用适宜的毒力或毒株的疫苗。

③ 应严格按照疫苗的使用说明进行免疫接种，注射部位要准确，接种操作方法要规范，接种剂量要适当。

④ 免疫接种前对动物进行健康检查，掌握动物健康状况。凡发病的，精神、食欲、体温不正常的，体质瘦弱的、幼小的、年老的、怀孕后期的动物均应不予接种或暂缓接种。

⑤ 对疫苗的质量、保存条件、保存期均要认真检查，必要时先做小群动物接种实验，然后再大群免疫。

⑥ 免疫接种前，避免动物受到寒冷、转群、运输、脱水、突然换料、噪声、惊吓等应激反应。可在免疫前后3～5天在饮水中添加速溶多维或维生素C、维生素E等以降低应激反应。

⑦ 免疫前后给动物提供营养丰富、均衡的优质饲料，提高机体非特异免疫力。

经验之十八：牛结核病的防治体会

牛结核病（bovine tuberculosis）主要是由牛型结核分枝杆菌引起的一种人畜共患的慢性传染病。其病理特征是多种组织器官形成肉芽肿，干酪样和钙化结节；临床特征表现为贫血、渐进性消瘦、体虚乏力、精神萎靡不振和生产力下降。世界动物卫生组织（OIE）将其列为B类动物疫病，我国将其列为二类动物疫病。

本病奶牛最易感，其次为水牛、黄牛、牦牛。人也可感染。结核病病牛是本病的主要传染源。牛型结核分枝杆菌随鼻汁、痰液、粪便和乳汁等排出体外，健康牛可通过被污染的空气、饲料、饮水等经呼吸道、消化道等途径感染。

潜伏期一般为10～45天，有的可长达数月或数年。通常呈慢性经过。临床以肺结核、乳房结核和肠结核最为常见。

肺结核：以长期顽固性干咳为特征，且以清晨最为明显。患畜容易疲劳，逐渐消瘦，病情严重者可见呼吸困难。

乳房结核：一般先是乳房淋巴结肿大，继而后方乳腺区发生局限性或弥漫性硬结，硬结无热无痛，表面凹凸不平。泌乳量下降，乳汁变稀，严重时乳腺萎缩，泌乳停止。

肠结核：消瘦，持续下痢与便秘交替出现，粪便常带血或脓汁。

防治体会：由于本病无明显的季节性和地区性，多为散发。不良的环境条件以及饲养管理不当可促使结核病的发生，如饲料营养不足，矿物质、维生素的不足；厩舍阴暗潮湿、牛群密度过大；阳光不足，运动缺乏，环境卫生差，不消毒，不定期检疫等。因此，通常采取加强检疫，防止疾病传入，扑杀病牛，净化污染群，培育健康牛群，同时加强消毒等综合性防疫措施。

同时，由于牛结核病不能根治，加上治疗费用开支较大，一般患本病的牛不予治疗，应按照《牛结核病防治技术规范》的要求进行处理。

（1）健康牛群（无结核病牛群） 平时加强防疫、检疫和消毒措施，防止疾病传入。每年春、秋各进行一次变态反应方法检查。引进牛时，应首先就地检疫，确认为阴性方可购买；运回后隔离观察1个月以上，再进行一次检疫，确认健康方可混群饲养。禁止结核病患者饲养牛群。若检出阳性牛，则该牛群应按污染牛群对待。

（2）污染牛群 每年应进行四次检疫。对结核菌素阳性牛立即隔离，一般不予保留饲养，以根绝传染源；对临床检查为开放性结核病牛立即扑杀。凡判定为疑似反应牛，在25～30天进行复检，其结果仍为疑似反应时，可酌情处理。在健康牛群中检出阳性反应牛时，应在30～45天后复检，连续三次检疫不再发现阳性反应牛时，方可认为是健康牛群。

（3）培育健康犊牛 当牛群中病牛多于健康牛时，可通过培育健康犊牛的方法更新牛群。方法：设置分娩室，病牛分娩前，消毒乳房及后躯，犊牛出生后立即与母牛分开，用2%～5%来苏儿消毒全身，擦干，送往犊牛预防室，喂初乳5天，然后饲喂健康牛乳或消毒乳。犊牛在隔离饲养的6个月中要连续检疫三次，在生后20～30天进行第一次检疫，100～120天进行第二次检疫，6月龄时进行第三次检疫。根据检疫结果分群隔离饲养，阳性反应者淘汰。

（4）消毒措施 每季度定期大消毒1次。牛舍、运动场每月消毒2～3次，饲养用具每周消毒2～3次，产房每周进行一次大消毒，分娩室在临产牛生产前及分娩后各进行一次消毒。养殖场以及牛舍入口设置消毒池。进出车辆与人员要严格消毒。消毒剂要定期更换，以保证一定的药效。粪便生物热处理方可利用。检出病牛后进行临时消毒。常用消毒剂有10%漂白粉、3%福尔马林、3%氢氧化钠溶液、

5%来苏儿。

（5）工作人员　牛场工作人员每年要定期进行健康检查。发现有患结核病的应及时调离岗位，隔离治疗。工作人员的工作服、用具要保持清洁，不得带出牛场。

经验之十九：牛布氏杆菌病的防治体会

布氏杆菌病（Brucellosis，简称布病）是由布氏杆菌属细菌引起的人畜共患的常见传染病。我国将其列为二类动物疫病。在家畜中牛、羊最易发生，而且极易使接触病牛、病羊的人发生布氏杆菌病，遭受疾病的痛苦折磨。在临床上，虽然猪等其他家畜也可感染发病，但是与牛、羊相比却轻得多。

母牛较公牛易感，犊牛对本病具有抵抗力。随着年龄的增长，抵抗力逐渐减弱，性成熟后，对本病最为敏感。病畜可成为本病的主要传染源，尤其是受感染的母畜，它们在流产和分娩时，将大量布氏杆菌随着胎儿、胎水和胎衣排出体外，流产后的阴道分泌物以及乳汁中都含有布氏杆菌。易感牛主要是由于摄入了被布氏杆菌污染的饲料和饮水而感染。也可通过皮肤创伤感染。布氏杆菌进入牛体后，很快在所适应的组织或脏器中定居下来。病牛将终生带菌，不能治愈，并且不定期地随乳汁、精液、脓汁，特别是母畜流产的胎儿、胎衣、羊水、子宫和阴道分泌物等排出体外，扩大感染。人的感染主要是由于手部接触到病菌后再经口腔进入体内而发生感染。近年来，由于市场经济活跃，牛、羊买卖频繁，使牛、羊布氏杆菌病的发生出现了明显的上升趋势，而且人患此病的数量也在不断增加。人患此病称为懒汉病，患者全身软弱，乏力，食欲缺乏，失眠，咳嗽，有白色痰，可听到肺部干鸣，盗汗或大汗，一个或多个关节发生无红肿热的疼痛，肌肉酸痛，应用一般镇痛药不能缓解，由于关节和肌肉疼痛难忍，即使不发热也不能劳动，成为只能吃饭不能干活的懒汉，故该病又被称作懒汉病。男性患者病灶发生在生殖器官，睾丸肿大，影响生育，严重者可引起死亡。目前此病已成为最重要的人畜共患病。

牛感染布氏杆菌后，潜伏期通常为2周至6个月。主要临床症状为母牛流产，也能出现低热，但常被忽视。妊娠母牛在任何时期都可能发生流产，但流产主要发生在妊娠后的第6～8个月。流产过的母牛，如果再次发生流产，其流产时间会向后推迟。流产前可表现出临产时的症状，如阴唇、乳房肿大等。但在阴道黏膜上可以见到粟粒大的红色结节，并且从阴道内流出灰白色或灰色黏性分泌物。流产时常见有胎衣不下。流产的胎儿有的产前已死亡；有的产出虽然活着，但很衰弱，不久即死。公牛患本病后，主要发生睾丸炎和附睾炎。初期睾丸肿胀、疼痛，中度发热和食欲不振。3周以后，疼痛逐渐减轻；表现为睾丸和附睾肿大，触之坚硬。此外，病牛还可出现关节炎，严重时关节肿胀疼痛，重病牛卧地不起。牛流产1～2次后，可以转为正常产，但仍然能传播本病。

本病从临床上不易诊断，但是根据母牛流产和表现出的相应临床变化，应该怀疑有本病的存在。本病必须通过实验室检查。

在本病诊断中应用较广的是试管凝集试验和平板凝集试验，尤其是后者，由于其方法简便、需要设备少、敏感较强、易于操作，常被基层兽医站和饲养场兽医室广泛采用，但是凝集试验并不能检出所有患病牲畜，而且可能出现非特异性凝集反应，影响结果的判定。补体结合反应具有高度异性，但操作较为复杂，基层兽医站通常难以承担。所以，对本病的诊断程序应按如下进行：根据临床变化，疑似本病存在时，应立即采血，分离血清，进行血清凝集试验。阳性病牛血清和疑似病牛血清，迅速送至上级兽医部门做补体结合反应，进行最后确诊。

防治体会：因本病在临床上，一方面难以治愈，另一方面原则上不允许治疗，所以发现病牛后，应采取严格的隔离、扑杀措施，彻底销毁病牛尸体及其污染物。所以，应从源头上控制本病的发生。

（1）引进牛时须先调查疫情，不从流行布氏杆菌病的单位引进牛；还必须经过布氏杆菌病检疫，证明无病才能引进。新引进的牛进入奶牛养殖场时隔离检疫1个月，经结核菌素和布氏杆菌病血清凝集试验，都呈阴性反应，才能转入健康牛群。

（2）认真管好牲畜、粪便和水源。发现流产母牛要立即隔离，对流产胎儿、胎衣及羊水等污物都要严密消毒。

（3）对种公牛每年进行两次定期检疫，检出的阳性牛要隔离饲养或交商业部门收购处理；阳性种公牛要淘汰，以便控制传染源，逐步净化。

（4）认真落实以免疫为主的综合防治措施，逐步控制和消灭布氏杆菌病，对健康牛的免疫按照农业部关于印发《常见动物疫病免疫推荐方案（试行）》的通知（2014 年 3 月 12 日）要求的布氏杆菌病免疫方案执行。

全国区域划分：一类地区是指北京、天津、河北、内蒙古、山西、黑龙江、吉林、辽宁、山东、河南、陕西、新疆、宁夏、青海、甘肃等 15 个省份和新疆生产建设兵团。以县为单位，连续 3 年对牛、羊实行全面免疫。牛、羊种公畜禁止免疫。奶畜原则上不免疫，个体病原阳性率超过 2%的县，由县级兽医主管部门提出申请，报省级兽医主管部门批准后实施免疫。免疫前监测淘汰病原阳性畜。已达到或提前达到控制、稳定控制和净化标准的县，由县级兽医主管部门提出申请，报省级兽医主管部门批准后可不实施免疫。

连续免疫 3 年后，以县为单位，由省级兽医主管部门组织评估考核达到控制标准的，可停止免疫。

二类地区是指江苏、上海、浙江、江西、福建、安徽、湖南、湖北、广东、广西、四川、重庆、贵州、云南、西藏等 15 个省份。原则上不实施免疫。未达到控制标准的县，需要免疫的由县级兽医主管部门提出申请，经省级兽医主管部门批准后实施免疫，报农业部备案。

净化区是指海南省。禁止免疫。

免疫程序是经批准对布氏杆菌病实施免疫的区域，按疫苗使用说明书推荐程序和方法，对易感家畜先行检测，对阴性家畜方可进行免疫。

使用疫苗：布氏杆菌活疫苗（M5 株或 M5-90 株）用于预防牛、羊布氏杆菌病；布氏杆菌活疫苗（S2 株）用于预防山羊、绵羊、猪和牛的布氏杆菌病；布氏杆菌活疫苗（A19 株或 S19 株）用于预防牛的布氏杆菌病。

（5）发病处理

① 任何单位和个人发现疑似疫情，应当及时向当地动物防疫监督机构报告。动物防疫监督机构接到疫情报告并确认后，按《动物疫

情报告管理办法》及有关规定及时上报。

② 发现疑似疫情，畜主应限制动物移动；对疑似患病动物应立即隔离。动物防疫监督机构要及时派员到现场进行调查核实，开展实验室诊断。确诊后，当地人民政府组织有关部门按下列要求处理：对患病动物全部扑杀；对受威胁的畜群（病畜的同群畜）实施隔离，可采用圈养和固定草场放牧两种方式隔离；隔离饲养用草场，不要靠近交通要道，居民点或人畜密集的地区。场地周围最好有自然屏障或人工栅栏。

③ 患病动物及其流产胎儿、胎衣、排泄物、乳、乳制品等按照GB 16548—2006《畜禽病害肉尸及其产品无害化处理规程》进行无害化处理。

④ 开展流行病学调查和疫源追踪；对同群动物进行检测。

⑤ 对患病动物污染的场所、用具、物品严格进行消毒。饲养场的金属设施、设备可采取火焰、熏蒸等方式消毒；养畜场的圈舍、场地、车辆等，可选用2%烧碱等有效消毒剂消毒；饲养场的饲料、垫料等，可采取深埋发酵处理或焚烧处理；粪便消毒采取堆积密封发酵方式。皮毛消毒用环氧乙烷、福尔马林熏蒸等。

⑥ 发生重大布病疫情时，当地县级以上人民政府应按照《重大动物疫情应急条例》有关规定，采取相应的扑灭措施。

经验之二十：牛口蹄疫病的防治体会

口蹄疫（foot and mouth disease，FMD）俗名“口疮”、“蹄癀”，是由口蹄疫病毒引起的以偶蹄类动物为主的急性、热性、高度传染性疫病，往往造成大流行，不易控制和消灭，世界动物卫生组织（OIE）将其列为必须报告的动物传染病，我国规定为一类动物疫病。

口蹄疫病毒可侵害多种动物，但主要为偶蹄兽。家畜以牛易感（奶牛、牦牛、犏牛最易感，水牛次之），其次是猪，再次是绵羊、山羊和骆驼。仔猪和犊牛不但易感而且死亡率也高。野生动物也可感染发病。隐性带毒者主要为牛、羊及野生偶蹄动物，猪不能长期带毒。

牛的潜伏期1～7天，平均2～4天。病牛精神沉郁，闭口，流涎，开口时有吸吮声，体温可升高到40～41℃。发病1～2天后，病牛齿龈、舌面、唇内面可见到蚕豆至核桃大的水疱，涎液增多，并呈白色泡沫状挂于嘴边。采食及反刍停止。水疱约经一昼夜破裂，形成溃疡，呈红色糜烂区，边缘整体，底面浅平，这时体温会逐渐降至正常。在口腔发生水疱的同时或稍后，趾间及蹄冠的柔软皮肤上也发生水疱，也会很快破溃，然后逐渐愈合。有时在乳头皮肤上也可见到水疱。本病一般呈良性经过，经1周左右即可自愈；若蹄部有病变则可延至2～3周或更久；死亡率1%～2%，该病型叫良性口蹄疫。

有些病牛在水疱愈合过程中，病情突然恶化，全身衰弱、肌肉发抖，心跳加快、节律不齐，食欲废绝、反刍停止，行走摇摆、站立不稳，往往因心肌炎引起心脏麻痹而突然死亡，这种病型叫恶性口蹄疫，病死率高达25%～50%。

哺乳犊牛患病时，往往看不到特征性水疱，主要表现为出血性胃肠炎和心肌炎，死亡率很高。

传染源主要为潜伏期感染及临床发病动物。感染动物呼出物、唾液、粪便、尿液、乳、精液及肉和副产品均可带毒。畜产品、饲料、草场、饮水和水源、交通运输工具、饲养管理用具，一旦污染病毒，均可成为传染源。康复期动物可带毒。

易感动物可通过呼吸道、消化道、生殖道和伤口感染病毒，通常以直接或间接接触（飞沫等）方式传播，或通过人或犬、蝇、蜱、鸟等动物媒介，或经车辆、器具等被污染物传播。如果环境气候适宜，病毒可随风远距离传播。

本病传播虽无明显的季节性，但冬、春两季较易发生大流行，夏季减缓或平息。

防治体会：因为本病具有流行快、传播广、发病急、危害大等流行特点，疫区发病率可达50%～100%，犊牛死亡率较高。所以，必须高度重视本病的防治工作。由于目前还没有口蹄疫患畜的有效治疗药物。国际动物卫生组织和各国都不主张，也不鼓励对口蹄疫患畜进行治疗，重在预防。

（1）发生疫情的处理措施　发生口蹄疫后，应迅速报告疫情，划定疫点、疫区，按照“早、快、严、小”的原则，及时严格封锁，病畜及同群畜应隔离急宰，同时对病畜舍及污染的场所和用具等彻底消毒。对疫区和受威胁区内的健康易感畜进行紧急接种，所用疫苗必须与当地流行口蹄疫的病毒型、亚型相同。还应在受威胁区的周围建立免疫带以防疫情扩散。在最后一头病畜痊愈或屠宰后14天内，未再出现新的病例，经大消毒后可解除封锁。

（2）做好免疫

① 疫苗的选择：免疫所用疫苗必须经农业部批准，由省级动物防疫部门统一供应，疫苗要在2～8℃下避光保存和运输，严防冻结，并要求包装完好，防止瓶体破裂，途中避免日光直射和高温，尽量减少途中的停留时间。

② 免疫接种：免疫接种要求由兽医技术人员具体操作（包括饲养场的兽医）。接种前要了解被接种动物的品种、健康状况、病史及免疫史，并登记造册。免疫接种所使用的注射器、针头要进行灭菌处理，一畜一换针头，凡患病、瘦弱、临产母畜不应接种，待病畜康复或母畜分娩后，仔猪达到免疫日龄再按时补免。

③ 免疫程序：散养畜每年采取两次集中免疫（5月、11月），坚持月月补针，免疫率必须达到100%。母牛分娩前2个月接种一次；犊牛4月龄首免，6个月后二免，以后每6个月免疫一次。如供港或调往外省的牛，出场前4周加强免疫一次。外购易感动物，48小时内必须免疫（20～30天后加强免疫）。

（3）坚持做好消毒　该病毒对外界环境的抵抗力很强，含病毒组织或被病毒污染的饲料、皮毛及土壤等可保持传染性数周至数月。在冰冻情况下，血液及粪便中的病毒可存活120～170天。对日光、热、酸、碱敏感。故2%～4%氢氧化钠、3%～5%福尔马林、0.2%～0.5%过氧乙酸、5%氨水、5%次氯酸钠都是该病毒的良好消毒剂。饲养场必须建立严格的消毒制度。大门，生产区门口要设置宽同大门，长为机动车轮一周半的消毒池，池内的消毒剂为2%～3%的氢氧化钠，消毒池内消毒剂定期更换，保持有效浓度。畜舍地面，选择高效低毒次氯酸钠消毒剂每周一次，周围环境每2周进行一次。发生疫情时可选用2%～3%的氢氧化钠消毒，早、晚各一次。

（4）严格执行卫生防疫制度　不从病区引购牛只，不把病牛引进入场。为防止疫病传播，严禁羊、猪、猫、犬混养。保持牛床、牛舍的清洁、卫生；粪便及时清除；定期用2%苛性钠对全场及用具进行消毒。

经验之二十一：牛病毒性腹泻-黏膜病的防治体会

牛病毒性腹泻-黏膜病（bovine viral diarrhea-mucosal disease；BVD-MD）简称牛病毒性腹泻或牛黏膜病。该病是以发热、黏膜糜烂溃疡、白细胞减少、腹泻、免疫耐受与持续感染、免疫抑制、先天性缺陷、咳嗽、怀孕母牛流产、产死胎或畸形胎为主要特征的一种接触性传染病。

本病对各种牛易感，绵羊、山羊、猪、鹿次之，家兔可实验感染。患病动物和带毒动物通过分泌物和排泄物排毒。急性发热期病牛血中大量含毒，康复牛可带毒6个月。主要通过消化道和呼吸道而感染，也可通过胎盘感染。本病常年发生，多发于冬季和春季。新疫区急性病例多，大小牛均可感染，发病率约为5%，病死率90%～100%，发病牛以6～18个月居多。老疫区急性病例少，发病率和病死率低，隐性感染在50%以上。

潜伏期7～10天。

急性型：病牛突然发病，体温升高至40～42℃，持续4～7天，有的呈双相热。病牛精神沉郁，厌食，鼻腔流鼻液，流涎，咳嗽，呼吸加快。白细胞减少（可减至3000/mm^3）。鼻、口腔、齿龈及舌面黏膜出血、糜烂。呼气恶臭。通常在口内损害之后常发生严重腹泻，开始水泻，以后带有黏液和血。有些病牛常引起蹄叶炎及趾间皮肤糜烂坏死，从而导致跛行。急性病牛恢复的少见，常于发病后5～7天内死亡。

慢性型：发热不明显，最引人注意的是鼻镜上的糜烂。口内很少有糜烂。眼有浆液性分泌物。鬐甲、背部及耳后皮肤常出现局限性脱毛和表皮角质化，甚至破裂。慢性蹄叶炎和趾间坏死导致蹄冠周围皮肤潮红、肿胀、糜烂或溃疡，跛行。间歇性腹泻。多于发病后2～6个月死亡。

母牛在妊娠期感染本病时常发生流产，或产下有先天性缺陷的犊牛。最常见缺陷的是小脑发育不全。

绵羊通常为隐性感染，但妊娠 12～80 天的绵羊感染后，可能导致胎儿死亡、流产或早产或产足月羔羊。

主要病变在消化道和淋巴组织。特征性损害是口腔（内唇、切齿齿龈、上颚、舌面、颊的深部）食道黏膜有糜烂和溃疡，直径 1～5 毫米，形状不规则，是浅层性的，食道黏膜糜烂沿皱褶方向呈直线排列。第四胃黏膜严重出血、水肿、糜烂和溃疡。蹄部、趾间皮肤糜烂、溃疡和坏死。肠系膜淋巴结肿胀。犊牛小脑发育不全，亦常见大脑充血，脊髓出血。

防治体会：由于 BVDV 普遍存在，而且致病机制复杂，给该病的防治带来很大困难，目前尚无有效的治疗方法，控制的最有效办法是对经鉴定为持续感染的动物立即屠杀及疫苗接种。应注意本病与牛瘟、口蹄疫、恶性卡他热、牛传染性鼻气管炎、水泡性口炎、蓝舌病等相区别。

1. 防制措施

防制本病应加强检疫，防止引入带毒牛、羊或造成本病的扩散。一旦发病，病牛隔离治疗或急宰；同群牛和有接触史的牛群应反复进行临床学和病毒学检查，及时发现病牛和带毒牛。持续感染牛应淘汰。

加强对牛群的饲养管理，保持牛舍干燥、清洁、卫生，通风保暖。定期消毒牛舍、场地及用具。

2. 做好免疫接种

用弱毒疫苗对断奶前后数周内的牛只进行预防接种。对受威胁较大的牛群应每隔 3～5 年接种 1 次，对育成母牛和种公牛应于配种前再接种 1 次，多数牛可获得终生免疫。也有报道称，用猪瘟兔化弱毒疫苗给发生过病毒性腹泻的牛群接种，可获得较好的免疫效果。如果应用灭活疫苗，可在配种前给牛免疫接种 2 次。

3. 治疗措施

本病在目前尚无有效疗法。只能在加强监护、饲养以增强牛机体抵抗力的基础上，进行对症治疗。针对病牛脱水、电解质平衡紊乱的情况，除给病牛输液扩充血容量外，还可投服收敛止泻药（如药用炭、矽碳银），可缩短恢复期，减少损失。并配合应用广谱抗生素或磺胺类药物，可减少继发性细菌感染。

硫酸庆大霉素120万国际单位后海穴注射；硫酸黄连素0.3～0.4克、10%葡萄糖注射液500毫升；0.2%氧沙星葡萄糖注射液或诺氟沙星葡萄糖注射液300毫升；新促反刍液（5%氯化钙200毫升、30%安乃近30毫升、10%生理盐水300毫升），分三步静脉点滴。也可饮2%白矾水，灌牛痢方（白头翁、黄连、黄柏、秦皮、当归、白芍、大黄、茯苓各30克，滑石粉200克，地榆50克，金银花40克），均有疗效。

经验之二十二：牛流行热的防治体会

牛流行热（bovine epizootic fever）又称三日热或暂时热，是由牛流行热病毒引起牛的一种急性热性传染病。其特征是高热，流泪，流涎，流鼻汁，呼吸促迫，后躯僵硬，跛行。一般为良性经过，经2～3天恢复。本病的传染力强，呈流行性或大流行性。

本病主要侵害奶牛和黄牛，水牛较少感染。以3～5岁牛多发，1～2岁牛和6～8岁牛次之，犊牛和9岁以上牛少发。野生动物中，南非大羚羊、猬羚可感染本病，并产生中和抗体，但无临诊症状。在自然条件下，绵羊、山羊、骆驼、鹿等均不感染。绵羊可人工感染并产生病毒血症，继则产生中和抗体。

病牛是本病的主要传染源。病毒主要存在于高热期病牛的血液中。吸血昆虫（蚊、蠓、蝇）叮咬病牛后再叮咬易感的健康牛而传播，故疫情的存在与吸血昆虫的出没相一致。实验证明，病毒能在蚊子和库蠓体内繁殖。本病的发生具有明显的周期性和季节性，通常每3～5年流行一次，北方多于8～10月份流行，南方可提前发生。

潜伏期3～7天。发病突然，体温升高达39.5～42.5℃，维持2～3天后，降至正常。在体温升高的同时，病牛流泪、畏光、眼结膜充血、眼睑水肿。呼吸促迫，可达80次/分以上，听诊肺泡呼吸音高亢，支气管呼吸音粗粝。食欲废绝，咽喉区疼痛，反刍停止。多数病牛鼻炎性分泌物成线状，随后变为黏性鼻涕。口腔发炎、流涎，口角有泡沫。病牛呆立不动，强使行走，步态不稳，因四肢关节浮肿、僵硬、疼痛而出现跛行，最后因站立困难而倒卧。有的便秘或腹泻。尿少，暗褐色。妊娠母牛可发生流产、死胎，泌乳量下降或停止。多数病例为良性经过，病程3～4天；少数严重者于1～3天内死亡，病死率一般不超过1%。

急性死亡的自然病例，上呼吸道黏膜充血、肿胀，有点状出血，可见有明显的肺间质气肿，还有一些牛可有肺充血与肺水肿。淋巴结充血、肿胀和出血。实质器官混浊、肿胀。真胃、小肠和盲肠呈卡他性炎症和渗出性出血。

根据大群发生，迅速传播，有明显的季节性，多发生于气候炎热、雨量较多的夏季，发病率高，病死率低，结合临床上高热、呼吸迫促、眼鼻口腔分泌增加、跛行等做出初步诊断。

防治体会如下。

（1）注意和牛副流行性感冒、牛传染性鼻气管炎和茨城病等疾病相区别。

① 牛副流行性感冒是由副流感病毒Ⅲ型引起，分布广泛，传播迅速，以急性呼吸道症状为主，类似牛流行热。但是本病无明显的季节性，同居可感染，多在运输之后发生，故又称运输热；有乳房炎症状，无跛行。

② 牛传染性鼻气管炎是由牛疱疹病毒Ⅰ型引起的一种急性热性接触性传染病。临床上主要表现流鼻汁、呼吸困难、咳嗽，特别是鼻黏膜高度充血、鼻镜发炎，有红鼻子病之称。伴发结膜炎、阴道炎、包皮炎、皮肤炎、脑膜炎等症状；发病无明显的季节性，但多发于寒冷季节。

③ 茨城病在发病季节、症状和经过等方面于牛流行热相似。但是本病在体温降至正常之后出现明显的咽喉、食道麻痹，在低头时瘤胃内容物可自口鼻返流出来，而且诱发咳嗽。

（2）加强饲养管理　由于牛流行热病毒属弹状病毒科狂犬病毒属的成员。成熟病毒粒子含单股RNA，有囊膜。对酸碱敏感，不耐热，耐低温，常用消毒剂能迅速将其杀灭。所以，应坚持做好牛舍及周围环境经常性的消毒。搞好牛舍内外环境清洁卫生，对牛舍地面、饲槽要定期用2%氢氧化钠溶液消毒。依据流行热病毒由蚊、蝇传播的特点，可每周2次用杀虫剂喷洒牛舍和周围排粪沟，以杀灭蚊蝇，切断传染途径。

（3）发病治疗 早发现、早隔离、早治疗，合理用药，护理得当，是防治本病的重要原则。本病尚无特效治疗药物，只能进行对症治疗：退热、抗菌消炎、抗病毒，清热解毒。如用10%水杨酸钠注射液100～200毫升、40%乌洛托品50毫升、5%氯化钙150～300毫升，加入葡萄糖液或糖盐水内静脉注射（简称水乌钙疗法）和新促反刍液（见牛黏膜病）分两步静脉注射；肌肉注射蛋清20～40毫升或安痛定注射液20毫升，喂青葱500～1500克等均有疗效。

经验之二十三：牛巴氏杆菌病的防治体会

牛巴氏杆菌病是由多杀性巴氏杆菌引起的一种败血性传染病。急性经过主要以高热、肺炎或急性胃肠炎和内脏广泛出血为主要特征，呈败血症和出血性炎症，故称牛出血性败血病，简称牛出败。

本菌为条件病原菌，常存在于健康畜禽的呼吸道，与宿主呈共栖状态。当牛饲养饲养管理不良时，如寒冷、闷热、潮湿、拥挤、通风不良、疲劳运输、饲料突变、营养缺乏、饥饿等因素使机体抵抗力降低，该菌乘虚侵入体内，经淋巴液入血液引起败血症，发生内源性传染。病畜由其排泄物、分泌物不断排出有毒力的病菌，污染饲料、饮水、用具和外界环境，主要经消化道感染，其次通过飞沫经呼吸道感染健康家畜，亦有经皮肤伤口或蚊蝇叮咬而感染的。该病常年可发生，在气温变化大、阴湿寒冷时更易发病；常呈散发性或地方流行性发生。

潜伏期2～5天。根据临床表现，本病常表现为急性败血型、浮肿型、肺炎型。

① 急性败血型：病牛初期体温可高达41～42℃，精神沉郁、反应迟钝、肌肉震颤，呼吸、脉搏加快，眼结膜潮红，食欲废绝，反刍停止。病牛表现为腹痛，常回头观腹，粪便初为粥样，后呈液状，并混杂黏液或血液且具恶臭。一般病程为12～36小时。

② 浮肿型：除表现全身症状外，特征症状是颌下、喉部肿胀，有时水肿蔓延到垂肉、胸腹部、四肢等处。眼红肿、流泪，有急性结膜炎。呼吸困难，皮肤和黏膜发绀，呈紫色至青紫色，常因窒息或下痢虚脱而死。

③ 肺炎型：主要表现纤维素性胸膜肺炎症状。病牛体温升高，呼吸困难，痛苦干咳，有泡沫状鼻汁，后呈脓性。胸部叩诊呈浊音，有疼感。肺部听诊有支气管呼吸音及水泡性杂音。眼结膜潮红，流泪。有的病牛会出现带有黏液和血块的粪便。本病型最为常见，病程一般为3～7天。

防治体会如下。

（1）加强饲养管理　主要是加强饲养管理，消除发病诱因，增强抵抗力。避免各种应激，增强抵抗力，避免拥挤和受寒，为奶牛创造舒适的生长环境。

（2）加强牛场清洁卫生和定期消毒　由于该菌抵抗力弱，在干燥和直射阳光下很快死亡，高温立即死亡，一般消毒液均能迅速杀死。因此牛场应坚持做好牛舍内外环境的清洁卫生和消毒工作。

（3）做好免疫接种　每年春、秋两季定期预防注射牛出败氢氧化铝甲醛灭活苗，体重在100千克以下的牛，皮下或肌肉注射4千克，100千克以上者6毫升，免疫力可维持9个月。

（4）发病治疗　发现病牛立即隔离治疗，并进行消毒。健康牛群立即接种疫苗，或用药物预防。感染病牛早期应用血清、抗生素或抗菌药治疗效果好。血清和抗生素或抗菌药同时应用效果更佳。血清可用猪、牛出败二价或牛、猪、绵羊三价血清，做皮下、肌肉或静脉注射，小牛20～40毫升，大牛60～100毫升，必要时重复2～3次；抗生素常用土霉素8～15克，溶解于5%葡萄糖1000～2000毫升，静注，每日2次；10%磺胺嘧啶纳注射液200～300毫升，40%乌洛托品注射液50毫升，加入10%葡萄糖溶液内静脉注射，每日2次；普鲁卡因青霉素300万～600万国际单位、链霉素300万～400万国际单位，肌注，每日1～2次；环丙沙星每千克体重2毫克，加入葡萄糖内静脉注射，每日2次。对症治疗对疾病恢复很重要，强心用10%樟脑磺酸钠注射液20～30毫升或安钠咖注射液20毫升，每日肌注2次；如喉部狭窄，呼吸高度困难时，应迅速进行气管切开术。

经验之二十四：奶牛驱虫保健很重要

寄生虫的种类繁多，很多种类可引起人畜共患疾病。寄生虫可通过土壤、牧草、饲料、饮水、昆虫及中间宿主传播给健康动物和人。传染途径一般是经口、皮肤、血液、胎盘和接触传播。它可寄生于动物的皮肤、血液、肺、肠、肝、胆、脑等器官。寄生虫侵袭危害动物的健康，严重影响动物的生长发育、育肥和畜产品的利用，还可造成动物的大批死亡，对畜牧业危害极大。

寄生虫病本身对奶牛的直接损害非常严重，定期驱虫可很好地防止寄生虫病的发生，提高饲料转化率，因为寄生虫病通过合理的驱虫保健程序能够控制和治愈，并非不治之症。奶牛进行了驱虫保健后，体重增加，体质增强，精神状态良好，增强了对疾病的抵抗力，同时避免了因寄生虫在奶牛体内的移行造成的继发感染；另外对寄生虫病感染严重的奶牛注射疫苗，往往预防效果比较差，奶牛对疫苗的应答水平低，进行驱虫保健能提高奶牛对疫苗的应答水平，增强肌体免疫力。

由于基层兽医站受实验条件的限制，无法进行寄生虫虫卵的检测，当兽医发现奶牛腹泻、高热、流产、喘等临床症状时，无法排除是细菌病毒感染，还是寄生虫病感染造成的，往往使用抗生素治疗疗效不佳，浪费大量的金钱，造成严重的损失。如果养殖场进行了驱虫保健，可直接排除寄生虫感染因素，直接用抗生素治疗。可见，进行驱虫保健对奶牛的疾病诊断、确诊有特殊的意义。

我们知道体外寄生虫是某些疾病传播的主要媒介，没有体外寄生虫的大量存在，像牛焦虫等血液原虫病就会得到很好的控制。另外像疟疾等细菌病的发生率也会大大降低。奶牛进行驱虫保健后，可防止一些疾病的大面积传播。

所以说，奶牛驱虫保健工作是奶牛保健体系中预防疾病的重要工作。为了保证养殖场奶牛的健康，必须建立定期驱虫的保健制度。

1. 驱虫药物的选择

奶牛寄生虫病造成极大的隐性损失，也直接促进了驱虫药物的研究与开发，传统的左旋咪唑、丙硫咪唑、阿维菌素、伊维菌素等药物因为有耐药性、驱虫谱窄、弃奶期长等各种缺点而渐渐不能满足奶牛场的实际需求，因而可防、可治、广谱、安全、长效、无毒、无药残的驱虫药物成为新的研究方向。目前市场上纯的乙酰氨基阿维菌效果相对较好，其主要特点是可以在泌乳期使用，但其各个厂家的含量纯度还不够确切，所以还有待进一步研究。从奶牛场经济实用角度考虑，奶牛场可选用主要针对吸虫、线虫、绦虫、体外寄生虫等的混合型药物，如能根据当地奶牛寄生虫病流行病学调查结果进行有选择性和针对性的驱虫，针对感染率高的牛群，选择性定期驱虫，则驱虫保健效果更佳。

2. 驱虫的对象

犊牛 2 月龄（断奶前后）和 6 月龄、本月新干奶牛、感染寄生虫病牛等。

3. 驱虫的时间

由于饲料来源多元化，传播媒介的既有常年性又有季节性，以及牛所处生产时期的不同，对大型奶牛场来说，驱虫时间为常年，每个月针对上述牛群进行有针对性的驱虫。

4. 驱虫方法

将驱虫药物人工研碎后单独逐头撒入饲料或者直接人工灌服，目的是确保每头牛饲喂到位，谨防过多或者过少，保证驱虫效果。

5. 驱虫注意事项

为了达到良好的保健驱虫效果，在进行保健驱虫时应注意以下问题。

① 每次使用新的驱虫药物应选择安全正规厂家药物，驱虫前需要挑选干奶牛、后备牛各一头，分别按剂量用药，待观察安全、有效、无明显副作用后，再进行大群投药驱虫。对于溶液稀释驱虫药要现用现配。

② 针对断奶前后犊牛，若开食料中有驱虫药物的则可以暂不驱虫。

③ 为了充分发挥药效，驱除胃肠道寄生虫，个体疑似感染牛驱

虫预防治疗等，需要根据实际情况配合用药，可以在上午饲喂前驱虫，并在用药后或同时用盐类泻药，以便使麻痹的虫体和残留在胃肠道内的驱虫药排出，收到更好的效果。

④ 严格按照驱虫药使用说明进行用药，严格控制使用量；同时防止使用过多药物造成中毒或者流产、早产等，保证牛只安全。

⑤ 所有泌乳牛或者即将泌乳牛禁止驱虫（按药物停药期进行推算），保证质量安全；部分泌乳期可以使用的驱虫药物，请按照国家相关法规进行使用。

⑥ 驱虫后必须对驱虫过的牛跟踪 48 小时，同时备有必要的防过敏措施和急救方案。

⑦ 驱虫药使用后要备足清洁、适量的饮水，这也是日常必须做到的工作之一，尤其夏季必须防止昆虫蚊虫等虫卵等进入饮水池，导致牛只间接感染。

⑧ 奶牛驱虫后将有虫卵等滞留在粪便中，所以须对奶牛用药后的粪便、垫料等进行堆积发酵或无害化处理，栏舍要彻底清扫消毒，减少虫卵存留、环境污染等。尤其对于犊牛，则更需要加强犊牛岛的使用和管理。

经验之二十五：犊牛消化不良的防治体会

犊牛消化不良症是消化机能障碍的统称，是哺乳期犊牛常见的一种胃肠疾病，其特征为出现不同程度的腹泻。该病对犊牛的生长发育危害极大，必须弄清引发该病的原因，及时治愈，并采取综合防治措施。

病因较多，主要有母畜与幼畜饲养管理不当。发病多在吸吮母乳不久，或过 1～2 天发病。犊牛吃不到初乳或量不足，使体内形成抗体的免疫球蛋白来源贫乏，导致犊牛抗病力低。如乳头或喂乳器不洁，人工给乳不足，乳的温度过高或过低，由哺乳向喂料过渡不好等，均可引起该病发生；妊娠母畜的不全价营养。尤其是蛋白质、维生素、矿物质缺乏，可使母畜的营养代谢紊乱，影响胎儿正常发育，犊牛发育不良、体质衰弱，抵抗力低下；犊牛周围环境不良，如温度过低、圈舍潮湿、缺乏阳光、闷热拥挤、通风不良等。

该病以腹泻为特征，初期犊牛精神尚好，以后随病情加重出现相应症状。腹泻粪便呈粥状、水样，呈黄色或暗绿色，肠音高朗，有臌气及腹痛症状。脱水时，心跳加快，皮无弹性，眼球下陷，衰弱无力，站立不稳。当肠内容物发酵腐败，毒素吸收出现自体中毒时，可出现神经症状，如兴奋、痉挛，严重时嗜睡、昏迷。

防治体会：由于本病主要是饲养管理不当或细菌感染引起。如母牛营养不足，使初生犊牛体弱，抵抗力低，过迟喂给初乳或喂奶、不定时、不定量，饲料奶质不佳，犊牛舔污物等，均可为引发本病的因素。因此，应从以下几个方面做好防治工作。

(1) 加强母畜妊娠期饲养管理，尤其妊娠后期应给予充足的营养，保证蛋白质、维生素及矿物质的供应量。

(2) 改善卫生条件及饲养护理措施，圈舍既要防寒保暖，又要通风透光。定期清洗消毒，更换垫草等。

(3) 犊牛出生后要尽早吃到并吃足初乳。

(4) 发病治疗

① 施行饥饿疗法：禁乳 8～10 小时，此间可口服补液盐，即氯化钠 3.5 克，氯化钾 1.5 克、碳酸氢钠 2.5 克，葡萄糖 20 克，加水至 1000 毫升，按 50～100 毫升/千克体重标准补给。

② 排出胃肠内容物：用缓泻药或温水灌肠排出胃肠内容物，促进消化，可补充胃蛋白酶和适量 B 族维生素、维生素 C。

③ 服用抗菌药物：为防止肠道感染可服用卡那霉素 0.005～0.01 克/千克体重。为防止肠内腐败、发酵，也可适当用克辽林、鱼石脂、高锰酸钾等防腐制酵药物。

经验之二十六：犊牛下痢的防治体会

犊牛下痢是一种发病率高、病因复杂、难以治愈、死亡率高的疾病。临床上主要表现为伴有腹泻症状的胃肠炎，全身中毒和机体脱水。研究表明，轮状病毒和冠状病毒在生后初期的犊牛腹泻发生中，起到了极为重要的作用，病毒可能是最初的致病因子。虽然它并不能直接引起犊牛死亡，但这两种病毒的存在，能使犊牛肠道功能减退，极易继发细菌感染，尤其是致病性大肠杆菌，引起严重的腹泻。另外，母乳过浓、气温突变、饲养管理失误、卫生条件差等对本病的发生都具有明显的促进作用。犊牛下痢尤其多发于集约化饲养的犊牛群中。

本病多发于生后第 2～5 天的犊牛。病程为 2～3 天，呈急性经过。病犊牛突然表现精神沉郁，食欲废绝，体温高达 39.5～40.5℃，病后不久，即排灰白、黄白色水样或粥样稀便，粪中混有未消化的凝乳块。后期粪便中含有黏液、血液、假膜等，粪色由灰色变为褐色或血样，具有酸臭或恶臭气味，尾根和肛门周围被稀粪污染，尿量减少。约 1 天后，病犊背腰拱起，肛门外翻，常见里急后重，张口伸舌，哞叫，病程后期牛常因脱水衰竭而死。

本病可分为败血型、肠毒血型和肠型。

① 败血型：主要见于 7 日龄内未吃过初乳的犊牛，为致病菌由肠道进入血液而致发的，常见突然死亡。

② 肠毒血型：主要见于生后 7 日龄吃过初乳的犊牛，致病性大肠杆菌在肠道内大量增殖并产生肠毒素，肠毒素吸收入血所致。

③ 肠型（白痢）：最为常发，见于 7～10 日龄吃过初乳的犊牛。

病死犊牛由于腹泻，而使机体脱水消瘦。病变主要在消化道，呈现严重的卡他性、出血性炎症。肠系膜淋巴结肿大，有的还可见到脾大，肝脏与肾脏被膜下出血，心内膜有点状出血。肠内容物如血水样，混有气泡。

防治体会：由于本病发病以 1 月龄以内的为最多，致命的腹泻多发生在出生后的头 2 周，主要是初乳喂量不足、饲养员不固定、饲养环境突变、牛舍阴暗潮湿、阳光不足、通风不良、外界环境的改变（如气温骤变、寒冷、阴雨潮湿、运动场泥泞等），使犊牛抵抗力降低，成为发病诱因。生产实践中往往是由于饲养管理不当而使犊牛更易患中毒性下痢。大肠杆菌是引起新生犊牛下痢的主要病源菌。因此，应在加强犊牛饲养管理和尽早对犊牛进行投服抗生素药物两方面做好预防工作。

1. 加强犊牛饲养管理

犊牛出生1小时内必须喂初乳，初乳量可稍大，连喂3～5天以便获得免疫抗体；坚持“四定”、“四看”、“二严”。四定即温、时、量、饲养员；四看即食欲、精神、粪便、天气变化；二严即严格消毒、严禁饲喂变质牛奶；保持犊牛舍清洁、通风、干燥、牛床、牛栏、运动场应定期用2%火碱水冲刷，褥草应勤换，冬季要做好防寒保暖工作。新生犊牛最好圈养在单独畜栏内，在放入新生犊牛前犊牛栏必须消毒并空放3周，防止病菌交叉感染。应将下痢小牛与健康犊牛完全隔离。

2. 对刚出生的犊牛尽早投服预防剂量的抗生素药物

对刚出生的犊牛尽早投服预防剂量的氯霉素或痢菌净等抗生素药物，对于防止本病的发生具有一定的效果。

3. 早期发现

通常小牛食欲很好，小牛生病的第一征兆可以在饲喂时察觉到，如果小牛食欲差或无饥饿感，就意味着有毛病，如并发下列症状可能会发生腹泻，口鼻干燥，鼻孔流浓涕，粪便干硬，体温升高（肛温高于39℃）。若发现小牛食欲差并出现上述任一症状，应减少牛奶喂量，喂补液盐加温水，并找兽医早期治疗。如能早期诊断并能配合防治措施，犊牛临床型腹泻和死亡率会急剧下降。

4. 怀孕母牛预防接种

可以给怀孕期的母牛注射用当地流行的致病性大肠杆菌株所制成的菌苗。在本病发生严重的地区，应考虑给妊娠母牛注射轮状病毒和冠状病毒疫苗。如牛轮状病毒和冠状病毒疫苗，给孕母牛接种以后，能有效控制犊牛下痢症状的发生。

5. 发病治疗

治疗本病时，最好通过药敏试验，选出敏感药物后，再行给药。临床上常选用下列药物治疗本病。

① 肌肉注射喹诺酮类药物如乳酸环丙沙星，犊牛1天2次，每次每千克体重7.5毫克，可配合硫酸阿托品对症注射治疗；或者用氟哌酸，犊牛每头每次内服10片，即2.5克，每日2～3次。

② 氟苯尼考：每千克体重 10 毫克，每天肌肉注射 1 次。也可用庆大霉素、氨苄青霉素等。

6. 补液治疗

抗菌治疗的同时，还应配合补液，以强心和纠正酸中毒。

① 口服 ORS 液（氯化钠 3.5 克、氯化钾 1.5 克、碳酸氢钠 2.5 克、葡萄糖 20 克、加常水至 1000 毫升）：供犊牛自由饮用，或按每千克体重 100 毫升，每天分 3～4 次给犊牛灌服，即可迅速补充体液，同时能起到清理肠道的作用。

② 6%右旋糖酐 40、生理盐水、5%葡萄糖、5%碳酸氢钠各 250 毫升、氢化可的松 100 毫克、维生素 C 10 毫升，混溶后，给犊牛一次静脉注射。轻症每天补液一次，重危症每天补液两次。补液速度以 30～40 毫升/分为宜。

经验之二十七：牛前胃阻塞的防治办法

前胃弛缓是由各种病因导致前胃神经兴奋性降低，肌肉收缩力减弱，瘤胃内容物运转缓慢，微生物区系失调，产生大量发酵和腐败的物质，引起消化障碍，食欲、反刍减退，乃至全身机能紊乱的一种疾病。本病是耕牛、奶牛的一种多发病。本病的特征是食欲减退、前胃蠕动减弱、反刍、嗳气减少或废绝。

1. 引起牛前胃阻塞的病因

（1）原发性前胃弛缓

① 引起神经兴奋性降低的因素：a. 长期饲喂粉状饲料或精饲料等体积小的饲料使内容物对瘤胃刺激较小；b. 长期饲喂单一或不易消化的粗饲料，如麦糠、秕壳、半干的山芋藤、紫云英、豆秸等；c. 突然改变饲养方式，饲料突变，频繁更换饲养员和调换圈舍；d. 矿物质和维生素缺乏，特别是缺钙时，血钙水平低，致使神经-体液调节机能紊乱，引起单纯性消化不良；e. 天气突然变化等情况；f. 长期重度使役或长时间使役、劳役与休闲不均等；g. 采食了有毒植物如醉马草、毒芹等。

② 引起纤毛虫活性和数量改变的因素：a. 长期大量服用抗菌药物；b. 长期饲喂营养价值不全的饲料等；c. 长期饲喂变质或冰冻饲料。

（2）应激因素的影响在本病的发生中起重要作用。如严寒、酷暑、饥饿、疲劳、分娩、断乳、离群、恐惧等。

（3）继发性前胃弛缓，常继发于热性病、疼痛性疾病，以及多种传染病、寄生虫病和某些代谢病（骨软症、酮病）及瓣胃与真胃阻塞、真胃炎、真胃溃疡、创伤性网胃炎-腹膜炎、胎衣不下、误食胎衣、中毒性疾病。

2. 前胃阻塞的临床症状

（1）急性型　病畜食欲减退或废绝，反刍减少、短促、无力，嗳气增多并带酸臭味；奶牛和奶山羊泌乳量下降；体温、呼吸、脉搏一般无明显异常；瘤胃蠕动音减弱，蠕动次数减少，波长缩短（少于10 秒）；触诊瘤胃，其内容物坚硬或呈粥状。病初粪便变化不大，随后粪便变为干硬、色暗，被覆黏液；如果伴发前胃炎或酸中毒时，病情急剧恶化，呻吟、磨牙，食欲废绝，反刍停止，排棕褐色糊状恶臭粪便；精神沉郁，黏膜发绀，皮温不均，体温下降，脉率增快，呼吸困难，鼻镜干燥，眼窝凹陷。

（2）慢性型　多是继发性的。病畜食欲不定，发生异嗜；反刍不规则，短促、无力或停止，嗳气减少。病情时好时坏，日渐消瘦，被毛干枯、无光泽，皮肤干燥、弹性减退；精神不振，体质虚弱。瘤胃蠕动音减弱或消失，内容物黏硬或稀软，瘤胃轻度臌胀；还有原发病的症状。老牛病重时，呈现贫血与衰竭，并常有死亡发生。

3. 防治办法

预防本病主要是改善饲养管理，注意饲料的选择、保管，防止霉败变质；注意精、粗饲料的比例，钙、磷比例，以保证机体获得必要的营养物质，不可任意增加饲料用量或突然变更饲料种类；建立合理的使役制度、休闲时期，应注意适当运动；避免不利因素刺激和干扰，尽量减少各种应激因素的影响。

本病的治疗原则是除去病因，加强护理，增强前胃机能，制止腐败发酵，改善瘤胃内环境，恢复正常微生物区系，对症治疗。

(1) 除去病因，加强护理　病初绝食1～2天，保证充足的清洁饮水，以后给予适量的易消化的青草或优质干草。轻症病例可在1～2天内自愈。

(2) 缓泻　可用硫酸钠（或硫酸镁）300～800克、液体石蜡500～2000毫升、植物油500～1000毫升。盐类泻药于病初只用一次，以防引起脱水和前胃炎。

(3) 止酵　大蒜头200～300克或大蒜酊100毫升、95%酒精或白酒100～150毫升加水服、松节油20～30毫升，一次内服。也可用苦味酊50～100毫升一次内服。

(4) 促进前胃蠕动

① 食饵疗法：给病畜适口性好的草料，通过口腔的活动反射性地引起胃肠蠕动。

② 促反刍液：5%氯化钙200～300毫升，10%氯化钠注射液300～500毫升，10%安钠咖注射20～30毫升，1次静脉注射，每日1次。如果将10%安钠咖注射更换为30%安乃近（新促反刍液）再加入糖液内静注则疗效更好。

③ 拟胆碱药物：新斯的明20～30毫克，1次肌肉注射。氨甲酰胆碱（比赛可灵）2～3毫克，1次皮下注射。0.25%比塞可灵10～20毫升，一次肌肉注射。毛果芸香碱30～50毫克1次皮下注射，0.2%硝酸士的宁5～10毫升，1次皮下注射或脾俞穴注射。

④ 中药：槟榔80克、马钱子8克、番木鳖酊50～80毫升。

⑤ 刺激性兴奋剂：0.1%硫酸铜液2000～4000毫升内服。

(5) 改善瘤胃内环境，恢复正常微生物区系　首先校正瘤胃内环境的pH值，若pH>7时以食用醋洗胃，若pH<7以碳酸氢钠洗胃，若渗透压较高时以清水洗胃，待瘤胃内环境接近中性，渗透压适宜的时候给病牛投服健康牛反刍食团或灌服健康牛瘤胃液4～8L。另外用酵母粉300克，红糖250克，95%酒精或龙胆酊、陈皮酊50～100毫升，混合加常水适量，1次内服，也有助于恢复正常微生物区系，有效的治疗该病。酵母粉500克、滑石粉500克，加温更有良效。

(6) 对症疗法　继发性臌胀的病牛，清油750毫升、大蒜头200克（捣碎水调服）、食醋500毫升，加水适量灌服。当病畜呈现轻度脱水和自体中毒时，应用25%葡萄糖注射液500～1000毫升，40%

乌洛托品注射液 20～50 毫升，20%安钠咖注射液 10～20 毫升，静脉注射。或静注 5%碳酸氢钠 500～1000 毫升。重症病例应先强心、补液，再洗胃。

（7）止痛与调节神经机能疗法　对于一些病久的或重病的畜体来讲，可静脉注射安溴索 50～150 毫升或 0.25%盐酸普鲁卡因 100～200 毫升，也可以肌肉注射盐酸异丙嗪 250～500 毫克或 30%安乃近 30～50 毫升或安痛定 20 毫升。

（8）中药处方

① 处方 1：当归（油炒）100～200 克，番泻叶 60～80 克，茯苓 30～40 克，山楂、麦芽、神曲各 60 克，桔梗 30 克，杏仁 30 克，枳实 30 克，木香 20～30 克，厚朴 30 克，香附子 30 克，二丑 30 克，槟榔 60 克，大黄 30 克，炒马钱子 5～8 克。研末开水冲或水煎，加食用油 250～500 毫升或石蜡油 500 毫升，灌服。本方适用于粪少而干的。体质虚弱者加党参、黄芪等以扶正。

② 处方 2：即椿皮散：椿皮、莱菔子、枳壳各 60 克，常山、柴胡各 25 克，甘草 15 克。研末开水冲服。如加苦参 50 克、三仙各 50 克疗效更好。

③ 处方 3：白术（炒）60～90 克、茯苓 30～45 克、川木香 30 克、槟榔 80 克、山楂 80 克、神曲 100 克、半夏 30 克、枳实 30 克、连翘 30 克、莱菔子 80、厚朴 30 克、马钱子 8 克。研末开水冲服或水煎服。本方适用于粪便稀软者。

经验之二十八：牛瘤胃臌气的防治办法

瘤胃臌气又称瘤胃臌胀，主要是因采食了大量容易发酵的饲料，在瘤胃内微生物的作用下异常发酵，迅速产生大量气体，致使瘤胃急剧膨胀，膈与胸腔脏器受到压迫，呼吸与血液循环障碍，发生窒息现象的一种疾病。临床上以呼吸极度困难，反刍、嗳气障碍、腹围急剧增大等症状为特征。按病因分为原发性臌胀和继发性臌胀；按病的性质分为泡沫性臌胀和非泡沫性臌胀。按病的速度分为急性臌胀和慢性臌胀。

瘤胃臌胀主要是因采食大量的水分含量较高的容易发酵的饲草、饲料，如幼嫩多汁的青草或者经雨、露、霜、雪侵蚀的饲草、饲料而引起；采食了霉败饲草和饲料，如品质不良的青贮饲料、发霉饲草和饲料引起；饲喂后立即使役或使役后马上喂饮；突然更换饲草和饲料或者改变饲养方式，特别是舍饲转为放牧时或由一牧场转移到另一牧场，更容易导致急性瘤胃臌胀的发生；采食了大量含蛋白质、皂苷、果胶等物质的豆科牧草，如新鲜的豌豆蔓叶、苜蓿、草木樨、红三叶、紫云英、豆面等，或者喂饲多量的谷物性饲料，如玉米粉、小麦粉等也能引起泡沫性臌气。继发性瘤胃臌胀，常继发于食道阻塞、前胃弛缓、创伤性网胃炎、瓣胃与真胃阻塞、发热性疾病等疾病。

瘤胃臌胀通常在采食易发酵饲料后不久发病，甚至在采食中发病。表现不安或呆立，食欲废绝，口吐白沫，回顾腹部；腹部迅速膨大，左肷窝明显突起，严重者高过背中线；腹壁紧张而有弹性，叩诊呈鼓音；瘤胃蠕动音初期增强，常伴发金属音，后期减弱或消失；因腹压急剧增高，病畜呼吸困难，严重时伸颈张口呼吸，呼吸数增至每分钟 60 次以上；心跳加快，可达每分钟 100 次以上；病的后期，心力衰竭，静脉怒张，呼吸困难，黏膜发绀；目光恐惧，全身出汗、站立不稳，步态蹒跚，最后倒地抽搐，终因窒息和心脏麻痹而死亡。

慢性瘤胃臌胀表现为瘤胃中度膨胀，时胀时消，常为间歇性反复发作，呈慢性消化不良症状，病畜逐渐消瘦。

诊断要点如下。

① 采食大量易发酵产气饲料。

② 腹部迅速膨大，左肷窝明显突起，严重者高过背中线；腹壁紧张而有弹性，叩诊呈鼓音；病畜呼吸困难，严重时伸颈张口呼吸。

③ 瘤胃穿刺检查：泡沫性臌胀，只能断断续续地从套管针内排出少量气体，针孔常被堵塞而排气困难；非泡沫性臌胀，则排气顺畅，臌胀明显减轻。

④ 胃管检查：非泡沫性臌胀时，从胃管内排出大量酸臭的气体，臌胀明显减轻；而泡沫性臌胀时，仅排出少量带泡沫气体，而不能解除臌胀。

防治办法：加强饲喂管理是防止本病发生的关键。禁止饲喂发霉、腐败、冰冻、分解的块根植物及毒草，冰冻的饲料应经过蒸煮再予饲喂。尽量不喂或少喂堆积发酵或被雨露浸湿的青草。在饲喂易发酵的青绿饲料时，应先饲喂干草，然后再饲喂青绿饲料。由舍饲转为放牧时，最初几天要先喂一些干草后再出牧，并且还应限制放牧时间及采食量。不让牛进入到苕子地、苜蓿地暴食幼嫩多汁豆科植物。舍饲育肥动物，应该在全价日粮中至少含有10%～15%的粗料。

本病的治疗原则是加强护理，排除气体，止酵消沫，恢复瘤胃蠕动和对症治疗。治疗上根据病情的缓急、轻重以及病性的不同，采取相应有效的措施进行排气减压。

防止过多饲喂易发酵的幼嫩多汁或沾有雨水的饲草。在喂时把含水分过多的青草给予晾晒，以便减少含水量。尽量不要堆积青草，以防青草发酵。

(1) 排气减压

① 口衔木棒法：对较轻的病例，可使病畜保持前高后低的体位，在小木棒上涂鱼石脂（对役畜也可涂煤油）后衔于病畜口内，同时按摩瘤胃或踩压瘤胃，促进气体排出。

② 胃管排气法：严重病例，当有窒息危险时，应实行胃管排气法，操作方法同送胃管的方法。

③ 瘤胃穿刺排气法：严重病例，当有窒息危险且不便实施或不能实施胃管排气法时应瘤胃穿刺排气法，操作方法是用套管针、一个或数个 20 号针头插入瘤胃内放气即可。以上这些方法仅对非泡沫性臌胀有效。

④ 手术疗法：当药物治疗效果不显著时，特别是严重的泡沫性臌胀，应立即施行瘤胃切开术，排气与取出其内容物。病势危急时可用尖刀在左肷部插入瘤胃，放气后再设法缝合切口。

(2) 止酵消沫

① 泡沫性臌胀可用二甲基硅油 25～50 克，加水 500 毫升一次灌服；滑石粉 500 克、丁香 30 克（研细）温水调服；植物油或石蜡油，牛 100 毫升，一次灌服，如加食醋 500 毫升，大蒜头 250 克（捣烂）效果更好。

② 止酵可用甲醛 20～60 毫升，加常水 3000 毫升灌服；鱼石脂 15～30 克，一次灌服；松节油 30 毫升，一次灌服；95%酒精 100 毫升，一次灌服或瘤胃内注入。

注意：煤油、汽油、甲醛、松节油、来苏儿虽能消胀，但因有怪味，一旦病畜死亡，其内脏、肉均不能食用，故一般少用。

（3）排除胃内容物　可用盐类或油类泻药如硫酸镁 800 克，加常水 3000 毫升溶解后，一次灌服；增强瘤胃蠕动，促进反刍和嗳气，可使用瘤胃兴奋药、拟胆碱药等进行治疗。此外，调节瘤胃内容物 pH 值可用 3％碳酸氢钠溶液洗涤瘤胃。

注意全身机能状态，及时强心补液，进行对症治疗。

（4）慢性瘤胃臌胀多为继发性瘤胃臌胀。除应用急性瘤胃臌胀的疗法，缓解臌胀症状外，还必须彻底治疗原发病。

经验之二十九：牛瘤胃积食的防治办法

瘤胃积食又称急性瘤胃扩张，是反刍动物贪食大量粗纤维饲料或容易臌胀的饲料引起瘤胃扩张，瘤胃容积增大，内容物停滞和阻塞以及整个前胃机能障碍，形成脱水和毒血症的一种严重疾病。临床上以瘤胃体积增大且较坚硬，呻吟、不吃为特征。

瘤胃积食主要是由于贪食大量粗纤维饲料或容易臌胀的饲料如小麦秸秆、山芋豆藤、老苜蓿、花生蔓、紫云英、谷草、稻草、麦秸、甘薯蔓等再加之缺乏饮水，难于消化所致；过食精料如小麦、玉米、黄豆、麸皮、棉籽饼、酒糟、豆渣等。因误食大量塑料薄膜而造成积食。突然改变饲养方式以及饲料突变、饥饱无常、饱食后立即使役或使役后立即饲喂等因素引起本病的发生。各种应激因素的影响如过度紧张、运动不足、过于肥胖等引起本病的发生。

常在饱食后数小时或 1～2 天内发病。食欲废绝、反刍停止、空嚼、磨牙。腹部膨胀，左肷部充满，触诊瘤胃，内容物坚实或坚硬，有的病畜触诊敏感，有的不敏感，有的坚实，拳压留痕，有的病例呈粥状；瘤胃蠕动音减弱或消失。有的病畜不安，目光凝视，拱背站立，回顾腹部或后肢踢腹，间或不断地起卧。病情严重时常有呻吟、流涎、嗳气，有时作呕或呕吐。病畜发生腹泻，少数有便秘症状。

瘤胃积食也常常继发于前胃弛缓、创伤性网胃腹膜炎、瓣胃阻塞、皱胃阻塞、胎衣不下、药呛肺等疾病过程中。

诊断要点：一是有过食饲料特别是易膨胀的食物或精料；二是食欲废绝，反刍停止，瘤胃蠕动音减弱或消失，触诊瘤胃内容物坚实或有波动感；三是体温正常，呼吸、心跳加快；有酸中毒导致的蹄叶炎使病畜卧地不起的现象。

防治办法：本病预防的关键是建立合理的饲养管理制度，防止牛过食。精饲料、糟粕类饲料喂量应加工调制，按规定喂量供给，不突然变换饲料，充分饮水，适当运动；同时还要加强饲料保管和牛的管理，防止牛脱缰过食。避免外界各种不良因素的影响和刺激。

治疗原则是加强护理，增强瘤胃蠕动机能，排出瘤胃内容物，制止发酵，对抗组胺和酸中毒，对症治疗。

治疗方法如下。

(1) 按摩疗法　在牛的左肷部用手掌、拳、木棒与木板（二人抬）、布带（二人拉）按摩瘤胃，每次5～10分钟，每隔30分钟按摩一次。结合灌服大量的温水，则效果更好。

(2) 腹泻疗法　硫酸镁或硫酸钠500～800克，加水1000毫升，液体石蜡或植物油1000～1500毫升，给牛灌服，加速排出瘤胃内容物。

(3) 促蠕动疗法　可用兴奋瘤胃蠕动的药物，如10%高渗氯化钠300～500毫升，静脉注射，同时用新斯的明20～60毫升，肌注能收到好的治疗效果。

(4) 洗胃疗法　用直径4～5厘米、长250～300厘米的胶管或塑料管一条，经牛口腔导入瘤胃内，然后来回抽动，以刺激瘤胃收缩，使瘤胃内液状物经导管流出。若瘤胃内容物不能自动流出，可在导管另一端连接漏斗，向瘤胃内注温水3000～4000毫升，待漏斗内液体全部流入导管内时，取下漏斗并放低牛头和导管，用虹吸法将瘤胃内容物引出体外。如此反复，即可将精料洗出。

(5) 病牛饮食欲废绝，脱水明显时，应静脉补液，同时补碱，如25%的葡萄糖500～1000毫升，复方氯化钠液或5%糖盐水3～4升，5%碳酸氢钠液500～1000毫升等，一次静脉注射。

(6) 切开瘤胃疗法　重症而顽固的积食，应用药物不见效果时，或怀疑为食入塑料薄膜而造成的，且病畜体况尚好时，应及早施行瘤胃切开术，取出瘤胃内容物，填满优质的草，用1%温食盐水冲洗，并接种健畜瘤胃液。

经验之三十：牛瘤胃酸中毒的防治办法

瘤胃酸中毒又称急性碳水化合物过食，是因采食大量的谷类或其他富含碳水化合物的饲料后，导致瘤胃内产生大量乳酸而引起的一种急性代谢性酸中毒。其特征为消化障碍、瘤胃运动停滞、脱水、酸血症、运动失调甚至瘫痪、衰弱、休克，常导致死亡。

1. 常见的病因

① 饲养管理不当使牛闯进厨房或住宅、饲料房、粮食或饲料仓库或晒谷场，播种时的种子袋没有管好，在短时间内采食了大量的人的食物如面、米、豆腐、馍馍等；谷物或豆类如大麦、小麦、玉米、稻谷、高粱及甘薯干，特别是粉碎后的谷物，畜禽的配合饲料，在瘤胃内高速发酵，产生大量的乳酸而引起瘤胃酸中毒。

② 舍饲奶牛若不按照由高粗饲料向高精饲料逐渐变换的方式，而是突然饲喂高精饲料而草不足时，易发生瘤胃酸中毒。

③ 现代化奶牛生产中常因饲料混合不匀，而使采入精料含量多的牛发病。

④ 在农忙季节，给耕牛突然补饲谷物精料，豆糊、玉米粥或其他谷物，因消化机能不相适应，瘤胃内微生物群系失调，迅速发酵形成大量酸性物质而发病。

⑤ 当牛采食发酵后的甜菜渣、淀粉渣、酒渣、醋渣也发病。

⑥ 当牛采食苹果、青玉米、甘薯、马铃薯、甜菜时也可发病。

2. 临床症状

本病多数呈现急性经过，一般 24 小时发生，有些特急性病例可在采食谷类饲料后 3～5 小时内无明显症状而突然死亡或仅见精神沉郁、昏迷，而后很快死亡。本病的主要症状及发病速度与饲料的种类、性质及食入的量有关，以玉米、大米、大麦及小麦的发病较快而且严重，食入加工粉碎的饲料比饲喂未经粉碎的饲料发病快。

(1) 急性型　步态不稳，呼吸急促，往往在发现症状后 1～2 小时死亡。临死前张口吐舌，高声哞叫，摔头蹬腿，卧地不起，从口内流出泡沫状含血液体。

（2）亚急性型　食欲废绝、精神沉郁、呆立、不愿行走、眼窝凹陷、肌肉震颤。病情较重者瘫痪卧地，头向背侧弯曲呈角弓反张样，四肢直伸，呻吟，磨牙，眼睑闭合，呈睡状。

3. 诊断要点

一是根据脱水，瘤胃胀满，大量出汗，卧地不起，多为躺卧，四肢伸直，心跳多在百次以上，呼吸加快，口流涎沫；二是有过食豆类、谷类或含丰富碳水化合物饲料的病史；三是瘤胃液 pH 值下降至 4.5～5.0，尿液 pH 值 5.0～5.6，血液 pH 值降至 6.9 以下，血液乳酸升高等。

4. 防治办法

应加强饲料管理，合理调制加工饲料，正确组合日粮，严格控制谷物精料的饲喂，防止偷食精料。日粮供应要合理，精粗饲料比例要平衡，奶牛由高粗饲料向高精饲料的变换要逐步进行，应有一个适应期。耕牛在农忙季节的补料亦应逐渐增加，不可突然一次补给较多的谷物或豆类。防止牛闯入饲料房、仓库、晒谷场，暴食谷物、豆类及配合饲料。特别需要注意的是此病犊牛发生率较高，原因是犊牛未上绳拴系，散放养，饲养管理疏忽或饲养员缺乏经验等，需要对犊牛进行重点看管。

治疗原则是加强护理，清除瘤胃内容物，纠正酸中毒，补充体液，恢复瘤胃蠕动。

（1）缓解体内酸中毒

① 静脉注射 5%碳酸氢钠 1000～1500 毫升，每日 1～2 次；10%氯化钠 500 毫升，每日 1～2 次。

② 补液：常用复方生理盐水或葡萄糖生理盐水，输液量根据脱水程度而定，输液时可加入安钠咖。心跳在百次以上者可加 654-2 100～200 毫克。

（2）消除瘤胃中的酸性产物

① 导胃与洗胃：用大口径胃导管以 1%～3%碳酸氢钠或 5%氧化镁液，温水反复冲洗瘤胃，冲洗后瘤胃内可投服碳酸氢钠或氧化镁

300～500 克。轻症病例，可内服氢氧化镁、碳酸氢钠各 300～500 克，加水 4～8 升，灌服。

② 调节瘤胃液 pH 值，投服碱性药物，如滑石粉 500～800 克、碳酸氢钠 300～500 克或氧化镁 300～500 克，以及碳酸钙 200～300 克等，每天 1 次。

③ 使用缓泻药如石蜡油 1000～1500 毫升，大黄苏打片 300～500 克。

④ 提高瘤胃兴奋性，可用比塞可灵或新斯的明、毛果芸香碱皮下注射。

⑤ 手术疗法：采食精料过多，产酸严重，无法经洗胃与泻下消除的，对生命构成威胁的宜及早行瘤胃切开术，排空内容物，用 3% 碳酸氢钠或温水洗涤瘤胃数次，尽可能彻底地洗去乳酸。然后，向瘤胃内放置适量轻泻药和优质干草，条件允许时可给予正常瘤胃内容物。

(3) 恢复瘤胃内容物的体积及瘤胃内微生物群活性：应喂以品质良好的干草，牛、羊无食欲的应耐心地强行喂食，为了恢复瘤胃内微生物群活性，可投服健康牛瘤胃液 5～8L。

(4) 加强护理　在最初 18～24 小时要限制饮水量。在恢复阶段，应喂以品质良好的干草而不应投食谷物和配合精饲料，以后再逐渐加入谷物和配合饲料。

经验之三十一：牛食道阻塞的防治

食道阻塞俗称“草噎”，是食道被食团或异物突然阻塞的一种严重食道疾病。主要是由于饥饿导致吃草太多太急，吞咽过猛，使食团或块根、块茎类饲料未经咀嚼而下咽引起。另外，食道麻痹、食道痉挛、食道狭窄等也可引起本病。

1. 造成食道阻塞的病因

① 容易引发食道阻塞的物质有甘薯、马铃薯、甜菜、苹果、玉米穗、豆饼块、花生饼等大块的饲料和破布、塑料薄膜、毛线球、木

片或胎衣、煤块、小石子等异物。

② 由于缺乏维生素、矿物质、微量元素，引起异食癖，容易吞食异物而发生。

③ 引起食道阻塞发生的条件是咀嚼不充分。引起咀嚼不充分的原因有：饥饿状态下采食过急；在采食中突然受到惊吓；抢食或偷食；采食习惯，牛、羊采食时速度快，咀嚼极少，所以很容易阻塞。

④ 引起吞咽过程受阻，这种情况主要继发于食道狭窄、食道麻痹、食道炎等疾病。

2. 临床症状

其临床特征是采食过程中突然停止采食，惊恐不安，摇头缩颈，张口伸舌，大量流涎，频繁呈现吞咽动作。颈部食道阻塞时，外部触诊可感阻塞物；胸部食道阻塞时，在阻塞部位上方的食道内积满唾液，触诊能感到波动并引起哽噎运动。胃管探诊，当触及阻塞物时，感到阻力，不能推进送入瘤胃中。由于嗳气障碍而易发生瘤胃臌胀，经瘤胃穿刺，病情缓解后，不久又发生急性瘤胃臌气。

3. 诊断要点

一是大量流涎、吞咽障碍、瘤胃臌气多突然发病；二是触诊，颈部食道阻塞时可感阻塞物；胸部食道阻塞时，在阻塞部位上方的食道内积满唾液，触诊能感到波动；三是导管探诊，当触及阻塞物时，感到阻力，不能推进送入瘤胃中；四是X线检查，在完全性阻塞或阻塞物质地致密时，阻塞部呈块状密影。

注意本病要与流涎、瘤胃臌气两症状共有的疾病进行区别诊断：一是有机磷中毒，瞳孔缩小，腹痛，呼吸困难，全身颤抖、抽搐；二是食道狭窄，病情发展缓慢，常常表现假性食道阻塞症状，但饮水和流体饲料可以咽下；三是破伤风，头颈伸直，两耳直立，牙关紧闭，四肢强直如木马状。

4. 防治办法

加强饲养管理，定时饲喂，防止饥饿后抢食；合理加工调制饲料，块根、块茎及粗硬饲料要切碎或泡软后喂饲；秋收时当牛羊路过种有马铃薯和萝卜地时应格外小心；妥善管理饲料堆放间，防止偷食或骤然采食；要积极治疗异食癖的病畜。

治疗原则是解除阻塞，疏通食道，消除臌气，防止窒息死亡，加强护理和预防并发症的发生。

（1）瘤胃臌气严重有窒息死亡危险的应首先穿刺放气。

（2）除噎法

① 挤压法：当采食块根、块茎饲料而阻塞于颈部食道时，将病畜横卧保定，用平板或砖垫在食道阻塞部位；然后以手掌抵于阻塞物下端，朝咽部方向挤压，将阻塞物挤压到口腔，即可排出。若为谷物与糠麸，病畜站立保定，双手从左右两侧挤压阻塞物，促进阻塞物软化，使其自行咽下。

② 推送法：即将胃管插入食道内抵住阻塞物，徐徐把阻塞物推入胃中。此法主要用于胸部、腹部食道阻塞。在下送时先灌一定量的植物油或液体石蜡效果更好。

③ 打气法：把打气管接在胃管上（犊牛、羊用口吹），然后适量打气，并趁势推动胃管，将阻塞物推入胃内。但要注意，不能打气过多和推送过猛，以免食道破裂。

④ 打水法：一般方便的方法是将胃管的一端连接与自来水龙头上，另一端送入食道内，待确定胃管与阻塞物接触之后，迅速打开自来水并顺势将阻塞物送入瘤胃内。

⑤ 虹吸法：当阻塞物为颗粒状或粉状饲料时，除“挤压法”外，还可使用用清水反复泵吸或虹吸，把阻塞物洗出，或者将阻塞物冲下。

⑥ 药物疗法：在食道润滑状态下，皮下注射3%盐酸毛果芸香碱3毫升，促进食道肌肉收缩和分泌，经3～4小时奏效。

⑦ 掏噎法：近咽部食道阻塞，在装上开口器后，可徒手或借助器械取出阻塞物；也可以用长柄钳（长50厘米以上）夹出或用8号铁丝拧成套环送入食道套出阻塞物。

⑧ 碎噎法：对容易碎的阻塞物如甘薯、马铃薯、苹果、嫩玉米穗、豆饼块、花生饼引起的噎症，可用两块对准阻塞物将其砸碎或将病牛右侧侧卧保定在阻塞物的下方，垫一块砖头，用另一块砖头对准阻塞物将其砸碎并送入瘤胃中。

⑨ 民间法：先灌入少量植物油，稍待片刻后，将缰绳拴在左前肢系凹部，使牛头尽量低下，然后驱赶前进，借助颈部肌肉收缩，使

阻塞物咽入胃内。

⑩ 手术疗法：当采取上述方法不见效时，应施行手术疗法。采用食道切开术或开腹按压法治疗。也可施行瘤胃切开术，通过贲门将阻塞物排除。近咽部食道阻塞：在装上开口器后，可徒手或借助器械取出阻塞物。

经验之三十二：牛创伤性网胃腹膜炎的防治

创伤性网胃腹膜炎又称金属器具病或创伤性消化不良，是由于金属异物混杂在饲料内被误食后进入网胃，导致网胃和腹膜损伤及炎症的一种疾病。本病主要发生于牛，间或发生于羊。

1. 造成创伤性网胃腹膜炎的病因

因为牛在采食时，不能用唇辨别混于饲料中的金属异物，而且食物又不能在口腔中咀嚼完全便迅速囫囵吞下，所以只要草料中有金属异物就可能将其吞下。容易混入异物的情况是：对金属管理不完善；在建筑工地附近、路边或工厂周围等金属多的地方放牧；饲料加工、堆放、运输、包装、管理不善；没有消除金属异物的装备；工作人员携带别针、注射针头、发卡、大头钉等保管不善；用具的金属松动掉落。常见金属异物包括铁钉、碎铁丝、缝针、别针、注射针头、发卡及钢笔尖、回形针、牙签、大头钉、指甲剪、铅笔刀和碎铁片等。各种因素如妊娠、分娩、爬跨、跳跃、瘤胃臌气等造成腹内压升高是本病发生的诱因。

2. 临床症状

病牛采食时随同饲料吞咽下的金属异物，在未刺入胃壁前，没有任何临床症状。通常存留在网胃内的异物，当分娩阵痛、瘤胃积食以及其他致使腹腔内压增高的因素影响下，突然呈现临床症状。病初，一般多呈现前胃弛缓，食欲减退，有时有异食癖，瘤胃收缩力减弱，因受到抑制而弛缓，不断嗳气，常常呈现间歇性瘤胃臌胀。肠蠕动音减弱，有时发生顽固性便秘，后期下痢，粪有恶臭，奶牛的泌乳量减少。由于网胃疼痛，病牛有时突然骚动不安。病情逐渐增剧并因网胃和腹膜或胸膜受到金属异物损伤，呈现各种异常临床症状。

（1）姿势异常 站立时，常采取前高后低的姿势，头颈伸展，两眼半闭，肘关节向外展、拱背，不愿移动。

（2）运动异常 牵病牛行走时，怕上下坡，在砖石或水泥路面上行走时止步不前。

（3）起卧异常 当卧地、起立时，因感疼痛，极为谨慎，肘部肌肉颤动，甚至呻吟和磨牙。

（4）叩诊异常 叩诊网胃区，即剑状软骨左后部腹壁，病牛感疼痛，呈现不安、呻吟、躲避或退让。

（5）反刍吞咽异常 有些病例反刍缓慢，间或见到吃力地将网胃中食团逆呕到口腔，并且吞咽动作常有特殊表现，颜貌忧苦，吞咽时缩头伸颈、停顿，很不自然。

（6）全身机能状态 体温、呼吸、脉搏在一般病例无明显变化，但在网胃穿孔后，最初几天体温可能升高至40℃以上，其后降至常温，转为慢性过程，无神无力，消化不良，病情时而好转，时而恶化，逐渐消瘦。

单纯性创伤性网胃炎是极其少见的，其往往有创伤性心包炎、创伤性腹膜炎、创伤性肺炎、创伤性胃穿孔、创伤性真胃阻塞等，需要注意判断。

3. 诊断要点

① 呈现顽固性前胃弛缓久治不愈。

② 实验室检查：病的初期，白细胞总数升高，中性粒细胞增至45%～70%、淋巴细胞减少至30%～45%，核左移。

③ X线检查：根据X线影像，可确定金属异物损伤网胃壁的部位和性质。

④ 金属异物探测器检查可查明网胃内金属异物存在的情况。

由于本病临床特征不突出，一般病例都具有顽固性消化机能不良现象，容易与胃肠道其他疾病混淆。唯有反复临床检查，结合病史进行论证分析，予以综合判定，才能确诊。本病的诊断应根据饲料管理情况，结合病情发展过程进行。姿态与运动异常，顽固性前胃弛缓，逐渐消瘦，网胃区触诊有痛感，以及长期治疗不见效果，也是为本病的基本症状。

注意本病与急性局限性网胃腹膜炎、弥漫性网胃腹膜炎、创伤性网胃心包炎和创伤性真胃阻塞的鉴别诊断。

(1) 急性局限性网胃腹膜炎　病畜食欲减退或废绝，肘部外展，不安，拱背站立，不愿活动，起卧时极为谨慎，不愿走下坡路、跨沟或急转弯；瘤胃蠕动减弱，轻度臌气，排粪减少；网胃区触诊，病牛呈敏感反应，且发病初期表现明显。泌乳量急剧下降；体温升高，但部分病例几天后降至常温。有的病例金属刺到腹壁时，皮下形成脓肿。

(2) 弥漫性网胃腹膜炎　全身症状明显，体温升高至40～41℃，脉率、呼吸数增快，食欲废绝，泌乳停止；胃肠蠕动音消失，粪便稀软而少；病畜不愿起立或走动，时常发出呻吟声，在起卧和强迫运动时更加明显。由于腹部广泛性疼痛，难以用触诊的方法检查到网胃局部的腹痛。疾病后期，反应迟钝，体温升高至40℃，多数病畜出现休克症状。

(3) 创伤性网胃心包炎　除创伤性网胃炎的症状之外，病牛颌下、胸前水肿，心音混浊并伴有击水音或金属音。

(4) 创伤性真胃阻塞　右侧真胃处突出，触诊成面袋状，消瘦，泌乳量少，间歇性厌食，瘤胃蠕动减弱，间歇性轻度臌气，久治不愈。

4. 防治办法

预防上，加强日常性饲养管理工作，注意饲料选择和调理，防止饲料中混杂金属异物。采取预防牛食入金属异物的措施。一是给牛戴磁铁笼；二是饲料自动输送线或青贮塔卸料机上安装大块电磁板；三是加强饲养管理，修理牛舍及有关工具时，要及时把在地上的铁钉及铁线残段等金属异物拾起，不在饲养区乱丢乱放各种金属异物，不在房前屋后、铁工厂、垃圾堆附近放牧和收割饲草；四是喂牛羊时用磁性搅拌工具反复搅拌；五是对野干草收购要严格把关，对一些野干草中有较多杂质，如小竹片、铁丝、金属异物等要拒收，现在牧场中奶牛吃野干草较多，因此这方面要更加注意；六是定时检查，及时治疗。定期应用金属探测器检查牛群，并应用金属异物摘除器从瘤胃和网胃中摘除异物。如用取铁器不能将铁器全部取出，可在牛胃中放置磁管，以吸附牛胃中残存的铁。

① 保守疗法：将病牛立于斜坡上或斜台上，保持前驱高后躯低的姿势，减轻腹腔脏器对网胃的压力，促使异物退出网胃壁。

② 为使异物被结缔组织包围、减轻炎症、疼痛，改善症状，可用“水乌钙疗法”（10%水杨酸钠 100～200 毫升，40%乌洛托品 50 毫升，5%氯化钙 100～300 毫升，加入葡萄糖内静注）、新促反刍液（5%氯化钙 200～300 毫升，10%氯化钠注射液 300～500 毫升，30%安乃近注射 20～30 毫升，1 次静脉注射，每日 1 次）和抗生素三步疗法。抗生素常用庆大霉素 100 万～150 万国际单位或丁胺卡那霉素 5 克或青霉素 500 万～1500 万国际单位，均加在葡萄糖液内静脉注射，连用 2～3 次，疗效十分显著。如效果不显著，除交换使用抗生素外，可改第三步为黄色素（0.5%黄色素 100～150 毫升加入葡萄糖内）。

③ 用特别磁铁经口投入网胃中，吸取胃中金属异物，同时青链霉素肌肉注射，效果更好。

④ 手术取出金属异物。施行瘤胃切开术，从网胃壁上摘除金属异物。对于患创伤性网胃炎的奶牛要及时手术取铁，造成创伤性心包炎的奶牛要及时淘汰，以免造成更大的损失。

经验之三十三：牛蹄部疾病的防治办法

牛蹄的保健是保证牛健康的重要原因之一，尤其是母牛，母牛蹄部疾病的发病率仅次于乳房疾病，是影响母牛健康和生产性能的常见病。加强牛蹄部保健，及时防治蹄部疾病，可有效减少牛蹄部疾病的发生，提高牛的利用年限，降低因蹄变形、蹄病造成的淘汰率，提高奶牛养殖的经济效益。

1. 蹄病发生的原因

（1）与营养的关系　不平衡的营养水平在很大程度上会导致蹄病发生。产前精料喂量过多，过量补喂蛋白质或已霉变的粗、精饲料易造成蹄叶炎发生，母牛过于肥胖，产后胎衣下不，子宫炎和酮病瘤胃酸中毒发病增多，而这些疾病可致使蹄病的发生。饲料矿物质缺乏，特别是钙、磷含量不足，比例不当，致使钙、磷代谢紊乱，临床上出现骨质疏松症，而导致蹄病的发生。

(2) 与圈舍的关系　母牛一般都采用圈养且牛舍地面多用水泥硬化。长时间站立或卧在硬度大的地面上，造成蹄部机械性摩擦、压迫跗关节而引起挫伤、炎症。牛舍阴暗潮湿，通风不良，氨气浓度过高，在氨的作用下，蹄底角质变性分解呈粉状，故在临床上出现“粉蹄”；炎热多雨季节，牛圈泥泞，粪尿堆积发酵，牛蹄受污物浸渍，角质变软，抵抗力下降，促使蹄病发生；生长期立于水泥地等较硬地面上，可便角质过度磨损，引起蹄底发生严重挫伤；圈舍过小，牛密度过大，母牛缺少运动，蹄角质过度生长，出现变形、蹄裂。

(3) 与季节的关系　夏秋季因饲喂青绿多汁饲料，牛粪稀、尿多，潮湿环境适合病原菌生长，易使蹄部皮肤疏松、角质变软而发病。另外，牛经过6～8月份的高温高湿气候后，体质下降，蹄部易发生病变，故本病夏秋季节发病率较高。

(4) 与管理的关系　养殖者缺乏牛蹄保健观念，修蹄不及时或不修蹄，蹄受多种因素影响，表现异常角质形成，出现蹄变形，则促使蹄病的发生。牛集中饲养时环境因素、圈舍运动场不消毒、不清扫，致使传染病、寄生虫病流行和传播，常会引起蹄病出现，如口蹄疫、坏死杆菌病、牛病毒性腹泻、锥虫病等。

(5) 与疾病的关系　母牛产犊后，若发生子宫内膜炎、乳房炎、产后综合征等疾病时可继发蹄病，此时母牛身体虚弱，蹄病也较难治疗。

(6) 与遗传育种的关系　在生产实践中，养殖场可通过淘汰有明显肢蹄缺陷，特别是那些蹄变形严重，经常发生跛行的母牛及其后代，或使牛群肢蹄状况得到改善。

2. 蹄病诊断

(1) 站立检查　牛站立于平坦地面，注意观察前、后、左、右肢的负重姿势，牛吃料时观察有无频频提脚，前肢交叉，拱背，脚尖着地，蹄冠红肿等现象。可根据负重情况判断患肢，再依照患肢负重姿势判断患病部位，如患肢前伸则病变位于蹄前部或蹄尖部，患肢后踏则病变位于蹄的后部，患肢外展则可能蹄外侧壁发生炎症。

（2）运动检查　患蹄病牛只步样跛行证明已进入病后期，因此平常巡视时就应留意牛只步样，以及早发现患牛。一侧前肢负重瞬间，牛低头说明该侧为健肢，若抬头则为患肢。一侧后肢负重瞬间，该侧臀部下沉说明为健肢，否则为患肢。另外，牛只运步缓慢、步履蹒跚、喜卧、口沫分泌增加等情况也应引起注意。

（3）修蹄时的检查　已患肢蹄病的牛，应进行修蹄治疗。牛固定于修蹄架上后，先查蹄温，可用手背感触蹄前壁、蹄侧壁、蹄踵和蹄冠的温度，温度高证明局部有炎症。对蹄底采用痛觉检查法：先用检蹄钳对蹄壁各处施行短而断续的敲打，有痛觉的说明指（趾）有病变。

3. 护蹄方法

① 供应平衡日粮，满足奶牛对各种营养成分的需求，其中特别注意精粗比、碳氮比和钙磷比。

② 保持圈舍、运动场清洁、干燥，不用炉渣、石子铺运动场。保持蹄部卫生，夏天用清水每日冲洗。牛床的坡度不要太大，坡度过大会造成如牛蹄畸形或肢蹄病。可在牛床上垫胶皮垫，防止奶牛打滑和冻蹄及蹄部的磨损。

③ 建立修蹄制度，每年春秋季各检查和整蹄 1 次。

④ 坚持用药物浴蹄：浴蹄药物选择 3%～5%福尔马林或 5%硫酸铜。治蹄方法有喷洒治蹄和浸泡浴蹄。喷洒治蹄，用清水清洗蹄部泥土粪尿等脏物，将药液直接喷洒蹄部，夏秋季每 5～7 天喷洒一次，冬春季可适当延长时间。浸泡浴蹄，在牛必经处设蹄浴池（长 3～5 米、宽 1 米、深 15 厘米），放置药液量为蹄浴池深度，约 10 厘米，每日过蹄浴池，每周换药液一次。

⑤ 对患有肢蹄病的牛要及时治疗。

经验之三十四：日射病及热射病的防治办法

日射病和热射病是由于急性热应激引起的体温调节机能障碍的一

种急性中枢神经系统疾病。日射病是牛、羊在炎热的季节中，头部持续受到强烈的日光照射而引起脑及脑膜充血和脑实质的急性病变，导致中枢神经系统机能障碍性疾病。热射病是牛、羊所处的外界环境气温高，湿度大，产热多，散热少，体内积热而引起的严重中枢神经系统机能紊乱的疾病。临床上日射病和热射病统称为中暑。牛中暑是夏、秋季的常发病，特别是役用牛和犊牛易发。牛中暑若防治不及时，往往造成死亡或严重影响农事的进行，应引起高度重视。

1. 发病病因

在高温天气和强烈阳光下使役、驱赶、奔跑、运输等常常可发病。集约化养殖场饲养密度过大、潮湿闷热、通风不良、牛羊体质衰弱或过肥，出汗过多，饮水不足，缺乏食盐等是引起本病的常见原因。

2. 临床症状

在临床实践中，日射病和热射病常同时存在，因而很难精确区分。

（1）日射病　突然发生，病初精神沉郁，四肢无力，步态不稳，共济失调，突然倒地，四肢做游泳样运动。病情发展急剧，呼吸中枢、血管运动中枢、体温调节中枢机能紊乱甚至麻痹。心力衰竭，静脉怒张，脉微弱，呼吸急促而节律失调，结膜发绀，瞳孔初散大、后缩小。皮肤、角膜、肛门反射减退或消失，腱反射亢进，常发生剧烈的痉挛或抽搐而迅速死亡。

（2）热射病　突然发病，体温急剧上升，高达41℃以上，皮温增高，出现大汗或剧烈喘息。病畜站立不动或倒地张口喘气，两鼻孔流出粉红色、带小泡沫的鼻液。心悸亢进，脉搏疾速，达每分钟100次以上。眼结膜充血。后期病畜呈昏迷状态，意识丧失，四肢划动，呼吸浅而疾速，节律不齐，脉不感手，第一心音微弱，第二心音消失，血压下降。

日射病和热射病，病情发展急剧，常常因来不及治疗而发生死亡。早期采取急救措施可望痊愈，若伴发肺水肿，多预后不良。

根据发病季节，病史资料和体温急剧升高，心肺机能障碍和倒地昏迷等临床特征，可以确诊。

3. 防治办法

加强高温季节的饲养管理是防止牛发生本病的关键。牛舍建造要较宽敞、凉爽和通风，禁止用油毛毡和塑膜盖牛舍屋顶。防止日光直射头部。役用牛在炎热季节应早晚干活，中午休息，使用中也应不时休息并适当多饮水。夏秋季牛要拴在阴凉处休息，要常洗刷牛体，保持清洁凉爽。炎热季节车船运输牛应在早、晚进行并防过于拥挤；不可较长时间在水泥、沙（石）地上行走。高温时役牛干活前应灌饮3～4小瓶“十滴水”（兑入500～1000毫升凉水）。

治疗原则是加强护理、促进降温、减轻心肺负荷、镇静安神、纠正水盐代谢和酸碱平衡紊乱。

（1）消除病因和加强护理　应立即停止一切应激，将病畜移至阴凉通风处，若病畜卧地不起，可就地搭起荫棚，保持安静。

（2）降温疗法　不断用冷水浇洒全身，或用冷水灌肠，口服1%冷盐水，或于头部放置冰袋，亦可用酒精擦拭体表。

（3）泻血　体质较好者可泻血适量（牛1000～2000毫升，羊100～300毫升），同时静脉注射等量生理盐水，以促进机体散热。

（4）缓解心肺机能障碍　对心功能不全者，可注射安钠咖等强心药。为防止肺水肿，静脉注射地塞米松。

（5）静脉注射20%甘露醇或25%山梨醇500～1000毫升或50%葡萄糖液300～500毫升，可降低颅内压。

（6）镇静　当病畜烦躁不安和出现痉挛时，可口服或直肠灌注水合氯醛黏浆剂或肌肉注射氯丙嗪或少量静松灵。

（7）缓解酸中毒　当确诊病畜已出现酸中毒，可静脉注射5%碳酸氢钠注射液，牛300～600毫升、羊50～100毫升。

经验之三十五：胎衣不下的防治办法

胎衣不下又称为胎膜停滞，是指母畜分娩后不能在正常时间内将胎膜完全排出。一般正常排出胎衣的时间，大约在分娩后，牛为12小时。母畜在娩出胎儿后，胎衣在第三产程的生理时限内未能排出。出现胎衣不下的一般病牛没有全身症状，但食欲和产奶量下降。当子宫出现弛缓或外伤时，可出现全身症状。胎膜排出前子宫颈闭锁，可造成严重的子宫炎并伴有全身症状。本病多发生于具有结缔组织绒毛膜胎盘类型的反刍动物，尤以不直接哺乳或饲养不良的乳牛多见。初产牛对胎衣不下耐受力较差，尤其是胎衣部分不下，子宫颈口闭锁时，初产牛会发生极其严重的全身症状。

一、发病病因

牛发生胎衣不下的原因很多，主要有以下几个方面。

（1）产后子宫收缩无力　日粮中钙、镁、磷比例不当，运动不足，消瘦或肥胖，致使母畜虚弱和子宫弛缓；胎水过多，双胎及胎儿过大，使子宫过度扩张而继发产后子宫收缩微弱；难产后的子宫肌过度疲劳，以及雌激素不足等，都可导致产后子宫收缩无力。

（2）胎儿胎盘与母体胎盘粘连　由于子宫或胎膜的炎症，都可引起胎儿胎盘与母体胎盘粘连而难以分离，造成胎衣滞留。其中最常见的是感染某些微生物，如布氏杆菌、胎儿弧菌等；维生素A缺乏，能降低胎盘上皮的抵抗力而易感染。

（3）与胎盘结构有关　牛的胎盘是结缔组织绒毛膜型胎盘，胎儿胎盘与母体胎盘结合紧密，故易发生。

（4）环境应激反应　分娩时，受到外界环境的干扰而引起应激反应，可抑制子宫肌的正常收缩。

二、诊断要点

胎衣不下有全部不下和部分不下两种。

（1）全部胎衣不下　停滞的胎衣悬垂于阴门之外，呈红色→灰红色→灰褐色的绳索状，且常被粪土、草渣污染。如悬垂于阴门外的是尿膜羊膜部分，则呈灰白色膜状，其上无血管。但当子宫高度弛缓及脐带断裂过短时，也可见到胎衣全部滞留于子宫或阴道内。牛全部胎衣不下时，悬垂于阴门外的胎膜表面有大小不等的稍突起的朱红色的胎儿胎盘，随胎衣腐败分解（1～2天）发出特殊的腐败臭味，并有红褐色的恶臭黏液和胎衣碎块从子宫排出，且牛卧下时排出量显著增多，子宫颈口不完全闭锁。部分胎衣不下时，其腐败分解较迟（4～5天），牛耐受性较强，故常无严重的全身症状，初期仅见拱背、举尾及努责；当腐败产物被吸收后，可见体温升高，脉搏增数，反刍及食欲减退或停止，前胃弛缓，腹泻，泌乳减少或停止等。

（2）部分胎衣不下　将脱落不久的胎衣摊开，仔细观察胎衣破裂处的边缘及其血管断端能否吻合以及子叶有无缺失，可以查出是否发生胎衣部分不下。残存在母体胎盘上的胎儿胎盘仍存留于子宫内。胎衣不下能伴发子宫炎和子宫颈延迟封闭，且其腐败分解产物可被机体吸收而引起全身性反应。胎衣部分不下通常仅在恶露排出时间延长时才被发现，所排恶露性质与胎衣完全不下时相同，仅排出量较少。

三、防治办法

加强饲养管理，增加母畜的运动，注意日粮中钙、磷和维生素A及维生素D的补充，做好布氏杆菌病、沙门菌病和结核病等的防治工作，分娩时保持环境的卫生和安静，以防止和减少胎衣不下的发生。产后灌服所收集的羊水，按摩乳房；让仔畜吸吮乳汁，均有助于子宫收缩而促进胎衣排出。

注意对于阴门悬吊有胎衣者，既不能在胎衣上悬吊重物，又不能将胎衣从阴门处剪断。采取前一种方法，胎衣血管可能勒伤阴道底壁黏膜，也可能引起子宫内翻及脱出，还会引起努责以及重物将胎衣撕破，使部分胎衣留在子宫内；采取后一种方法处理，遗留的胎衣会缩回子宫，以后脱落也不易排出体外，还会使子宫颈提前关闭。如果悬吊的胎衣较重，可在距阴门约30厘米处剪断，以免造成子宫脱出。

胎衣不下的治疗方法很多，概括起来可分为药物疗法和手术剥离两类。

1. 药物疗法

原则上是尽早采取全身性抗生素疗法，防止胎衣腐败吸收，并促进子宫收缩。当出现体温升高，产道有外伤或坏死时，应用抗生素做全身治疗。在胎衣不下的早期阶段，常常采用肌肉注射抗生素的方法；当出现体温升高、产道创伤或坏死情况时，还应根据临床症状的轻重缓急，增大药量，或改为静脉注射，并配合支持疗法。因分娩后1周内的牛施行导管灌注易造成阴道穹隆和子宫壁穿孔，应慎重使用。

① 垂体后叶注射液或催产素注射液，皮下或肌肉注射50万～100万国际单位。也可用马来酸麦角新碱注射液，肌肉注射5～15毫克。

② 己烯雌酚注射液，肌肉注射 10～30 毫克，每日或隔日一次。

③ 10%氯化钠溶液，静脉注射 300～500 毫升。也可用水乌钙、抗生素、新促反刍液三步疗法具有良好的疗效。

④ 为预防胎衣腐败及子宫感染时，可向子宫内投放四环素或其他抗生素，起到防止腐败、延缓溶解的作用，等待胎衣自行排出。药物应投放到子宫黏膜和胎衣之间。每次投药 0.5～1 克。

⑤ 茯茶 50～200 克，加水约 5000 毫升，煎 10～60 分钟，加食盐 20～100 克，红糖（或白糖）100～500 克，候温一次灌服。一般一次有效，灌服后 30～60 分钟即见胎衣排出。单用茶水或糖水或盐水对轻型病也有效，但组方疗效高，也可预防生产瘫痪、缺乳、虚弱等病症。

2. 手术剥离

手术剥离是用手指将胎儿胎盘与母体胎盘分离的一种方法，牛的手术剥离法宜在产后 10～36 小时内进行。术前确实保定患畜，阴门及其周围、手臂和长臂手套等均应消毒。剥离时，以既不残存胎儿胎盘、又不损伤母体胎盘为原则。术后应服用适量抗菌防腐药。

经验之三十六：氢氰酸中毒的防治

氢氰酸中毒是由于家畜采食富含氰苷配糖体类的植物，在氰糖酶作用下生成氢氰酸，使呼吸酶受到抑制，组织呼吸发生窒息的一种急剧性中毒病。以突然发病、极度呼吸困难、肌肉震颤、全身抽搐和为期数十分钟的闪电型病程为临床特征。

牛采食富含氰苷配糖体的植物是导致氢氰酸中毒的主要原因。富含氰苷配糖体的植物有高粱和玉米的幼苗，特别是受灾之后或收割之后的再生苗；木薯，特别是木薯嫩叶和根皮部分；亚麻，主要是亚麻叶、亚麻籽及亚麻籽饼；各种豆类，如豌豆、蚕豆、海南刀豆等；许多野生或种植的青草，如苏丹草、三叶草，水麦冬等；其他植物，如桃、杏、枇杷、樱桃等的叶和种子。

动物长期少量采食当地含氰苷配糖体类的植物，往往能产生耐受性，因而中毒多发生在家畜饥饿之后大量采食或新接触、采食含氰苷配糖体类的植物时。

此外，误食或吸入氰化物农药或误饮化工厂（如冶金、电镀）的废水，也可引起氰化物中毒。

通常于采食含氰苷配糖体类植物的过程中或采食后 1 小时左右突然发病。病畜站立不稳，呻吟苦闷，表现不安。可视黏膜潮红，呈玫瑰样鲜红色，静脉血液亦呈鲜红色。呼吸极度困难，肌肉痉挛，全身或局部出汗，伴发瘤胃臌气，有时出现呕吐。以后则精神沉郁，全身衰弱，卧地不起，皮肤反射减弱或消失，结膜发绀，血液暗红，瞳孔散大，眼球震颤，脉搏细弱疾速，抽搐窒息而死。病程一般不超过 1～2 小时。中毒严重的，仅数分钟即可死亡。

根据采食氰苷配糖体类植物的病史，发病的突然性，呼吸极度困难、神经机能紊乱以及特急的闪电式病程，不难作出诊断。

需要鉴别的是急性亚硝酸盐中毒。除调查病史和毒物快速检验外，主要应着眼于静脉血色的改变。亚硝酸盐中毒时，血液因含高铁血红蛋白而褐变，采血于试管中加以震荡，血液褐色不退；氢氰酸中毒时，病初静脉血液鲜红，末期虽因窒息而变为暗红，但属还原型血红蛋白，置试管中加以震荡，即与空气中的氧结合，生成氧合血红蛋白，而使血色转为鲜红，大体可以区分。

防治办法：对含氰苷配糖体的饲料，应严格限制饲喂量，饲喂之前应经去毒处理。饲草可放于流水中浸泡 24 小时，或漂洗后再加工利用，亚麻籽饼可高温或经盐酸处理后利用。不要在含有氰苷配糖体植物的地区放牧。应用含氰苷配糖体的药物时严格掌握用量，以防中毒。

本病病情危重，病程短急，且有特效解毒药。因此，应刻不容缓地首先实施特效解毒疗法。

氢氰酸中毒的特效解毒药是亚硝酸钠、美蓝和硫代硫酸钠。这三种特效解毒药，都可静脉注射。每千克体重的用量为 1%亚硝酸钠注射液 1 毫升，2%美蓝注射液 1 毫升，10%硫代硫酸钠注射液 1 毫升。亚硝酸钠的解毒效果比美蓝确实。因此，通常将亚硝酸钠与硫代硫酸钠配伍应用。如亚硝酸钠 3 克、硫代硫酸钠 30 克、蒸馏水 300 毫升，制成注射液，成年牛一次静脉注射；亚硝酸钠 1 克、硫代硫酸钠 5

克、蒸馏水 50 毫升，制成注射液，成年绵羊一次静脉注射。

为阻止胃肠道内的氢氰酸被吸收，可用硫代硫酸钠内服或瘤胃内注入（牛用 30 克），1 小时后可再次给药。

经验之三十七：牛酒糟中毒的防治办法

酒糟是酿酒原料的残渣，除含有蛋白质和脂肪外，还有促进食欲、利于消化等作用。常作为家畜的辅助饲料而被广泛利用。引起酒糟中毒的毒物一般认为是与下列一些因素有关。

来自制酒原料，如发芽马铃薯中的龙葵素、黑斑病甘薯中的翁家酮、谷类中的麦角毒素和麦角胺、发霉原料中的霉菌毒素等。这些物质若存在于用该原料酿酒的酒糟中，都会引起相应的中毒；酒糟在空气中放置一定时间后，由于醋酸菌的氧化作用，将残存的乙醇氧化成醋酸，则发生酸中毒；存于酒糟中的乙醇，引起酒精中毒；酒糟保管不当，发霉腐败，产生霉菌毒素，引起中毒。

急性酒糟中毒，首先表现兴奋不安，而后出现胃肠炎症状，食欲减退或废绝，腹痛，腹泻。心动过速，呼吸促迫。运步时共济失调，以后四肢麻痹，倒地不起。最后呼吸中枢麻痹死亡。

慢性酒糟中毒多发生皮疹或皮炎，尤其系部皮肤明显。病变部位皮肤先湿疹样变化，后肿胀甚至坏死。病畜消化不良，结膜潮红、黄染。有时发生血尿，妊娠家畜可能流产。有的牙齿松动脱落，而且骨质变脆，容易骨折。

防治办法：用酒糟饲喂家畜时，要搭配其他饲料，不能超过日粮的 30%。用前应加热，使残存于其中的酒精挥发，并且可消灭其中的细菌和霉菌。贮存酒糟时要盖严踩实，防止空气进入，以防酸坏。充分晒干保存亦可。已发酵变酸的酒糟可加入适量石灰水澄清液，以中和酸性物质，降低毒性。

发生酒糟中毒后，应立即停止饲喂酒糟，然后采取以下办法。

① 为中和胃肠道内的酸性物质和排出毒物，可用硫酸钠 400 克、碳酸氢钠 30 克加水 4000 毫升给牛内服。

② 为增强肝的解毒机能和稀释毒物，可用 10% 葡萄糖注射液

1000毫升、氢化可的松注射液250毫克、10%苯甲酸钠咖啡因注射液20毫升、5%维生素C注射液50毫升，牛一次静脉注射。

③ 为中和血中酸性物质，可用5%碳酸氢钠注射液300～500毫升，给牛一次静脉注射。

④ 皮肤的局部病变，按湿疹的治疗方法进行处理。

经验之三十八：亚硝酸盐中毒的防治办法

亚硝酸盐中毒，是由于饲料富含硝酸盐，在饲喂前的调制中或采食后在瘤胃内产生大量亚硝酸盐，吸收入血后造成高铁血红蛋白血症，导致组织缺氧而引起的中毒。临床上以发病突然，黏膜发绀，血液褐变，呼吸困难，神经功能紊乱，经过短急为特征。

亚硝酸盐是饲料中的硝酸盐在硝酸盐还原菌的作用下，经还原而生成的。因此，亚硝酸盐的产生主要取决于饲料中硝酸盐的含量和硝酸盐还原菌的活力。

饲料中硝酸盐的含量因植物种类而异。富含硝酸盐的饲料包括甜菜、萝卜、马铃薯等块茎、块根类；白菜、油菜等叶菜类；各种牧草、野菜、农作物的秧苗和秸秆（特别是燕麦杆）等。这些饲料调制不当，如蒸煮不透，或小火焖煮时间过长，或在40～60℃闷放5小时以上，或腐烂发酵，均有利于硝酸盐还原菌迅速繁殖，使饲料中所含的硝酸盐还原为剧毒的亚硝酸盐。

当家畜食入已形成的亚硝酸盐后发病急速。一般是20～150分钟发病，呈现呼吸困难，有时发生呕吐，四肢无力，共济失调，皮肤、可视黏膜发绀，血液变为褐色，四肢末端及耳、角发凉。若能耐过，很快恢复正常，否则很快倒地死亡。

但如果是在瘤胃内转化为亚硝酸盐。通常在采食之后5小时左右突然发病，除上述亚硝酸盐中毒的基本症状外，还伴有流涎、呕吐、腹痛、腹泻等硝酸盐的刺激症状。再者，其呼吸困难和循环衰竭的临床表现更为突出。整个病程可持续12～24小时。最后因中枢神经麻痹和窒息死亡。

可根据黏膜发绀、血液褐色、呼吸困难等主要临床症状，特别短急的疾病经过，以及发病的突然性、发生的群体性、采食饲料的种类以及饲料调制失误的相关性，果断地做出初步诊断，并立即组织抢救，通过特效解毒药——美蓝的疗效，验证初步诊断的准确性。为了确立诊断，亦可在现场作变性血红蛋白检查和亚硝酸盐简易检验。

防治办法：在饲喂含硝酸盐多的饲料时，最好鲜喂，且需限制饲喂量。如需蒸煮，应加火迅速烧开，开盖、不断搅拌，不要焖在锅内过夜。青绿饲料贮存时，应摊开存放，不要堆积一处，以免产生亚硝酸盐。

特效解毒药为亚甲蓝（美蓝）和甲苯胺蓝，同时配合使用维生素C和高渗葡萄糖注射液。

亚甲蓝为一种氧化还原剂，在小剂量、低浓度时，经辅酶Ⅰ脱氢酶的作用变成还原型亚甲蓝，而还原型亚甲蓝可把变性血红蛋白还原为还原型血红蛋白。但大剂量、高浓度时，体内的辅酶Ⅰ脱氢酶不足以使之变成还原型亚甲蓝，过多的亚甲蓝便发挥氧化作用，使氧合血红蛋白变为变性血红蛋白，则使病情加重。

临床上应用1%亚甲蓝注射液（亚甲蓝1克，酒精10毫升，生理盐水90毫升）牛、羊按每千克体重0.4～0.8毫升静脉注射。也可用5%甲苯胺蓝注射液，牛、羊按每千克体重0.1毫升静脉注射、肌肉注射或腹腔注射。

维生素C也可使高铁血红蛋白还原成还原型血红蛋白，大剂量的维生素C（牛3～5克，配成5%注射液，肌肉或静脉注射）用于亚硝酸盐中毒，疗效也很确实，只是奏效速度不及美蓝快或肌肉注射硫酸阿托品和强力解毒敏均有良效。

高渗葡萄糖能促进高铁血红蛋白的转化过程，故能增强治疗效果。

此外，可根据病情进行输液、使用强心药和呼吸中枢兴奋药等。

经验之三十九：菜籽渣中毒的防治办法

菜籽渣中毒是由于菜籽或菜籽渣不经过处理或处理不当引起的一种中毒性疾病。菜籽为我国广为栽培的一年生或越年生十字花科植物，属油料作物，有多种品系，如油菜、芥菜等，其种子榨油后的菜籽渣含蛋白质32%～39%，是家畜蛋白质含量高、营养丰富的饲料，可作为蛋白质饲料的重要来源。

菜籽或菜籽渣中主要有毒成分是芥子苷，也称硫葡萄糖苷，其本身无毒，但在处理过程中，细胞遭到破坏，芥子苷与芥子酶经催化水解作用后，产生有毒的异硫氰酸丙烯酯或丙烯基芥子油和噁唑烷硫酮。此外还含有芥子酸、单宁、毒蛋白等有毒成分。菜籽渣的毒性随油菜的品系不同而有较大的差异，芥菜型品种含异硫氰酸丙烯酯较高，甘蓝型品种含噁唑烷硫酮较高，白菜型品种两种毒素的含量均较低。

发生菜籽渣中毒后病牛表现为精神沉郁，可视黏膜发绀，肢蹄末端发凉，站立不稳，食欲减退，流涎，瘤胃蠕动减弱和腹痛，便秘或腹泻，粪便中混有血液。呼吸困难，常呈腹式呼吸，痉挛性咳嗽，鼻孔流出粉红色泡沫状液体。尿频，血红蛋白尿，尿落地时可溅起多量泡沫。有时呈现神经症状，出现狂躁不安和长期视觉障碍。中毒严重病例，全身衰弱，体温降低，心脏衰弱，最后虚脱而死。

犊牛在采食后3小时即可出现中毒症状，表现兴奋不安，继而四肢痉挛、麻痹，经6小时后站立不稳，体温由39℃升至40℃，心率加快，可达110次/分，一般经10小时左右死亡。

依饲喂菜籽渣的发病史、临床症状及病理变化，可获得初步诊断。确切的诊断可根据动物饲喂试验结果判定。

防治办法：用菜籽渣作饲料时，一定要选择新鲜的，在饲喂前要经过无毒处理，并限制用量，一般不应超过饲料总量的20%。为了安全地利用菜籽渣，目前国内推广下列去毒法。

（1）坑埋法　在向阳干燥地方挖一宽0.8米、深0.7米、长度视菜籽渣的数量而定的长方形沟，下铺稻草，将菜籽渣倒入沟内，上盖干草，再盖一尺厚的土，放置2个月后即可饲喂家畜。去毒效果达70%～98%。

（2）发酵中和法　将菜籽渣经发酵处理，以中和其有毒成分，本法约可去毒90%以上，且可用于工厂化的方式处理。

（3）蒸煮法　将菜籽渣用温水浸泡一昼夜，再充分蒸或煮1小时以上，芥子苷、芥子酶可被高温破坏，芥子油可随蒸汽蒸发。

由于本病无特效解毒药，发现中毒后立即停喂菜籽渣，可给胃肠黏膜保护药和轻泻药，用滑石粉500克、人工盐150克加水服。

中毒的初期可用2%鞣酸溶液洗胃或内服，为防止虚脱，可注射654-2或10%安钠咖注射液以及葡萄糖注射液等制剂。

为减少毒物的吸收与缓解刺激，可内服适量牛奶、蛋清、豆浆、淀粉浆等。

经验之四十：马铃薯中毒的防治办法

马铃薯也叫土豆、山药蛋。发生马铃薯中毒的主要是由于马铃薯中含有一种有毒的生物碱——马铃薯素（又名龙葵素）所引起。马铃薯素主要含于马铃薯的花、块根幼芽及其茎叶中。块根贮存过久，马铃薯素含量明显增多，特别是保存不当，引起发芽、变质或腐烂时，含量更为增高。使用上述发芽、腐败的马铃薯饲喂家畜，即可引起中毒。

发生马铃薯重度的中毒，表现明显神经症状。病初兴奋不安，狂躁，前冲后退，不顾周围障碍。后期转为沉郁，四肢麻痹，后躯无力，步态不稳，呼吸困难，黏膜发绀，心脏衰弱，一般经2～3日死亡；轻度的中毒，病程较慢，呈现明显的胃肠炎症状，食欲减退或废绝，流涎、呕吐、便秘，随后剧烈腹泻，粪中混有血液，精神沉郁，体力衰弱，体温升高，妊娠家畜往往发生流产。牛、羊多于口唇周围、肛门、尾根、四肢系凹部及母畜的阴道和乳房部发生湿疹。绵羊则常呈现贫血和尿毒症。

本病临床特征为神经症状、胃肠炎症状和皮肤湿疹，可结合对饲料情况的了解以及病料检验进行分析确诊。送检病料可采取呕吐物、剩余饲料或瘤胃内容物等。

防治办法：预防工作应从下列几个方面做起。一是不要用发芽、变绿、腐烂、发霉的马铃薯喂家畜，必须饲喂时，应去芽，切除发霉、腐烂、变绿部分，洗净，充分煮熟后再用，但也应限制饲喂量；二是用马铃薯茎叶饲喂家畜时，用量不要太多，并应和其他青绿饲料配合饲喂，发霉腐烂的马铃薯不能用作饲料，也不要用马铃薯的花、果实饲喂家畜；三是应用马铃薯作饲料时要逐渐增量。

发现中毒立即停喂马铃薯，为排除胃内容物可用浓茶水或 0.1%高锰酸钾溶液或 0.5%鞣酸溶液进行洗胃；用 5%葡萄糖氯化钠注射液 1000～1500 毫升，5%碳酸氢钠注射液 300～800 毫升，或加硫代硫酸钠 5～15 克或氯化钙 5～15 克或氢化可的松 0.2～0.4 克静脉注射，肌肉注射强力解毒敏 20 毫升，也可使用缓泻药。

对症治疗，当出现胃肠炎时，可应用 1%鞣酸溶液，牛 500～2000 毫升，羊 100～400 毫升，并加入淀粉或木炭末等内服，以保护胃肠黏膜，其他治疗措施可参看胃肠炎的治疗。狂躁不安的病畜，可应用镇静药，如 10%溴化钠注射液，牛 50～100 毫升、羊 10～20 毫升静脉注射。为增强机体的解毒机能，可注射浓葡萄糖注射液和维生素 C 注射液，心脏衰弱时可给予樟脑制剂、安钠咖等强心药。

中毒引起的皮疹，先剪去患部被毛，用 30%硼酸洗涤，再涂以龙胆紫，有防腐、收敛作用。据报道，发病早期灌服食醋 1000 毫升以上，并配合其他治疗，效果也较好。

经验之四十一：牛尿素中毒的防治办法

尿素可以作为反刍动物蛋白质饲料的补充来源，尿素的饲喂量一般为成年牛每日 150～200 克。当饲喂量过大或误食过量尿素，以及饲料中的尿素混合不均匀，或将尿素拌入饲料后长时间堆放，牛食入后都可以引起尿素中毒。这是由于过量的尿素在胃肠道内释放大量的氨，引起高氨血症而使动物中毒。

牛发生尿素中毒一般为急性中毒。发病急，死亡也快。表现流涎，磨牙，腹痛，踢腹，尿频呕吐，鸣叫，抽搐，肌肉震颤，运动失调，强直性痉挛，呻吟，心率加快，呼吸困难，全身出汗，瘤胃臌胀并有明显的静脉搏动。死前体温升高。慢性中毒时，病牛后躯不全麻痹，四肢发僵，以后卧地不起。

防治办法：严格按照尿素的使用数量添加，尿素的添加量不超过总日粮的 1%或谷类日粮的 3%。利用秸秆喂牛时，尿素可按0.3%～0.5%或者按照牛的体重确定，每日每头牛每 100 千克体重喂量在

20～30 克，一般成年牛每头日供给量不得超过 100 克。添加尿素时要先将尿素混入牛精料中充分搅拌后，加在草料中拌匀喂给，现喂现拌。尿素喂牛要由少到多，循序渐进，由过渡期到适应期，一般经 10～15 日预饲后逐步增加到规定量。每日应分 2～3 次供给日定量，不能图省事一次性喂给。需坚持常喂不间断。如因故间断，必须从头开始过度、适应训练。尿素不能加入水中饮用。喂尿素前要让牛多采食粗饲料或青贮饲料，不能空腹时喂给；临喂前将尿素与饲料混合均匀后喂给，不可单纯配合秸秆饲料喂给；也不能溶于水中直接饮用，一般在喂后 2 小时再饮水。犊牛不宜喂尿素，必须待犊牛能大量吃粗饲料后，方可开始喂给。严禁与含尿酶的饲料混喂。如生大豆、豆饼、豆科类草、瓜类等，以免降低尿素的饲喂效果。

发生尿素中毒的救治方法如下。

① 急性瘤胃臌气时要及时进行瘤胃穿刺放气（放气速度不能太快）。

② 灌入食醋 10 千克以上。

③ 灌服冷水 20 千克以上，以稀释胃内容物，减少氨的吸收。

④ 10％葡萄糖酸钙 300 毫升，25％葡萄糖 500 毫升，静脉注射。

经验之四十二：缓解奶牛的热应激的主要方法

热应激是机体应对环境高温所产生的非特异性应答反应。是外界环境的温度超过等热范围（10～24℃），物理调节不能维持机体热平衡，机体散热受阻，体热蓄积，导致体温升高而引起机体的非特异性防御反应和特异性障碍在内的全身性适应证。随着全球气候变暖，热应激已成为危害畜牧生产的重要因素之一。

成年奶牛的适宜环境温度为 5～25℃，当环境温度高于 25℃或温湿指数（THI）超过 72 时，则可引起奶牛的热应激反应。表现为精神沉郁，张口喘息，食欲减退，采食量下降，体温升高，心跳加快，呼吸次数增加等症状，并出现严重的腹式呼吸和流涎、吐白沫状态，严重热应激会导致部分奶牛倒地不起，甚至死亡。

热应激期间，奶牛通过减少干物质采食量和活动量来减少此期间的产热。导致采食量降低、机体内分泌机能紊乱、基础代谢增强，从而影响其生产性能和免疫能力。

缓解奶牛热应激的主要方法有下面几个。

1. 改善环境条件，防暑降温

遮阳是夏季许多牛场使用最广泛的一种降温方法。依靠大树遮阳是最有效的，但一般采用钢型材料建造牛舍，使用遮阳布和遮阳网。遮阳主要通过遮挡太阳辐射来减轻环境对奶牛的热负荷。成年奶牛提供3.53～4.18平方米大小的遮阳场所足以满足减少太阳辐射的危害。一般遮阳棚需要有一定的高度才能起到作用，大约3.66米。在降雨量少的地区，遮阳棚的位置以南北走向比较好，以便当太阳从东往西掠过遮阳棚时会起到干燥的作用。生产实践中，遮阳棚的使用在维持高产奶量和提高受孕率方面已经带来积极效应。

高温天气应将门窗打开，给牛舍通风，促进空气流通。有条件的可安装大型换气扇，达到通风降温的目的。在牛舍内温度达到35℃以上时，中午可用凉水冲刷牛体。具有一定规模奶牛饲养场的牛舍，可安装屋顶喷淋系统。喷淋的水滴不宜太小，否则只湿牛毛不湿皮肤，牛体降温散热效果差。

2. 营养调控

（1）调整日粮结构　通过饲喂更多精料替代纤维成分来提高日粮能量浓度、降低热增耗。另外安全可靠的措施是热天给泌乳奶牛饲喂优质粗饲料，可降低产热、提供有效纤维和帮助维持饲料采食量。也可饲喂高纤维易发酵饲料副产品，如在瘤胃能快速降解的豆荚、啤酒谷物和甜菜渣颗粒。青绿饲料、块根、瓜类等多汁饲料富含碳水化合物和水分，不但适口性好，而且能解渴，对防暑降温和缓解奶牛热应激十分有利。因此，饲喂热应激奶牛过程中，要适当减少青贮饲料的饲喂比例，增大鲜嫩多汁的青草及瓜类、果皮等，以增加饲料适口性，增大奶牛采食量。但同时，奶牛的日粮中必须保证2千克以上的长干草，因为“有效纤维”对奶牛刺激反刍和保持瘤胃内环境是必要的。

（2）补充矿物元素和维生素　热应激条件下奶牛出汗多，钠、钾、镁损失较大，应该进行补充。在奶牛的抗应激过程中，维生素

C、维生素 E 起重要作用，特别是维生素 C 被认为是抗应激因子，在类固醇激素合成中起重要作用。因此，应在热应激奶牛日粮中补充维生素 C（其添加量为占日粮比例的 0.04%～0.06%）和维生素 E（添加量为正常的 3～5 倍）。

（3）添加抗应激添加剂　添加饲料添加剂或瘤胃缓冲剂。补充小苏打、烟酸或酵母及培养物可以中和瘤胃中过多的酸性，缓解热应激综合征，所以要加大其用量，用量一般为平时用量的 1.5～2.0 倍。在日粮中添加 20 毫克/千克的瘤胃素，热应激条件下可是奶牛的日平均产奶量增加；饲喂米曲霉可降低某些奶牛直肠温度（平均降 0.48℃），从而降低热应激。在热应激状态下，日粮中添加酵母培养物能降低奶牛的直肠温度。

3. 加强管理

（1）确保充足饮水　热应激奶牛的饲养关键是要提供充足、洁净的饮用凉水（这时奶牛的饮水量比平时增加 1/3），这样即可有效缓解奶牛热应激症状。日常饮水要充足夏季奶牛水槽不能断水，最好让奶牛饮用 10℃的温水，并保证饮水清洁、新鲜，同时可适量加入一些盐。

（2）调整饲喂方式　由于奶牛采食后的 2～3 小时为热量生产的高峰阶段，因此夏天在饲喂时间上应选择在一天中温度相对较低的夜间增加饲喂量。一般从晚上 20:00 到第 2 天早上 8:00 间，饲喂量可占整个日粮的 60%～70%，尤其是粗饲料宜安排在晚 20:00 至早上 5:00 进行。中午可将部分精料改为粥料饲喂。在饲喂方法上应当采用少喂勤添，精料一般日喂 4 次为宜。要防止饲料在饲槽内堆积发酵、酸败变质，确保饲料的质量。

（3）防治疾病，增强抵抗疾病的能力　为了防止乳房炎、子宫炎、腐蹄病、食物中毒的发生，应采取下列措施：从夏季开始用 1%～3%的次氯酸钠溶液浸泡乳头；母牛产后 15 天检查一次生殖器官，发现问题及时治疗；每月用清水洗刷一次牛蹄，并涂以 10%～20%硫酸钠溶液；每天清洗一次饲槽。进行疾病的有效防治均可保证奶牛的健康，缓解奶牛的热应激反应。

（4）调整配种、产犊时间　调整配种或产犊季节，尽量避开夏季配种或产犊，使奶牛进行季节性产犊，减少夏季产犊头数，对预防产后疾病、防止减产及避开热应激对高峰泌乳和整个泌乳期的影响都有良好的效果。炎热季节集中在6～9月份，奶牛如果在9～10月份产犊，配种时间主要集中在11月份至第二年1月份，此时配种不但奶牛排出的卵子质量较高、容易受精着床，而且泌乳期在秋、冬、春和初夏季节，可避开炎热季节。干乳期在6～7月份，产犊在7～8月份，热天产犊，犊牛不需保温，好管理，泌乳高峰在10月份以后。因此抓好冬季几个月时间的配种工作尤其重要。

经验之四十三：犊牛常见病的防治体会

一、犊牛腹泻

犊牛腹泻是指正在哺乳期的犊牛，由于肠蠕动亢进，肠内容物吸收不全或吸收困难，致使肠内容物与多量水分被排出体外，粪便呈稀薄或水样，犊牛表现脱水、酸中毒等症状。本病一年四季均可发生，以1月龄内的犊牛发病率和死亡率最高。

1. 病因

犊牛腹泻的病因较复杂。

（1）饲养管理不当　母牛产前营养不良，犊牛初乳不足；缺乏微量元素或矿物质；母牛乳房不洁，奶质不卫生，或喂给犊牛患乳房炎母牛的奶汁；犊牛圈舍阴暗潮湿、不洁、通风不良。

（2）应激反应　犊牛突然受冷或热刺激；长途运输、环境突变、惊吓、噪音过大、饲喂过饱等均可作为腹泻的诱因。

（3）某些传染病或寄生虫病感染　犊牛感染肠道病毒（轮状病毒、冠状病毒和星状病毒等）、细菌（大肠杆菌、沙门菌等）、寄生虫（犊牛在胚胎期由母体感染蛔虫，或犊牛感染球虫、绦虫等）均可导致腹泻。其发病原因、症状、诊疗详见传染病、寄生虫病部分。

2. 症状

因饲养管理、应激而发生的消化不良性腹泻可发生于各年龄阶段的犊牛，主要集中于3周龄前犊牛。发病后由于体液和电解质丧失而致机体脱水，大量使用抗生素不见明显疗效。病犊精神沉郁，鼻镜处有很多干痂。排粪减少，仅排不成形的、黄色脓性粪便，内含有黏液。病犊不愿站立，走路蹒跚，腹围增大，体温升高，听诊心跳稍快，肠音很高。劣质代乳品引起的腹泻，表现为精神、食欲正常，饮食后胀肚，喜卧，会阴、尾部常被粪便污染，有异食癖；过多饲喂母乳全奶引起的腹泻，表现为精神萎靡，厌食，粪便多而恶臭，并带有很多黏液；缺硒引起的腹泻，常反复发作，经久不愈，机体抵抗力差，常易患呼吸道炎症，心音混浊有杂音。

3. 防治体会

治疗原则为清理肠道、促进消化、消炎解毒、防止脱水、调节肠胃机能，目前多采用水电解质疗法。

（1）适量补液　补液量应根据脱水量和临床症状来决定，有口服补液及静脉补液两种方法。口服补液适用于有食欲、脱水量在体重6%～8%时的犊牛。方剂：碳酸氢钠108.9克，氯化钠113.6克，氯化钾50.3克，葡萄糖535.2克，甘氨酸224克，以上药剂混合。按混合物38.3克加水1000克的比例配液。服用前禁食24分钟。静脉补液适用于无食欲、脱水量在体重10%以上的犊牛。方剂：氯化钠2.9克，氯化钾1.1克，乳酸钠3.7克，葡萄糖19.8克，以上药剂加水1000毫升混合均匀。剂量为每千克体重25毫升，静注。

（2）对症治疗　一般性消化不良的，可用乳酸片10片、磺胺咪10片、酵母片5片一次灌服；下痢脱水的，可用5%葡萄糖生理盐水500毫升、四环素75万单位、30%安乃近10毫升、地塞米松磷酸钠10毫克，一次静脉注射；中毒性消化不良的，可用5%葡萄糖生理盐水500毫升、5%碳酸氢钠100毫升、维生素C 10毫升、10%安钠咖4毫升，一次静脉注射；伴有呼吸道症状的，可用双黄连20毫升、5%葡萄糖生理盐水500毫升、氨苄青霉素0.5克、地塞米松磷酸钠10毫克，一次静脉注射；伴有下痢带血的，可肌肉注射甲砜霉素10毫升、维生素K_3 4毫升；或用磺胺咪4克、碳酸氢钠4克、次硝酸铋0.5克，加水500毫升，灌服或将大蒜100克捣碎成蒜泥加温开水500灌服，每日2次，连服3天。1%黄连素10毫升加入10%葡萄糖

500 毫升内静脉滴注；或 10%葡萄糖注射液 500 毫升、5%糖盐水 500 毫升、复方盐水 500 毫升、10%安那咖 10～20 毫升、5%碳酸氢钠 200 毫升、庆大霉素 60 万～100 万单位、10%维生素 C 20 毫升，混合加温至体温，一次静脉滴注。除上述治疗外，应配合抗应激药物，如给予口服补液盐（氯化钠 3.5 克、碳酸氢钠 2.5 克、氯化钾 1.5 克、葡萄糖 40 克、温开水 1000 毫升，混合）供犊牛自由饮用。

（3）中药疗法

① 对消化不良、脾虚泻泄者可用青皮散加减：青皮、川厚朴、枳壳、白术、当归、川芎、陈皮各 15 克，山药 20 克，白扁豆、云苓、泽泻、车前子各 15 克，甘草 10 克，大枣为引，水煎候温灌服。

② 对体温升高，便血等急性腹泻者可选用下方治疗。

方一为郁金散加减：郁金、黄连、黄柏、栀子、白芍各 50 克，白头翁 80 克，秦皮 50 克，地榆 60 克，柯子 50 克，乌梅 50 克，甘草 20 克，炒槐花为引，水煎候温灌服。

方二为白头翁汤加味：白头翁 20 克，黄连、黄柏、秦皮各 15 克，焦地榆 10 克，焦荆芥 10 克，焦蒲黄 10 克，苦参 6 克，大黄 10 克，金银花 10 克，连翘 10 克，水煎候温灌服。

二、便秘

常因管理不当或因犊牛体弱，使犊牛不能及时吸允到初乳，使胎粪在体内停留时间过长，不能及时排出，而造成胎粪滞留。

犊牛出生后 24 小时内不排便，表现精神沉郁，食欲不振或废绝，不时磨牙，回头顾腹，起卧不安，后肢踢腹。严重者不愿行走，举尾弓背、努责，有时做转圈运动，发出嘶哑叫声、出汗。体温正常或稍高，隔腹触摸或直肠检查有大小不等干硬粪块。

防治体会如下。

① 保证让犊牛出生后及时吃到初乳。

② 便秘时，可用植物油或石蜡油 30 毫升直肠灌注，或 50 毫升内服，并配合隔腹部按摩。黄修奇（2002）自制“蒜蜜汤”治疗便秘犊牛有良效，方法为：蜂蜜 150 克，大蒜 50 克（捣泥），加常水适量混匀，一次灌服。也可结合当归 20 克、肉苁蓉 15 克、大黄 10 克，

水煎灌服。若严重腹痛，可肌肉注射30%安乃近5～6毫升，若胎粪停留时间过长，引起肠道炎症，可配合消炎药物治疗，也可应用副交感神经兴奋药，如皮下注射0.25%比塞可灵2毫升。

三、脐炎

脐炎是脐带断端感染细菌而引起的化脓性坏疽性炎症，如治疗不及时或方法不当可导致化脓、坏死，形成顽固性硬肿或化脓性脐炎，严重影响犊牛发育，甚至死亡。

接生或助产时过早，用力不均匀，导致脐带过短；牛舍环境卫生差、杂菌滋生，导致脐血管发炎、肿胀；犊牛间互相舔吸脐带；缺乏维生素A等，导致脐孔愈合慢；先天遗传因素。

病初常不被注意，仅见犊牛消化不良、下痢，随病程延长而出现精神沉郁、体温升高、不愿行走，犊牛脐部组织增生、触诊质地坚硬、疼痛，脐带断端湿润、肿胀发热，形成大小不等的椭圆形硬肿，严重者在脐孔处形成瘘孔，中央可挤出发臭脓汁。严重者脐带残段呈污红色，有恶味，脐孔处肉芽赘生，形成溃疡面，可能继发脓毒败血症或破伤风。

防治体会如下。

（1）预防　仔畜生后，如果脐带不出血，可不结扎，以促其迅速干燥和脱落。脐带留得不宜过长，断端用10%碘酊浸泡1分钟；每天用碘酊涂擦脐带1～2次，并保证圈舍的清洁干燥；搞好管理，新生犊牛应采用单圈饲养，即一头犊牛一个圈舍，防止犊牛互相吸吮脐带；经常保持犊牛牛床、圈舍清洁、垫草要勤换，粪便及时清扫，运动场要保持干燥。定期用1%～2%的火碱水消毒。

（2）发病治疗　脐部周围剪毛、消毒，用0.1%高锰酸钾或5%碘酊清洗消毒患部后，呋喃西林粉（或痢特灵粉）、高锰酸钾粉（1∶1）用干棉花轻压研磨，以促使其干燥而治愈；用青霉素80万～160万单位、0.25%～0.5%普鲁卡因10～20毫升，在脐孔周围封闭，也可向脐孔内注射5%碘酊；当发生脓肿或坏死时，应切开排脓，并用双氧水清洗，再向孔内灌注5%碘酊液；若有全身症状，可肌注青霉素60万单位，每日1～2次，连用3天；或肌注庆大霉素40万单位或丁胺卡那霉素1克。

经验之四十四：乳房炎的防治体会

乳房炎（mastitis）是由各种致病因素引起的乳房的炎症，其特点主要是乳汁发生理化性质及细菌学变化，乳腺组织发生病理学变化。乳汁最重要的变化是颜色发生改变，乳汁中有凝块及大量白细胞。

乳房炎是奶牛最常见的疾病之一，凡饲养奶牛的地方均有此病发生，这是危害养牛业发展的主要疾病之一。

一、病因

① 病原微生物感染是引起本病的主要原因。病原微生物的种类繁多，其中主要是细菌如链球菌、葡萄球菌、大肠杆菌、化脓棒状杆菌、结核杆菌等。当圈舍卫生不洁，乳房、乳头被粪尿污染，这些病原体通过乳头管或创伤侵入乳池而引起感染。

② 管理不当，使乳房受到摩擦、打击、挤压、冲撞、刺划等机械因素，尤以幼畜吮乳时用力顶撞或挤乳方法不当，致使乳腺受损所致。

③ 饲养不当，泌乳期饲喂精料过多而乳腺分泌机能过强，或应用激素治疗生殖器官疾病而引起的激素平衡失调，则成为本病的诱因。

④ 某些传染病（布氏杆菌病、结核病等）、子宫炎、胎衣不下、胃肠炎等也常并发乳房炎。

二、诊断要点

乳房炎有临床型乳房炎和非临床型（隐性）乳房炎。

1. 临床型乳房炎

有明显的临床症状，乳房患病区域红肿、热痛，泌乳减少或停止，乳汁变性，体温升高，食欲不振，反刍减少或停止。根据炎症性质的不同，乳汁的变化亦有所差异。

（1）浆液性乳房炎　常呈急性经过，由于大量浆液性渗出物及炎性细胞游出而进入乳小叶间结缔组织内，所以乳汁变稀薄并含有絮片。

（2）卡他性乳房炎　乳腺腺泡上皮及其他上皮细胞变性脱落。如果是乳头管及乳池卡他时，先挤出的奶含有絮片，后挤出的奶不见异常；如果是腺胞卡他时，则表现患区红肿热痛，乳汁水样，含絮片，可能出现全身症状。

（3）纤维素性乳房炎　由于乳房内发生纤维素性渗出。挤不出乳汁或只能挤出少量乳清或挤出带有纤维素的脓性渗出物。为重剧炎症，有明显的全身症状。

（4）化脓性乳房炎　乳房中有脓性渗出物流入乳池和输乳管腔中，乳汁呈黏脓样，混有脓液和絮状物。

（5）出血性乳房炎　输乳管或腺泡组织发生出血，乳汁呈水样淡红或红色。并混有絮状物及凝血块。全身症状明显。

（6）症候性乳房炎　常见于乳房结核。口蹄疫及乳房放线菌病等。

2. 非临床型（隐性）乳房炎

此种乳房炎无临床症状。乳汁亦无肉眼可见异常。但是通过实验室对乳汁检验，可发现被检乳中的病原菌及白细胞数增加（每毫升乳中细胞数超过50万即为阳性乳）。

三、防治体会

（一）预防措施

（1）改善饲养管理　为了减少对发病乳房的刺激，提高机体的抵抗力，厩舍要保持清洁、干燥，注意乳房卫生。为了减轻乳房的内压，限制泌乳过程，应增加挤奶次数，及时排出乳房内容物。减少多汁饲料及精料的饲喂量，限制饮水量。每次挤乳时按摩乳房15～20分钟，根据炎症类型不同，分别采取不同的按摩手法：浆液性乳房炎可采取自下而上按摩；卡他性乳房炎可采取自上而下按摩；纤维素乳房炎、乳房脓肿、出血性乳房炎等应禁用按摩。

（2）干奶期预防　主要是向乳房内注入长效抗菌药物，杀灭已侵入和以后侵入的病原体，有的有效期可达4～8周。

（3）保持厩舍、运动场、挤乳人员手指和挤乳用具的清洁，以创造良好的卫生条件。

(4) 正确进行挤乳 挤乳前先用温水将乳房洗净并进行按摩，挤乳时用力均匀并尽量挤尽乳汁，先挤健畜后再挤病畜。

(5) 正确处理停乳 停乳后要注意乳房的充盈及收缩情况。发现异常立即检查处理。

(6) 停乳的后期和分娩之前，乳房明显膨胀时，要减少多汁饲料和精饲料的饲喂。分娩后，应适当控制饮水量，增加运动和挤乳次数。

(7) 做好传染病的防检工作，如有乳房炎征兆时，除采取医疗措施外，并根据情况隔离患畜。

(二) 发病治疗

乳房炎病症复杂，病因也复杂，治疗方案也需要辨证施治，然而据报道50%的乳房炎未得到正确治疗。鉴于上述原因，对乳房炎也要科学治疗、辨证施治，局部治疗和全身治疗相结合并科学选择，通过化验选择敏感的抗生素进行治疗，对不同致病菌选择相应的治疗方案，以达到最好的治疗效果。

患乳房炎的牛伴随着致病菌感染，因此乳房炎通常需要给予抗生素治疗。抗生素的选择和治疗时的给药方式对于治疗效果非常重要。治疗方式有乳区内治疗和全身性治疗，其作用方式和疗效不一样。肌肉或静脉全身性给药时，药物通过血液循环到乳腺组织，但药物进入部分闭锁乳导管的能力低。乳区灌注给药时，药物的释放速度、深入乳腺组织的深度以及感染乳房受定时挤奶的影响，会影响给药效果，两种给药方式的优缺点决定其使用范围和方式不一样。小型牧场和传统兽医实践倾向于使用抗生素全身给药治疗，现代化大型牧场倾向于乳区灌注治疗。其实，选择乳区灌注抗生素或全身性治疗也需要根据病因、病情、进展和泌乳阶段进行诊断，科学选择，才能起到预期的治疗效果。

1. 局部治疗

① 对急性乳房炎的初期可进行冷敷，2天后可改为温热疗法，每次20分钟，每日2～3次。

② 可以用仙人掌去刺，捣碎成泥，将病乳区洗净擦干，按摩并挤净腐败乳汁，再将药泥涂敷于患部，每日2次。

③ 乳房冲洗，挤净乳汁后，可用0.1%雷夫奴尔溶液或呋喃西林溶液和1%磺胺溶液100～300毫升注入乳房内，注进后2～3小时，再慢慢挤出。每日注射1～2次。对于纤维素性乳房炎效果较好。

④ 乳房内封闭：青霉素200万单位，用0.5%盐酸普鲁卡因生理盐水200毫升稀释，然后挤净乳汁，用乳导管注入乳叶内，每个乳叶内注入30～50毫升，每日注射1～2次。

也可采用乳房基部封闭，即在乳房前叶或后叶基部之上，紧贴腹壁刺入8～10厘米，每个乳叶注入普鲁卡因青霉素溶液100～200毫升。

2. 会阴神经封闭

部位是在阴唇下联合，即坐骨弓上方正中的正中凹陷处。局部消毒后，左手拇指按压在凹陷处，右手持封闭针头向患侧坐骨小切迹方向刺入10～13厘米，注入0.25%盐酸普鲁卡因溶液10～20毫升（内含青霉素80万单位）。如两则乳房患病，应依法向两侧注射。本法不但对临床型乳房炎有效，对隐性乳房炎也有良好效果。

3. 盐酸左旋咪唑（LMS，简称左咪唑）

这是一种免疫机能调节剂，以每千克体重7.5毫克拌精料中任牛自行采食，一日一次，连用2天，效果较好。

4. 出血性乳房炎

除抗菌消炎外，适当肌肉注射止血药，如维生素K_3 20～40毫克，或用0.1%肾上腺素注射液3～5毫升，皮下注射，每日一次，连用2～4次。

5. 全身治疗

根据病情在局部治疗的同时，积极配合全身治疗。如青霉素、链霉素混合肌肉注射，或磺胺类药物及其他抗生素类药物静脉注射等。此外，也可用10%水杨酸钠注射液50～200毫升、40%乌洛托品注射液40～60毫升、10%氯化钙注射液50～150毫升，混合一次静脉注射，每日一次。也可用0.5%黄色素注射液100～150毫升，5%葡萄糖注射液500毫升，静脉注射，或静注磺胺嘧啶加乌洛托品。

6. 中药治疗

治以清热解毒、疏肝行气、消肿散瘀为主。可选用仙方活命饮、消黄散、黄芪散、降痛饮、冲和膏等治疗。

① 仙方活命饮：金银花60克，连翘30克，当归尾、甘草、赤芍、乳香、没药、花粉、贝母各15克，防风、白芷、陈皮各20克，研细末，黄酒100毫升为引，同调灌服。适用于急性乳房炎。

② 消黄散：二母各20克、二药各20克、金银花20克、连翘30克、水牛角20克、羊角20克、大黄20克、天花粉20克、郁金20克、生地黄20克、薄荷15克、蝉蜕10克、僵虫10克、蒲公英30克、穿山甲珠15克、豆根15克、地丁15克、射干15克、黄连15克、黄芩15克、黄柏15克、栀子20克、桔梗15克、甘草15，研末开水冲，凉后加鸡蛋清4个、蜂蜜150克、童便为引灌服。

③ 黄芪散：生芪、全当归、元参各30克，肉桂15克，连翘、金银花、乳香、没药各25克，生香附、青皮各25克，有硬结者加穿山甲25克、皂角刺30克，煎汁灌服（牛）。适用于慢性乳房炎。

④ 降痛饮：当归90克，生芪60克，甘草30克，酒煎灌服（大家畜），日服一剂，连服2～8剂。对一切肿毒（包括乳房炎），不论其急性或慢性，有脓或无脓，都有较好疗效。

⑤ 冲和膏：炒紫荆皮15克，独活90克，炒赤芍60克，白芷120克，石菖蒲45克，共为末，葱汁、酒调，敷于患部。适用于慢性乳房炎。

经验之四十五：酒精阳性乳的防治体会

酒精阳性乳是指牛新挤出的奶在20℃下与等量的68%～70%酒精混合，发生凝结现象的乳的总称。分高酸度和低酸度酒精阳性乳两种。高酸度酒精阳性乳是指滴定酸度在20°T时，与70%酒精凝固的乳。低酸度酒精阳性乳是指乳的滴定酸度10～18°T，进行酒精试验呈阳性反应。

酒精阳性乳的稳定性差，质量低于正常乳，称为二等乳或生化异常乳，为不合格乳，乳品厂不予收购，或降价处理，或废弃，给乳牛也和乳品生产带来巨大经济损失。

一、病因

酒精阳性乳的确切机理尚不清楚，可能与下列因素有关。

1. 饲养管理失调

① 日粮不平衡，可消化粗蛋白和总消化养分的过度或缺乏。据调查，泌乳牛空怀时饲料不足，营养缺乏，妊娠中的泌乳牛饲料过剩，发病率较高。

② 矿物质的不足或过量。日粮中矿物质 Ca、P、Mg、Na 等的含量及比例直接影响牛乳矿物质含量的变化。

③ 饲料发霉变质，易引起乳牛生理状况发生改变、体内代谢平衡失调。

2. 乳中无机离子含量改变

牛乳成分中 Ca、P、Mg、磷酸盐、柠檬酸盐之间的平衡是保证牛奶稳定性的必要条件。如果其中任何一种含量过多，都会影响牛乳稳定性的改变。

3. 乳蛋白稳定性降低

牛奶蛋白质成分是酪蛋白（占 3/4）、乳白蛋白（占 1/6）和很少量的乳球蛋白及免疫蛋白。酪蛋白具有亲水性，能和 Ca、P 结合、吸附，凝聚成非溶性的微胶粒分散于溶液中。因此，当酪蛋白成分改变，os-酪蛋白增加，k-酪蛋白减少，则是酒精阳性乳发生的原因。

4. 疾病的并发

各种潜在性疾病如肝功能障碍、骨软症、繁殖障碍，都易出现酒精阳性乳。

5. 应激因素

各种不良因素作用于牛体都可能成为酒精阳性乳发生的诱因。例如酷热、寒冷、气温突然改变、过度疲劳、挤乳过度、牛棚阴暗、潮湿、通风不良、刺激性气体（氨气）、杂音、车辆运输等各种应激因素刺激牛只，引起内分泌系统机能失去平衡，使乳腺组织分泌乳汁异常，当乳腺异常发达、畸形的牛，其乳腺对外界刺激更为敏感，也易分泌酒精阳性乳。

二、症状

酒精阳性乳发生后，乳房和乳汁无任何肉眼可见异常，乳成分与正常乳无差异，只是在收购乳时，经酒精试验后才能被发现。

三、防治

迄今为止，对于酒精阳性乳发生的绝对因子尚未发现，也未有某种特效治疗方法。因此，加强饲养管理，改进饲养管理方法和各种不良环境条件，减少各种应激因素对乳牛的刺激，增强机体抵抗力，使全身生理机能和乳腺机能免受影响，则是防制酒精阳性乳的唯一有效途径。

1. 加强饲养管理，供应平均日粮

① 根据乳牛不同生理阶段的营养需要合理供应日粮，精料特别是蛋白饲料的喂量不应过高或不足。粗饲料要充足，保证优质干草如秋百草、苜蓿的足够进食量。

② 加强饲料保管，严禁饲喂发霉、变质、腐败饲料。

③ 重视矿物质的供应，注意日粮中 Ca、P、Mg、Na 的供应量和比例。

④ 饲料要固定、不能突然更换。

⑤ 加强挤乳卫生和环境卫生，提供良好的环境条件。天热季节，做好防暑降温工作，如安排风扇；冬季应做好防寒保暖工作，如运动场内铺垫褥草、设置挡风墙等。

2. 药物治疗

在治疗酒精阳性乳的患牛时，应首先进行乳房炎试验，检查是否有隐性乳房炎，如有乳房炎，应先进行乳房炎治疗。一部分患隐性乳房炎的牛，当治疗乳房炎后，酒精试验呈阴性。

药物治疗的目的是调节机体全身代谢、解毒保肝、改善乳腺机能。

① 柠檬酸钠 150 克，分 2 次内服，连服 7 天。

② 补钠疗法：10%氯化钠注射液 500 毫升，5%碳酸氢钠注射液 500 毫升，10%葡萄糖注射液 500 毫升，1 次静脉注射，每日 1 次，根据情况可连用 1～3 天。可使钠离子缺乏引起的阳性乳

得到治疗。

③ 磷酸二氢钠 40～70 克，一次内服。每天一次，连服 7～10 天。

④ 调节乳腺毛细血管通透性，可肌肉注射维生素 C。

⑤ 为恢复乳腺机能可用 2％甲硫基脲嘧啶 20 毫升一次肌肉注射。与维生素 A 合用效果更好。

⑥ 乳牛发情时出现酒精阳性乳，认为与性周期有关，对此可肌肉注射黄体酮。

⑦ 临床证明，用 5％碳酸氢钠 500 毫升或 300 万单位的土霉素静脉注射；用碘化钾 7 克加常水 100 毫升混合灌服。每天 1 次，3～5 天为一疗程。该方法简便易行，成本低廉，可收到良好的效果。

第六章 人员管理与物资管理

经验之一：员工管理要“五个到位”

1. 培训到位

通常养牛场的养殖人员流动性较大，文化水平普遍不高，多数人对科学养牛的知识知之甚少，为了养牛场能够始终保持工作的连续性，无论是新招进的，还是老饲养员，都要坚持做好养牛相关知识的培训，内容主要是饲养员应知应会的饲养管理常识，比如如何消毒、如何给牛喂料、如何清理粪便、如何搅拌饲料、如何调整牛舍温湿度、如何通风换气等，还有一些管理制度。培训内容要具体到每个养殖环节怎么做，达到什么标准，要手把手地教，通过培训让饲养员知道应该怎么干。

2. 指标到位

指标是衡量目标的方法，预期中打算达到的指数、规格、标准。指标到位就是对饲养管理的每个环节都要制定完成的标准，指标要具体，如犊牛成活率、饲料转化率、饲料报酬等。指标要合理，制定的指标既要参考常规的生产指标，又要结合本场生产的实际情况，要多征求全体养殖员工的意见和建议，不能过高，也不能过低，避免因为指标不合理，引起员工的抵触，影响养牛场的正常运行。做到既能调动养殖人员的积极性，又能使本场的效益最大化。

3. 责任到位

责任必须要先到位，要明确到具体人头上，做到人人头上有指标、件件工作有着落。责任不到位，导致执行的结果必定会不到位。只有将责任落实到执行的过程中，才会打造出最优秀的执行者，要让每一个员工都知道自己的工作职责，也要知道没有做好自己工作时应承担的不利后果或强制性义务。

4. 绩效考核到位

好的、科学的指标需要高质量的考核来保证。绩效考核管理工作是关系养牛场发展的一项系统工程，是一项长期任务。考核要严肃认真，分出层次，成为好的导向，真正做到干好干坏不一样、干多干少不一样，考核结果要成为奖惩的依据，真正做到公开、公平、公正考核，确保考核过程阳光、考核结果公正，真正考出激情、考出干劲、考出实绩，让大家服气。

5. 生活保障到位

牛场通常都在远离闹市区的郊区或偏远地方，加上牛场生物安全的要求，员工很少外出，生活单调枯燥，绝大部分时间都要生活在厂区内。所以牛场要在吃、住、娱乐上为员工创造良好的生活条件，创造拴心留人的环境，关心员工的生活，员工家庭有事、员工患病、过生日等都要慰问，使员工安下心来，愿意为牛场好好工作。

经验之二：聘用什么样的养殖人员？

牛场的管理是通过各类人员实现的。因此，首先从“选人、育人、用人”三方面下工夫。

1. 场长

场长人选是关键，牛场场长要求既要懂管理还要精通牛饲养技术，是牛场经营成败的关键人物。对场长人选的素质要求高，很多牛场的场长要扮演一个经营者的角色。因此，聘用时对人品和技术要有深入的了解，必须有丰富的实践经验，要能踏实肯干的，不要那些口若悬河、只说不练的假把式。不要用错人把场子变成一个实验基地，损失惨重，优秀的场长人选可用重金或股权聘用，并且要经过一定的试用期来检验是否称职。

也有的是牛场自己培养，提拔任用从基层点滴做起来的精英，这种人才能熟练运作牛场固有的成熟的管理模式，对公司忠诚，踏实肯干，学历要求不一定高，只要能做出成绩，在员工当中有威信和领导力的人选，在这种体制下每个员工都觉得有提升的空间，牛场工作显得非常有活力。

2. 技术人员

技术人员在牛场中扮演一个不折不扣的执行者的角色。通常牛场都愿意从农业院校应届毕业生中招聘，但是这部分毕业生，刚参加工作，对新的工作环境适应得比较慢，猪场的封闭式管理和枯燥的生活，年轻人比较浮躁，这山望着那山高，使他们一旦碰到点儿难题就选择离开，流失率很大。大多数高学历人才来牛场的目的是积累经验，而不是做实事。另一个原因是年轻人的恋爱婚姻问题，有的进场前就有男朋友或女朋友了，一般不会两个人同时进一个牛场当技术员，这样两个人要很长时间见不到面，时间一长，哪有心思安心工作。没有女朋友或男朋友的，待在牛场难交上男女朋友，到一定时候给再高的工资为了考虑自己终身大事也要离职，因此很难遇到合适的人选。

比较好的办法是自己培养技术人员，其实对技术员的学历不要求多高，只要交代的事情能不折不扣完成的，工作扎实努力，肯学习，爱钻研的都能胜任，牛场管理只要标准化、程序化，一个饲养周期就可以培养一名优秀的技术人员。

3. 饲养员

饲养员最好是用家住外地的农村夫妻工，30～50 岁的人选，要求吃苦耐劳、身体健康，最好是孩子已经成家立业的、家庭没有负担的、能适应封闭式管理的人选，一般在农村招聘比较适合。

也有很多大型种牛场聘任畜牧专业大中专毕业生来养牛的，因为这些养牛场养殖条件好，畜牧专业毕业生可以学到更多的知识，施展才华，个人成长也有发展的空间，对牛场和毕业生本人都是不错的选择。

千万不要到打散工的劳务市场（注意这里说的不是人才市场）去招饲养员。因为劳务市场上的人多数是这样的人：一是多数没有固定住所；二是多数不会什么技术；三是多数吃了上顿没有下顿；四是多数家里日子过得不怎么样的；五是多数是单身的。没有长期打算，实在没钱生活不下去了就去挣点钱，只要兜里有一点钱随时准备去消费，指望这样的人能给你安下心来养好牛，根本不可能。

经验之三：员工管理的诀窍

牛场员工的管理主要是思想的管理，让所有的员工能够顺心、愿意、真正投入自己的工作，是牛场经营者的责任。员工的管理主要是思想的管理和工作的管理。

1. 思想的管理

思想的管理重要的是沟通和协调，经营管理者要充分了解每一名员工的思想变化，及时为他们排忧解难，为他们解决工作上、生活上、思想上的困惑和难题，做好他们的工作指导和后勤服务，就能让他们干好工作。

思想管理主要是良好工作氛围的保持和维护。让牛场的每一个人舒服地工作，是管理者的职责。一旦发现思想偏差，要及时通过单独谈话进行疏导和协调。

员工犯错误的时候，不能一味批评，但是也不能怕批评，最重要的是找出错误的原因和解决的办法，以及今后如何避免再犯此类错误。单纯的偶尔失误并不可怕，可怕的是工作的散漫和无序带来的工作氛围的破坏，这样的失误是不可原谅的。

经营管理者要带头执行牛场的各项制度，不能要求员工好好做，自己却不注意。要及时对牛场生产目标进行总结，并且和员工进行充分的沟通，减少杂音，最后形成一致的目标，并通过会议的方式进行传达，达到“形成共识，共同奋斗，不达目的不罢休”的效果。

当员工内部出现不和谐的因素或苗头时，要及时进行单独谈话，进行沟通，并对于相关信息和大家进行公开的沟通，形成互相理解、互相支持的工作氛围。对于工作有不同意见的成员，应该允许他们充分的表达。对员工的建议和意见，要定期召开会议，仔细聆听、合理采纳，对有利于牛场提高效益的建议要给予物质奖励。不得跟员工发牢骚、抱怨。牢骚、抱怨只会造成内部的不团结，影响工作效率，降低自己在员工心目中的形象及影响力。

2. 工作的管理

重要的事情布置给员工的时候，一定要说清楚、说明白，让员工完全明白你的意思，切忌仓促。要及时跟踪进度，防止出现执行偏差，同时要有时间期限，要限时回报，保证执行到位。当进度慢的时候，要及时督促并加以指导，加快进度，确保及时良好完成任务。

养牛工作过程繁琐、弹性大，养牛场要注重饲养过程的管理调控，使各饲养工作安排落实到每一天甚至每小时的每个工作细节，要建立健全各项操作规章制度，完善管理督促机制，将生产环节层层分解，层层落实，事事有人抓，事事有人管，用严格的制度去管理。严应该体现在方法上、制度上，而不是体现在板面孔训人。对违反厂规、工作纪律者，视情节轻重给予批评教育、经济处罚甚至休假、辞退出场等处分，使职工在“有过必挨罚”的心理驱使下，认真遵守一切工作制度，谨慎工作，最大限度地避免减少工作过失。充分运用经济惩罚和行政命令等手段，体现牛场刚性管理精神是饲养管理工作中必不可少的。

人员合理搭配，可取长补短，收到良好的整体效果，有益于饲养工作的正常开展，这就是1加1大于2的道理。比如若把能力较强、特长相同、性格较急的两个人安排在一起，易引起“龙虎斗”局面；若把能力较差、性格柔弱的两个人安排在一起，工作缩手缩脚打不开局面；若把性格相投、志趣相符的两个人组织在一起，能相互倾慕，配合默契；年龄大的与年龄小的、男的与女的安排在一起，不仅能相互体谅，而且还能相互促进；智商高的、性格好强的乐于领头，性格随和的乐于跟随。实际生产中，要注重该类问题的处理，在现有的人员基础上通过结构调整，使之达到最佳组合，尽量减少“内耗”。合理的人员搭配往往是良好工作的开端。

经验之四：怎样合理制定饲养员的劳动定额？

制定劳动定额时应根据工人的劳动强度和有利于工作完成来确定其劳动量。规模化养牛场实行流水作业，各岗位有专人负责，实行专门化管理。

（1）饲养员　饲养员负责牛群的饲养管理工作，按牛不同生产阶段进行专门管理。主要工作为：根据饲养标准饲喂精料、全价饲料或粗饲料；按照规定的工作日程，进行牛的梳刮、运动等护理工作；经常观察牛的食欲、反刍、粪尿、发情、生长发育等情况。养牛场的饲养定额，一般是每人负责成年母牛 30～40 头、干乳牛 20～25 头、犊牛 25～30 头、肉用育成牛或肥育牛 100 头。

（2）饲料工　每人每日送草 5000 千克或者粉碎精料 1000 千克，或者全价颗粒饲料 2000～3000 千克。送料、送草过程中应清除饲料中的杂质。

（3）产房工　负责围产期母牛的饲养管理，作好兽医人员的助手，每日饲养牛只 8～10 头。要求管理仔细，不发生人为事故。

（4）挤奶工　负责挤乳，清扫卫生，协助观察母牛发情工作。机械化挤乳程度高的牛场，每人每日负责挤乳 50～80 头，手工挤乳的牛场 16～18 头。

（5）乳品处理工　负责乳品冷却、消毒，清洁盛乳器，发出乳汁，每日处理 600 千克牛乳，乳汁损耗低于 2.5%。

（6）配种员　每 200 头牛配备一名授精员和一名兽医，负责母牛保健、配种和孕检。要求总繁殖率 90%以上，情期受胎率 45%。

（7）技术员　技术员包括畜牧和兽医技术人员，每 100～200 头牛配备畜牧、兽医技术人员各 1 人，主要任务是落实饲养管理规程和疾病的防治工作。

经验之五：养牛场的生产管理

养牛场的生产管理是牛场管理的核心内容，是企业经营目标实现的重要途径。涉及牛场经营管理的各个方面，制定科学合理的管理制度，并严格落实各项管理制度是决定牛场成败的关键。通常包括岗位责任制、牛场生产例会与技术培训制度、人员定额管理、操作规程、工具管理、饲料兽药采购保管和使用制度等。

一、岗位责任制

岗位责任制是养牛场工作的特点，在明确各部门工作任务和职责范围的基础上，用行政立法手段确定每个工作岗位和工作人员应履行的职责、所担负的责任、行使的权限和完成任务的标准，并按规定的内容和标准对员工进行考核和相应奖惩的一种行政管理制度。建立岗位责任制有利于提高工作效率和牛场的经济效益。在制定每项制度时，要交有关人员认真讨论，取得一致认识，提高工作人员执行制度的自觉性。领导要经常检查制度执行情况。为了使岗位责任制切实得到执行，还可适当运用经济手段。

1. 场长工作职责（仅供参考）

① 负责奶牛场的全面工作。

② 负责制定和完善本场的各项管理制度、技术操作规程，编排全场的经营生产计划和物资需求计划、牛场内各岗位的考核管理目标和奖惩办法。

③ 负责后勤保障工作的管理，及时协调各部门之间的工作关系。

④ 负责落实和完成牛场各项任务指标。

⑤ 负责监控本场的生产情况、员工工作情况和卫生防疫，及时解决出现的问题。

⑥ 做好全场员工的思想工作，及时了解员工的思想动态，出现问题及时解决，及时向上反映员工的意见和建议。

⑦ 负责全场直接成本费用的监控与管理，汇报收支计划。

⑧ 负责全场的生产报表，并督促做好周报工作、月结工作。

⑨ 负责全场生产员工的技术培训工作，每周主持召开生产例会。

⑩ 安全生产，杜绝隐患。

2. 生产主管工作职责（仅供参考）

① 负责生产线日常工作；协助场长做好其他工作。

② 负责执行饲养管理技术操作规程、卫生防疫制度和有关生产线的管理制度，并组织实施。

③ 负责生产报表工作，随时做好统计分析，以便发现问题并解决问题。

④ 负责协助兽医技术员做好牛病防治及免疫注射工作。

⑤ 负责生产饲料、药物等直接成本费用的监控与管理。

⑥ 负责落实和完成场长下达的各项任务。

⑦ 直接管辖组长，通过组长管理员工。

3. 组长工作职责（仅供参考）

① 生长育肥舍组长负责组织本组人员严格按《饲养管理技术操作规程》和每周工作日程进行生产，及时反映本组中出现的生产和工作问题。

② 服从生产线主管的领导，完成生产线主管下达的各项生产任务。

③ 负责整理和统计本组的生产日报表和周报表。

④ 本组人员休息替班。

⑤ 负责本组定期全面消毒、清洁绿化工作。

⑥ 负责本组饲料、药品、工具的使用计划与领取及盘点工作。

⑦ 负责奶牛的出栏工作，保证出栏牛的质量。

⑧ 负责生长、育肥牛的周转、调整工作。

⑨ 负责本组空栏牛舍的冲洗、消毒工作。

⑩ 负责生长、育肥牛的预防注射工作。

4. 技术员职责规范（仅供参考）

① 参与牛场全面生产技术管理，熟知牛场管理各环节的技术规范。

② 负责各群牛的饲养管理，根据后备牛的生长发育状况及成母牛的产奶情况，依照营养标准，参考季节、胎次、泌乳月的变化，合理、及时地调整饲养方案。

③ 负责各群牛的饲料配给，发放饲料供应单，随时掌握每群牛的采食情况并记录在案。

④ 负责牛群周转工作。记录牛场所有生产及技术资料。

⑤ 负责各种饲料的质量检测与控制。

⑥ 掌握牛的体况评定方法，负责组织选种选配工作。

⑦ 熟悉牛场所有设备操作规程，并指导和监督操作人员正确使用。

⑧ 熟悉各类疾病的预防知识，根据情况进行疾病的预防。

5. 兽医职责规范（仅供参考）

① 负责牛群卫生保健、疾病监控与治疗、贯彻执行防疫制度、

制订药械购置计划、填写病例和有关报表。

② 合理安排不同季节、时期的工作重点，及时做好总结工作。

③ 每次上槽仔细巡视牛群，发现问题及时处理。

④ 认真细致地进行疾病诊治，充分利用化验室提供的科学数据。遇到疑难病例，组织会诊，特殊病例要单独建病历。认真做好发病、处方记录。

⑤ 及时向领导反馈场内存在的问题，提出合理化建议。配合畜牧技术人员，共同搞好饲养管理。贯彻“以防为主，防重于治”的方针。

⑥ 努力学习、钻研技术知识，不断提高技术水平。普及奶牛卫生保健知识，提高职工素质。掌握科技信息，开展科研工作，推广应用成熟的先进技术。

6. 饲养员职责规范（仅供参考）

① 保证奶牛充足的饮水供应；经常刷试饮水槽，保持饮水清洁。

② 熟悉本岗位奶牛饲养规范。饲喂保证喂足技术员安排的饲料给量，应先粗后精、以精带粗。勤填少给、不堆槽、不空槽，不浪费饲料。正常班次之外补饲粗饲料。饲喂时注意拣出饲料中的异物。不喂发霉变质、冰冻饲料。

③ 牛粪、杂物要及时清理干净。牛舍、运动场保持干燥、清洁卫生，夏不存水、冬不结冰。上下槽不急赶。坚持每天刷拭牛体。

④ 熟悉每头牛的基本情况，注意观察牛群采食、粪便、乳房等情况，发现异常及时向技术人员报告。

⑤ 配合技术人员做好检疫、医疗、配种、测定、消毒等工作。

7. 犊牛岗位职责（仅供参考）

① 注意观察犊牛的发病情况，发现病牛及时找兽医治疗，并且做好记录。

② 喂奶犊牛在犊牛岛内应挂牌饲养，牌上记明犊牛出生日期、母亲编号等信息，避免造成混乱。

③ 新生犊牛在1小时内必须吃上初乳。

④ 犊牛喂奶要做到定时、定量、定温。

⑤ 及时清理犊牛岛和牛棚内粪便，犊牛岛内犊牛出栏后及时清

扫干净并撒生石灰消毒。舍内保持卫生，定期消毒。

⑥ 喂奶桶每班刷洗，饮水桶每天清洗，保证各种容器干净、卫生。

⑦ 协助资料员完成每月的犊牛照相、称重工作。

8. 育成牛、青年牛岗位职责（仅供参考）

① 注意观察发情牛并及时与配种员联系。

② 严格按照饲养规范进行饲养。

③ 保证夜班饲草数量充足。

9. 成母牛岗位职责（仅供参考）

① 根据牛的不同阶段特点，按照饲养规范进行饲养。同时要灵活掌握，防止个别牛过肥或瘦弱。

② 爱护牛，熟悉所管理牛群的具体情况。

③ 按照固定的饲料次序饲喂。饲料品种有改变时，应逐渐增加给量，一般在 1 周内达到正常给量。不可突然大量改变饲料品种。

④ 产房要遵守专门的管理制度，协助技术人员进行奶牛产后监控。

10. 产房岗位职责（仅供参考）

① 产房 24 小时有专人值班。根据预产期，做好产房、产间及所有器具清洗消毒等产前准备工作。保证产圈干净、干燥、舒适。

② 围产前期奶牛临产前 1～6 小时进入产间，后躯消毒。保持安静的分娩环境，尽量让母牛自然分娩。破水后必须检查胎位情况，需要接产等特殊处理时，应掌握适当时机且在兽医指导下进行。

③ 母牛产后喂温麸皮盐水，清理产间，更换褥草，请兽医检查，老弱病牛单独护理。

④ 母牛产后 0.5～1 小时内进行第一次挤奶，挤出全部奶量的三分之一左右，速度不宜太快。第二次可适量增加挤出量，24 小时后正常挤奶。

⑤ 观察母牛产后胎衣脱落情况，如不完整或 24 小时胎衣不下，请配种员处理。

⑥ 母牛出产房应测量体重，并经人工授精员和兽医检查签字。

⑦ 犊牛出生后立即清除口、鼻、耳等部位内的黏液，距腹部 5 厘米

处断脐、挤出脐带内污物并用5%碘酒浸泡消毒，擦干牛体，称重，填写出生记录，放入犊牛栏。如犊牛呼吸微弱，应立即采取抢救措施。

11. 饲料工岗位职责（仅供参考）

① 严格按照饲料配方配合精饲料。饲料原料、成品料要按照不同品种分别摆放整齐，以便于搬运和清点。

② 严格按照操作规程操作各类饲料机械，确保安全生产。

③ 每天按照技术员的发料单，给各个班组运送饲料。要有完整的领料、发料记录，并有当事人签字。

④ 运送或加工饲料时，注意检出异物和发霉变质的饲料。

⑤ 每月汇总各类饲料进出库情况，配合财务人员清点库存。

二、牛场生产例会与技术培训制度（仅供参考）

为了定期检查、总结生产上存在的问题，及时研究出解决方案，有计划地布置下一阶段的工作，使生产有条不紊地进行。全面提高饲养人员、管理人员的技术素质，提高全场生产管理水平，特制定生产例会和技术培训制度。

① 每周日晚 7:00～9:00 为生产例会和技术培训时间。

② 该会由场长主持。

③ 时间安排：一般情况下安排在星期日晚上进行，生产例会 1 小时，技术培训 1 小时。特殊情况下灵活安排。

④ 内容安排：总结检查上周工作，安排布置下周工作；按生产进度或实际生产情况进行有目的、有计划的技术培训。

⑤ 程序安排：组长汇报工作，提出问题；生产线主管汇报、总结工作，提出问题；主持人全面总结上周工作，解答问题，统一布置下周的重要工作。生产例会结束后进行技术培训。

⑥ 会前组长、生产线主管和主持人要做好充分准备，重要问题要准备好书面材料。

⑦ 对于生产例会上提出的一般技术性问题，要当场研究解决，涉及其他问题或较为复杂的技术问题，要在会后及时上报、讨论研究，并在下周的生产例会上予以解决。

三、人员定额管理

在生产经营活动中，根据企业一定时间内的生产条件和技术水平，规定在人力、物力、财力利用方面应遵守的数量和质量的标准称为定额。在牛场通常指一个中等劳力在正常条件下，按照规定的质量要求，积极劳动所能完成的工作量、所能管理的奶牛数量。

充分调动和保护职工的积极性，贯彻执行“按劳分配”的原则，使劳动报酬与职工完成的劳动数量和质量相结合，实行目标管理。对育成牛、犊牛饲养工制定工作量，制定成活率、生长发育指标、饲养规程。对于乳牛、泌乳牛、育肥牛饲养工及挤乳工、送料工规定工作量和操作规程。对配种员规定工作量和繁殖指标。对技术员、场长应分别规定其职责。各岗位工作人员明白其任务和职责，各司其职。对完成饲料供应、乳牛产奶量、母牛受胎率、犊牛成活率、育成牛增重、牛病防治等有功人员，以及遵守操作规程人员，应予以奖励。

制定劳动定额的时候，为了客观、合理地制定劳动定额，应该现场进行工作量测定，以测定结果为依据，经过适当调整后制定出劳动定额。测定时要依据本场的生产管理条件，如放牧、舍饲或者半舍饲等要求的，是饲养育成牛还是母牛，饲料是机械添加还是人工添加，是人工挤奶还是机械化挤奶等。要综合考虑，并能根据生产过程中出现的情况随时调整，使之既符合本场实际需要，又科学合理。

奶牛的管理定额一般是：挤奶员兼管理员，电气化挤奶，每人管理 15～20 头奶牛；人工挤奶或小型挤奶机挤奶，每人管理 8～12 头。育成牛没人管理 30～50 头，犊牛每人管理 20～25 头。根据机械化程度和饲养条件，在具体的牛场中可以适当增减。

牛场的劳动组织，分一班制和两班制两种。前者是牛的饲喂、挤奶、刷拭及清除粪便工作，全由一名饲养员包干；管理的奶牛头数根据生产条件和机械化程度确定，一般每人管 8～12 头；工作时间长，责任明确，适宜于每天挤奶 2～3 次的小型奶牛场或专业户小规模生产。后者是将牛舍内一昼夜工作由 2 名饲养管理人员共同管理，可管理 50～100 头奶牛，而在挤奶厅有专职挤奶工进行挤奶，饲喂与挤奶两班人马，专业性更强，劳动生产效率更高。适用于机械化程度高的大中型奶牛场。

四、操作规程管理

操作规程是牛场生产中按照科学原理制定的日常作业的技术规范。牛群管理中的各项技术措施和操作等均通过技术操作规程加以贯彻。做到三明确即分工明确、岗位明确、职责明确。使饲养员知道什么时间应该在什么岗位以及干什么和达到什么标准。要根据不同饲养阶段的牛群按其生产周期制定不同的技术操作规程、明确不同饲养阶段牛群的特点及饲养管理要点，按不同的操作内容提出切实可行的要求。如犊牛饲养技术操作规程、育成牛饲养操作规程、母牛饲养操作规程等，对饲养任务提出生产指标，使饲养人员有明确的目标，做到人人有事干、事事有人干、人人头上有指标。

1. 疫病防控操作技术规程（仅供参考）

① 严格执行防疫、检疫和其他兽医卫生制度，结合实际建立系统的奶牛病历档案，并对奶牛进行定期的疾病检查。

② 依据《中华人民共和国动物防疫法》及其配套法规的要求，结合实际情况，制定疫病监测方案。

③ 常规监测的疾病至少应包括口蹄疫、蓝舌病、炭疽、牛白血病、结核病、布氏杆菌病。同时注意监测我国已扑灭的疫病和外来病的传入，如牛瘟、牛传染性胸膜肺炎、牛海绵状脑病等。

④ 依据《中华人民共和国动物防疫法》及其配套法规的要求，结合实际情况，有选择地进行疫病的预防接种工作，并注意选择适宜的疫苗、免疫程序和免疫方法。

⑤ 发生疫病或怀疑发生疫病时，应根据《中华人民共和国动物防疫法》及时采取以下措施：a. 驻场兽医应及时进行诊断，并尽快向当地畜牧兽医行政管理部门报告疫情。b. 确诊发生口蹄疫、牛瘟、牛传染性胸膜肺炎时，应配合当地畜牧兽医管理部门，对牛群实施严格的隔离、扑杀措施；发生牛海绵状脑病时，除了对牛群实施严格的隔离、扑杀措施外，还需追踪调查病牛的亲代和子代；发生炭疽时，只扑杀病牛；发生蓝舌病、牛白血病、结核病、布氏杆菌病等疫病时，应对牛群实施清群和净化措施；全场进行彻底的清洗消毒，病死或淘汰牛的尸体进行无害化处理。

2. 兽药使用操作技术规程（仅供参考）

① 泌乳牛在正常情况下禁止使用任何药物，必须用药时，药残期的牛奶不应作为商品牛奶出售，牛奶废弃期不少于 7 天。

② 最大限度地减少化学药品和抗生素的使用。不得使用对牛奶

质量造成不良影响的药物，在必要使用时，奶牛在药物反应期间所产牛奶质量造成不良影响的药物，在必须使用时，奶牛在药物放映期间所产牛奶不得向奶站交售。

3. 卫生消毒操作技术规程（仅供参考）

① 环境消毒：牛舍周围环境（包括运动场）每周用火碱消毒或撒生石灰1次；场周围及场内污水池、排粪坑和下水道出口，每月漂白粉消毒1次。可以在大门口和牛舍入口设消毒池，可使用火碱或煤酚溶液。

② 人员消毒：奶牛饲养人员在进入奶牛活动场所时进行必要的消毒。

③ 牛舍消毒：牛舍在奶牛下槽后应彻底清扫干净，并进行喷雾或熏蒸消毒。

④ 用具消毒：定期对饲喂用具、料槽和饲料车等进行消毒，可用0.1%新洁尔灭或0.2%～0.5%过氧乙酸消毒；日常用具（如兽医用具、助产用具、配种用具、挤奶设备和奶罐车等）在使用前后应进行彻底消毒和清洗。

⑤ 牛体消毒：挤奶、助产、配种、注射治疗及任何对奶牛进行接触操作前，应先将奶牛有关部位如乳房、乳头、阴道口和后躯等进行消毒擦拭，以降低牛乳的细菌数，保证牛体健康。

4. 奶牛养护操作技术规程（仅供参考）

① 奶牛每天必须坚持刷拭，清洗乳房和牛体上的粪便污垢，并采取排风和其他防暑降温措施；冬季要采取防寒保温措施。

② 奶牛每天应保持一定时间和距离的缓慢运动，酷热天气、中午牛舍外温度过高时，应改变放牛和运动时间。

③ 奶牛每胎必须有60～70天干奶期，建议采用快速干奶法。干奶前用CMT法进行隐性乳房炎检查，对强阳性（＋＋以上）应治疗干奶，在最末依次挤奶后向每个乳头内注入干奶药剂，干奶后应加强乳房检查与护理。

④ 奶牛分娩后，应及早驱使站起，饮以温水，喂以优质青干草，同时用温水或消毒液清洗乳房、后驱和牛尾，然后清除粪便，更换清洁柔软褥草。分娩后1～1.5小时进行第一次挤奶，但不要挤净，同

时观察母牛食欲、粪便及胎衣的排出情况，如发现异常，应及时诊治。分娩2周后，应做酮尿病等检查，如无疾病，食欲正常，可转大群管理。

⑤ 奶牛场要定期投药，消灭蚊蝇，防止鼠害。

5. 挤奶操作技术规程（仅供参考）

① 挤奶次数应根据各泌乳阶段和产奶水平而定，每天可挤奶2～3次。

② 必须经常保持自身卫生，挤奶前应对手臂进行消毒。

③ 环境应保持安静，对牛态度要亲和，挤奶前先拴牛尾，并将牛体后躯、腹部及牛尾清洗干净，然后用45～50℃的温水，按先后顺序擦洗乳房、乳头、乳房底部中沟、左右乳区与乳镜，开始时可用带水多的湿毛巾，然后将毛巾拧干再自下而上擦干乳房。

④ 洗净后应进行按摩，待乳房膨胀、乳静脉怒张、出现排乳反射时，即应开始挤奶。前三把挤出的奶含细菌多，应弃去，挤奶过程中严禁用牛奶或凡士林擦抹乳头，挤奶后还应再次按摩乳房，然后一手托住各乳区底部另一手把牛奶挤净。初孕牛在妊娠5个月以后，应进行乳房按摩，每次5分钟。

⑤ 挤奶应采用拳握式，开始用力宜轻、速度稍慢，待排乳旺盛时再加快速度，每分钟压挤80～120次。

6. 手工挤奶操作规程（仅供参考）

（1）挤奶前准备

① 挤奶员身着工作服、帽，洗净双手。

② 经常修剪奶牛乳房上过长的毛。

③ 温和地将躺卧的牛赶起，待牛站起后，立即用粪铲清除牛床后1/3处的垫草和粪便。

④ 经常刷拭牛的后躯，避免黏附在牛身上的泥垢、碎草等杂物落入乳中。

⑤ 准备好清洁的集乳桶、盛有温消毒液的乳房和乳头擦洗桶及毛巾或一次性纸巾。

⑥ 用专用消毒湿毛巾擦拭乳头和乳房。每次洗后应用消毒液消毒毛巾（每头牛一条毛巾），并拧干后再用。

⑦ 用双手按摩乳房表面，以后轻按乳房各部，使乳房膨胀，皮肤表面血管怒张，呈淡红色，皮温升高，这是乳房放乳的象征，要立即挤乳。

⑧ 挤奶前乳汁检查：将头三把奶挤在乳汁检查杯中，观察乳汁有无异常。如有，应收集在专门容器内，不可挤入奶桶内，也不可随便挤在牛床上。

（2）挤奶操作

① 挤奶前用消毒液消毒好手指（也可采用一次性橡胶手套）。

② 在牛的右侧后1/3～1/2处，与牛体纵轴呈50°～60°的夹角。要将奶桶夹在两腿之间，左膝在牛右后肢关节前侧附近，两脚向侧方张开（呈八字），这时就可开始挤奶。

③ 一般是先挤前侧2个乳头，这叫“双向挤乳法”。此外还有单向（先挤一侧2个乳头）、交叉（一前一后乳头）以及单乳头挤乳法，只有在特殊情况下才应用。

④ 挤乳时，要用手的全部指头把乳头握住，从手底几乎看不见乳头，用全部指头和关节同时进行。

⑤ 使握拳的下端与乳头的游离端齐平，以免乳汁溅到手上而被污染。尽量做到用力均匀。挤乳速度以每分钟80～140次为宜，特别在母牛排乳速度快时应加快挤乳。

⑥ 对于乳头短小的母牛，以拇指、食指挟住乳头颈部，向下滑动，将乳捋出。

（3）挤奶后乳头药浴

① 使用乳头专用药浴液，保证消毒液的浓度，做好相关记录。

② 药液浸没乳头根部，并停留30秒。

7. 手推车式机器挤奶操作规程（仅供参考）

（1）挤奶前准备

① 本操作方法同手工挤奶相关内容一致。

② 将前三把奶挤在专用乳汁检查杯中，观察乳汁有无异常。

③ 用乳头消毒液对乳头进行药浴消毒，过30秒后用消毒毛巾或纸巾擦去消毒液。

④ 启动挤奶机机组，检查真空泵的运行状态，稳压器是否进

气，真空度是否正常，一般应在40～55千帕，系统是否漏气，确认无异常情况后，调节脉动器脉动频率，应严格按照产品说明书进行。

(2) 挤奶操作

① 准备好挤奶杯组后，开始套杯，套杯采用S形套杯法。

② 套好杯后调整好奶杯组的位置，挤奶开始，在挤奶过程中，应复测脉动频率是否稳定必要时重新调节。

③ 根据不同情况对奶杯组进行手动脱杯，不得过度挤奶。

(3) 挤奶后乳头消毒　本操作方法同手工挤奶相关内容一致。

8. 管道式机器挤奶（仅供参考）

(1) 挤奶前准备

① 本操作方法和手工挤奶相关内容一致。

② 在牛奶过滤器内装入一次性牛奶过滤袋。

③ 关闭奶水分离器上的喷水阀及自动排水阀（严格按产品说明书操作）。

④ 关闭浪涌放大器处的吸水真空扣夹（中置式）。

⑤ 打开挤奶台入口牛门，关闭出口牛门。

⑥ 准备干净的毛巾（每头牛一条）。

⑦ 准备好乳头消毒液。

⑧ 检查真空泵油位是否正常。

⑨ 将转换器转换到奶罐方向。

(2) 挤奶操作

① 待挤奶牛进入挤奶台。

② 站好位后，关闭进口门。

③ 将前三把奶挤在乳汁检查杯中，观察乳汁有无异常。

④ 用乳头消毒液对乳头进行消毒，过30秒后用干净毛巾或纸巾擦去消毒液。

⑤ 用消毒的毛巾清洁牛只的乳头准备好挤奶杯组后，尽快将挤奶杯紧紧地安装在每个乳头上，套杯采用S形套杯法。

⑥ 套好杯后调整好奶杯组的位置，挤奶开始。挤完奶后，根据不同情况对奶杯组进行手动或自动脱杯，防止过挤。

（3）挤奶后乳头消毒　本操作方法同手工挤奶相关内容一致。

9. 提桶式挤奶机及奶桶的清洗（仅供参考）

① 挤奶后，立即用清水漂洗所有器皿，除去表面残奶。

② 拆开挤奶机，将奶杯、内衬、提桶盖、连接管等浸泡于专用洗涤剂（按照产品说明配制）中 3～5 分钟。

③ 用热水（70～80℃）加专用洗涤剂清洗，并用毛刷刷洗表面，以确保有效清洗。

④ 再用清水将洗涤剂冲洗干净（用水不低于 GB 5749—1985 生活饮用水卫生标准）。

⑤ 将洗净的奶桶、奶罐等器皿倒置于专用支架上，通风干燥。

⑥ 每周一次清洗真空管路，以防污染、堵塞，方法是用软管吸入清洗剂，从隔离罐底部流出，避免水吸入真空泵。

10. 管道式挤奶机的清洗（仅供参考）

（1）清洗前准备

① 将所有的奶杯组装在清洗托上。

② 将奶水分离器上的清洗开关及自动排水开关打开（严格按产品说明书操作）。

③ 打开浪涌放大器上的进水阀。

④ 将清洗转换器转到清洗位置。

（2）清洗操作

① 预清洗：先用清水冲去挤奶桶及管道中的残奶，用 35～40℃ 的温水，直接排出，直至水清为止。

② 循环清洗：每次挤奶后，用70～80℃的热水加碱液（用 pH 试纸检测值应达到 12）及消毒剂循环流动 8～10 分钟，每周使用 70～80℃的热水加酸液（用 pH 试纸检测值应达到 3.5）清洗一次；排出的清洗液温度不得低于 40℃。

③ 后冲洗：用清水冲洗，冲掉洗涤剂和消毒剂，直到排出的水清洁为止，pH 试纸检测值应符合 GB 5749—2006 中的有关规定。

11. 鲜奶的贮藏

① 鲜奶从挤出至加工前防止污染，质量应符合 GB 6914 的规定。

② 根据进站奶牛数量及奶量，在挤奶站、点置备有 1～2 台 1000～5000 升容量的不锈钢贮奶罐并配备有制冷装置。

③ 挤奶操作开始后，启动贮奶罐制冷机，使贮奶罐冷却介质温度保持在 0～1℃。

④ 挤出的鲜奶移送入贮奶罐后，立刻启动贮奶罐上的搅拌器并保持持续运转搅拌。

⑤ 贮奶罐内的奶液温度最终平衡温度不得超过 4℃。应符合 GB 12693—2010 中的有关规定。

⑥ 贮奶罐中鲜奶贮藏时间最长不得超过 24 小时。

五、工具管理

工具管理是规范牛场管理，合理利用牛场的物力、财力资源，使公司生产持续发展，不断提高企业竞争力的管理措施，也是实施精细化管理的主要内容。

1. 目的

使牛场生产工具得到有效管理，规范生产工具的申领、使用、保管、报废等，对生产工具实施有效监控和保管，避免工具流失，提高工具有效利用率。

2. 范围

适用于牛场内生产使用的所有工具，分为共同使用和个人专用的工具两种。

3. 操作流程及职责要求

(1) 现有工具的清理

① 现有牛场共同使用和个人专用的工具，由×××科（员）负责统计，建立工具台账，明确责任人，员工专用工具由具体使用人负责。

② 对目前生产外借出去的工具等要重新核对，落实到班组或个人，规范台账。做到日清月结，台账、工具数量相符。

(2) 工具申领、使用及保管程序　工具首次申领使用时，首先填写工具申领单，经班组长同意后，报场长签准，交保管员处领取。保管员应在“生产工具台账”注明用途和保管责任人，台账应注明领用日期、名称、规格、责任人等。

4. 生产工具使用

① 应爱护使用，在使用过程中，发现工具不良或损坏，以旧（坏）换新形式换取新工具，并及时填写工具返修单或工具报废单，以旧（坏）换新领用前，由班组长鉴定工具的好坏并说明原因。如仍可使用，请领用人继续使用；如可修复，可联系相关专业人员进行修复，属人为造成的损坏由相关使用人承担，按工具市价赔偿。

② 工具经确认需要报废的，填写工具报废单，经班组长同意报场长，经场长批准后，方可报废，同时在"生产工具台账"注明报废销账。

③ 原工具丢失或损坏，按市价赔偿后方可再重新领用；如属于工具质量问题，应追究卖场及购货人的责任。

④ 人员离职或工作调动，应将所使用、保管工具按照生产工具台账所登记的如数退还交接，办理保管移交手续，缺少或损坏的工具市价赔偿，否则不予办理离职或工作调动手续。

5. 工具的借用及归还

① 对生产以外的部门，如需使用生产工具，可办理临时借用手续，使用完毕应及时归还，借用期间生产工具保管人负责跟踪直至归还。

② 生产工具借用必须填写"生产工具借用"，说明借用时间、归还时间、用途、保管责任人等，经部门负责人签字后，方可借用。

六、饲料兽药采购、保管、使用制度（仅供参考）

① 饲料、添加剂、兽药等投入品采购应实施质量安全评估，选优汰劣，建立质量可靠、信誉度好、比较稳定供货渠道。定期做好采购计划。

② 采购饲料产品应具有有效的证、号。不得采购无生产许可批准的产品。

③ 采购兽药必须来自具有《兽药生产许可证》和产品批准文号的生产企业，或者具有《进口兽药许可证》的供应商。所用兽药的标签应符合《兽药管理条例》的规定。

④ 进货入库的饲料、添加剂和兽药应认真核对，数量、含量、

品名、规格、生产日期、供货单位、生产单位、包装、标签等与供货协议一致，原料包装与完全无损，无受潮、虫蛀，并作详细登记。

⑤ 兽药、饲料、添加剂应分库存放。所有投入品根据产品要求保管，定期检查疫苗冷藏设备，确保冷藏性能完好。

⑥ 饲料添加剂、预混合饲料和浓缩饲料的使用根据标签用法、用量、使用说明和推荐配方科学使用。铜、锌、硒等微量元素应执行国家规定使用，减少对环境的污染。

⑦ 严格执行《中华人民共和国兽药规范》、《药物饲料添加剂使用规范》规定的使用对象、用量、休药期、注意事项，饲料中不直接添加兽药，使用药物饲料添加剂应严格执行休药期制度。严格执行兽医处方用药，不擅自改变用法、用量。

⑧ 禁止使用国家规定禁止使用的违禁药物和对人体、动物有害的化学物质。慎重使用经农业部批准的拟肾上腺素药、平喘药、抗（拟）胆碱药、肾上腺皮质激素类药和解热镇痛药。禁止使用未经农业部批准或已经淘汰的兽药。

⑨ 禁止使用过期失效、变质和有质量问题的饲料和兽药、疫苗。

⑩ 建立饲料添加剂、药物的配料和使用记录。保存期 2 年。

第七章 经营与销售

经验之一：如何卖个好价钱？

养奶牛的主要目的是为了出售奶牛所产的牛奶赚钱，但是也不能忽视奶牛养殖其他方面的收入，应该在奶牛养殖的各个环节的效益上下工夫，提高奶牛养殖的综合效益，使奶牛养殖的效益最大化。具体应做好以下四个方面的工作。

1. 遵循市场规律，养殖优良高产的品种

这是卖出好价钱的前提。饲养的奶牛品种要好，要饲养高产奶牛。比如我国饲养奶牛品种占95%以上的中国荷斯坦牛，荷斯坦牛属大体型奶牛，产奶量最高，一个泌乳期305天产奶量6000千克以上，我国最高牛群产奶量已达8773.2千克，年产10000千克以上的牛群也比较多见。美国个体产奶量最高的1头母牛里斯达365天产奶已达30833千克，乳脂率3.3%。所以为了获得奶牛高产，首先应选择荷斯坦牛。

随着我国肉牛业的迅速发展，养殖乳肉兼用牛也是不错的选择，尤其是偏乳用的兼用牛西门塔尔牛数量将会逐渐提高。西门塔尔牛对饲养条件要求不高，我国西部地区以及未来奶酪和奶粉生产区域，发展乳肉兼用牛的养殖会逐渐增加。

在“以质论价”收购牛奶的地方，娟珊牛、西门塔尔牛的乳脂率可以达到4.0%以上，乳蛋白率可以达到3.5%，又因其独特的牛奶风味，同样可以取得可观的经济收入。

2. 健康养殖，生产放心乳品

2008年发生的“三聚氰胺”事件推倒了“多米诺骨牌”，生产企业“三鹿”应声倒地，奶农杀牛倒奶，消费者丧失信心，国产奶业陷

入前所未有的危机，对整个奶业造成毁灭性打击，教训是十分惨痛的。不重视食品质量安全，必将自食其果。

从安全质量上看，奶业是否安全取决于3个环节——奶源可控、生产可控、辅料可控。农业部颁布的《生鲜乳生产收购管理办法》规定“奶畜养殖者、生鲜乳收购者、生鲜乳运输者对其生产、收购、运输和销售的生鲜乳质量安全负责，是生鲜乳质量安全的第一责任者。”而奶牛养殖者是牛奶质量的第一道关口，是源头也是基础。奶牛养殖必须重视生鲜乳的质量，实施健康养殖，绝不能在饲料、饲料添加剂、兽药中添加动物源性成分，不添加对动物和人体具有直接或者潜在危害的物质。

同时，还要生产绿色、生态、有机牛奶，提高产品的附加值，获得更高的养殖需要。

3. 多措并举，提高养殖综合效益

很多养殖场（户）都是将产下奶公犊牛出售，只留奶母犊牛接着饲养。要知道如今的肉牛养殖效益同样高，如果养殖场将奶公犊牛自行育肥肉用，是合理利用这一资源的最佳途径。在奶业发达的国家，商品牛肉的很大一部分来自于乳用牛，因为奶牛下生体重大，并有饲料转化率高和增重快的特点，在生产小牛肉方面比肉牛品种更有优势。荷兰特别重视发展奶肉兼用牛，每年约生产220万头犊牛，主要用于生产“小白牛肉”。法国的奶公犊牛基本上作肉用生产“小牛肉”。此外，美国、德国等国家也很重视利用奶公犊牛资源生产高档牛肉。从合理利用资源的角度来看，乳用母牛除生产犊牛外，其主要用途是生产商品奶，母牛的饲料消耗主要计算在商品奶的成本中，犊牛相当于白得，所生公犊牛几乎全部可以育肥肉用。奶公犊牛出生后，在满足营养需要的条件下，体重在性成熟前增长很快，到生长发育成熟时则增重速度显著变慢。即在12个月龄以前的增重速度快，以后则逐渐减慢。用饲喂奶公犊牛的方法生产小白牛肉一般不超过6个月，饲料转化率非常高。

从牛肉质量方面考虑，牛肌肉生长主要由于肌肉纤维体积的增大，使肌肉纤维束相应增大。随着年龄增长，肉质的纹理变粗，因此牛的年龄越小，肉质越嫩。从这方面来说，小白牛肉有很高的经济

价值。

淘汰奶牛也是这样，也可以采取直接育肥出售，效益同样可观。

对于资金实力雄厚的养殖场还可以按照国家政策允许的方式，实行产销一体化，自行加工自行销售。这方面有很多成功的例子，如新近兴起的“鲜奶吧”。

4. 加入合作组织

国家提倡奶牛养殖规模化、节约化，鼓励散养户“走出家门”进入养殖小区，扩大规模，建设现代牧场，养殖场（户）要积极利用这一政策优势，有效地降低生产成本和交易费用。既可以得到国家的补贴和享受优惠政策，同时又可以提高饲养管理水平。牛奶的销售市场有保证，还能享受最佳的市场价格。

经验之二：如何进行奶牛养殖效益分析?

饲养奶牛的经济效益主要取决于牛奶销售价格、奶牛饲养成本和产奶量等因素。饲养奶牛经济效益，与奶价成本比（牛奶销售价格与牛奶生产成本之比）、奶料比（奶牛头日产奶量与头日混合精料饲喂量之比）、奶料价格之比（牛奶销售价格与混合精料价格之比）及精料成本占饲养成本的比例（头日精料费/头日饲养费）有直接关系。当奶价成本比大于1时，饲养奶牛有利润，而奶价成本比与奶料价格比、奶料比及精料成本占饲养成本的比例有关，下面以公式表示。

公式1：牛奶生产成本＝头日饲养费/头日产奶量＝[头日饲料费÷(头日饲料费/头日饲养费)]/头日产奶量＝[头日精料费÷(头日精料费/头日饲料费)÷(头日饲料费/头日饲养费)]/头日产奶量＝{头日精料费÷[(头日精料费/头日饲料费)×(头日饲料费/头日饲养费)]}/头日产奶量＝[混合精料价×头日精料喂量÷(头日精料费/头日饲养费)]/头日产奶量＝混合精料价格÷奶料比÷精料成本占饲养成本的比例。

公式2：奶价成本比＝牛奶销售价格/牛奶生产成本＝牛奶销售价/(混合精料价格÷奶料比÷精料成本占饲养成本的比例)＝奶料价

格比×奶料比×精料成本占饲养成本的比例。

公式 3：牛奶利润＝牛奶销售价格－牛奶生产成本＝牛奶销售价格－混合精料价格÷奶料比÷精料成本占饲养成本的比例。

一般情况下，饲料成本占饲养成本的 60％(55％～65％)，精料成本占饲料成本的 60％(55％～65％)。因此，精料成本占饲养成本的比例一般为 30％(55％×55％)～42％(65％×65％)，平均为 36％(60％×60％)。奶料比一般为 2∶1～3∶1，平均为 2.5∶1。

在一定条件下，奶料比越高，精料成本占饲养成本的比例越低，例如：如果每千克混合精料价格为 1.2 元，在每千克牛奶生产成本为 1.33 元的条件下，奶料比为 2∶1、2.5∶1、3∶1 时，精料成本占饲养成本的比例分别为 45％(1.2÷2÷1.33)、36％(1.2÷2.5÷1.33)和 30％(1.2÷3÷1.33)。

按照公式 1，根据混合精料价格可推算出牛奶生产成本。

例如：如果混合精料成本占饲养成本的 36％，已知每千克混合精料价格为 1.2 元，当奶料比为 2∶1、2.5∶1、3∶1 时，每千克牛奶生产成本分别为 1.67 元(1.2 元÷2÷0.36)、1.33 元(1.2 元÷2.5÷0.36)和 1.11 元(1.2 元÷3÷0.36)。

按照公式 2，可推算出饲养奶牛有利润(奶价成本比大于 1)的奶料价格比及牛奶销售价格。

例如：如果混合精料成本占饲养成本的 36％，已知每千克混合精料价格为 1.2 元，当奶料比为 2∶1、2.5∶1、3∶1 时，有利润(奶价成本比大于 1)的奶料价格比应分别大于 1.39(1÷2÷0.36)、1.11(1÷2.5÷0.36)和 0.93(1÷3÷0.36)；有利润的每千克牛奶销售价格应分别大于 1.67 元(1.2 元×1.39)、1.33 元(1.2 元×1.11)和 1.12 元(1.2 元×0.93)。

按照公式 3，根据每千克牛奶销售价格和混合精料价格可推算出每千克牛奶利润。

例如：如果混合精料成本占饲养成本的 36％，已知每千克牛奶销售价格为 1.6 元，每千克混合精料价格为 1.2 元，当奶料比为 2∶1、2.5∶1、3∶1 时，每千克牛奶利润分别为－0.07 元(1.6 元－1.2 元÷2÷0.36)、0.27 元(1.6 元－1.2 元÷2.5÷0.36)和 0.49 元(1.6 元－1.2 元÷3÷0.36)。

经验之三：新建奶牛场应注意的几个问题

1. 规模适度

养奶牛的效益主要是通过销售牛奶与销售青年母牛来实现的，牛奶市场是决定奶牛生产规模的最主要因素。这就要求投资者应认真研究牛奶市场供求关系及发展潜力，搞好市场调查，确保奶产品有销路。切忌盲目跟风、盲目上马，也不应急于求成、一味求大。牛场规模过大，会面临很多问题：一是奶牛来源是否能够满足，主要数量和质量是否有保证；二是饲养的数量多，产生的粪便和污水就多，粪便与污水处理问题能否合理解决；三是饲料来源问题，规模养奶牛主要是以舍饲为主，需要大量的青粗饲料，要看青粗饲料的来源与供应渠道。

只有在饲料（草）资源丰富、交通便利且附近有牛奶收购或奶品加工企业的地方，才能确保牛奶畅销。所以，在交通不便又没有奶品收购企业、加工企业的地方不宜过快发展奶牛业。

2. 选购奶牛应重视质量

一个新建成的奶牛场，从建场开始就一定重视购牛工作，把住购牛关。奶牛的品种对于产奶水平和经济效益有着重要的影响，不少中小型奶牛场在选购奶牛时，经常贪图便宜而购买奶牛场的淘汰个体，但这些个体生产性能差、经济效益低，长期来说是得不偿失的。选购时应到饲养管理规范、信誉高、规模大的国营或集体牛场。

现在国内的奶牛品种以黑白花最多，其产奶量在不同品种奶牛中最高，但乳脂率偏低。娟姗牛产奶量较低，但乳脂率高。

3. 舍得投入，合理建舍

养奶牛成本高、投资大，生产者要把有限的资金合理分配，以发挥最好的效果。虽然奶牛有“耐寒不耐热”的特性，在我省建设奶牛舍也应以“防寒、舍内干燥、饲养与除粪方便”为主，注意不必把奶牛舍建设得过于豪华。

建设奶牛场，挤奶机、牛奶冷却和消毒奶加工设备应尽量配套，要选质量好的。性能优良的挤奶机，虽然一次性投资大些，但使用起来经济，工作效率高，所挤牛奶卫生质量好，使用时间长，有利于保障奶牛健康。200～400 头母牛的场可选用管道式挤奶机，而 500～600 头母牛的场最好选用厅式挤奶。

4. 饲养奶牛投资高，要有一定的资金储备

1 头成年黑白花奶牛的价格一般在 1 万元左右，高产奶牛价格更高，若加上必要的饲养设施和饲料、兽药等开支，养 1 头成年奶牛至少要花 1 万～1.5 万元。如果购买 2～3 月龄的奶牛，虽购牛资金只需 3000～5000 元，但产奶收益必须到 2 年之后才会有，这其间仍需要 4000～7000 元的饲料和防疫费用。所以，在养奶牛之前一定要充分考虑自己是否有足够的资金来承担饲养过程中的各种开支。

5. 备足饲草，用全价料

奶牛是草食家畜，每天需采食大量干草与青绿饲料，每天还要用精料来补充产奶等所需营养。一头成母牛一年需要的各种饲料数量如下：干草和秸秆 1800 千克，青贮和青绿饲料 8000 千克，混合精料 3600 千克（其中玉米 1800 千克，麸皮 600 千克，饼粕类 1000 千克，钙粉、食盐、骨粉、瘤胃缓冲剂、添加剂各 40 千克），多汁饲料 2500 千克，合计 18000 千克，平均头日 50 千克。实际计划数量应在此基础上增加 10%左右的储备损失；后备母年的饲料需要量折合成成年母牛头数计算，折合比例为：犊牛（0～6 月龄）4 头折 1 头，育成牛（6～18 月龄）2 头折 1 头，青年牛（18 月龄至初产）1 头折 1 头。按正常的牛群结构，犊牛占 9%、育成牛占 18%、青年牛占 13%、成母牛占 60%，可按全群头数的 84%折合成母牛头数。可见，一个规模养牛场一年需要的饲料数量是非常多的。

为了节约饲料成本，可用大型饲料厂家生产的浓缩料，自己配制饲料。也可在建饲料库的同时建一小型饲料加工间，购入大厂预混料后，自行加工全价配合饲料，可节省饲料开支。

6. 抓好繁殖，多产犊牛

奶牛繁殖性能的好坏，不仅影响奶牛数量的增加和质量的提高，还影响奶牛的生产性能和经济效益，因为奶牛不产犊就不可能生产牛奶，繁殖性能低下不仅降低奶牛场、户的经济效益，也使母牛一生总产奶量减少。由于奶牛繁殖障碍，使奶牛空腹天数增加，这就增加了饲养成本。因此经营者必须关注奶牛的繁殖性能。举一个简单的例子，有甲、乙两奶牛户，各养 10 头产奶母牛，牛群质量，饲养条件基本相同的情况下，甲户一年产 10 头犊牛，乙户因繁殖方面存在问题只产了 5 头犊牛。从年出售牛奶，年收入与盈利几方面比较截然不同。

7. 要有可靠的技术依托

奶牛不同生长发育阶段的饲养标准和管理方法不同，加上其繁殖配种和防疫有特殊的技术操作要求，因此，只有在自已掌握了过硬的饲养技术，同时又能得到专家指导的条件下才可考虑饲养。如果这些条件都不是很成熟，就绝对或暂时不要养奶牛。

8. 建立记录，心中有数

建设奶牛场，一开始就要建立健全必要的记录，包括生产记录及育种记录；养殖户也要建立必要的记录，对自已所饲养的奶牛编号，奶牛来源，所含外血、年龄、胎次、泌乳月，现在产奶量、发情与配种、是否妊娠、预产期及饲料消耗等必须清楚记载，这样才能做到心中有数。对奶牛个体产奶统计，可采用 1 个月记录一天，间隔不超过 28～33 天，乘以 30 或各月实际天数，年末或每头奶牛一个泌乳期结束，进行统计计算出每头奶牛一个泌乳期的实际产奶量。

参 考 文 献

[1] 肖冠华，肖冠军．投资养奶牛——你准备好了吗？北京：化学工业出版社，2014.

[2] 李永志主编．现代奶牛健康养殖技术．北京：科学技术文献出版社，2012.

[3] 冯艳秋，陈惠萍，彭华，聂迎利，等．2011年我国奶业主产区奶牛不同养殖模式生产管理状况调查与分析．中国乳业杂志，2012，122：5-7.

[4] 张永根，曹志军，王军伟，等．适度规模的家庭牧场是中国未来奶业发展模式的必然选择．2009，45（8）.